A MATEMÁTICA *PODE SER* INTERESSANTE... E LINDA!

Blucher

**Valdemar W. Setzer**

Professor Titular Sênior
Departamento de Ciência da Computação
Instituto de Matemática e Estatística (IME)
Universidade de São Paulo (USP)
www.ime.usp.br/~vwsetzer

# A MATEMÁTICA *PODE SER* INTERESSANTE... E LINDA!

## Espirais, Fibonacci, razão áurea, crescimento proporcional e a natureza

*A matemática* pode ser *interessante... e linda!: Espirais, Fibonacci, razão áurea, crescimento proporcional e a natureza*



Editora Edgard Blücher Ltda.

Imagem da capa: iStockphoto (trata-se de um girassol; as espirais logarítmicas foram adicionadas à figura original)

Na versão em e-book, muitas figuras e todas as fotos estão coloridas.



**Blucher**

Rua Pedroso Alvarenga, 1245, 4º andar
04531-934 - São Paulo - SP - Brasil
Tel.: 55 11 3078-5366
**contato@blucher.com.br**
**www.blucher.com.br**

Segundo o Novo Acordo Ortográfico, conforme 5. ed. do *Vocabulário Ortográfico da Língua Portuguesa*, Academia Brasileira de Letras, março de 2009.



Dados Internacionais de Catalogação na Publicação (CIP)
Angélica Ilacqua CRB-8/7057

Setzer, Valdemar W.
A matemática *pode ser* interessante... e linda! Espirais, Fibonacci, razão áurea, crescimento proporcional e a natureza / Valdemar W. Setzer. - São Paulo : Blucher, 2020.
334 p. il.

Bibliografia
ISBN 978-65-5506-022-5 (impresso)
ISBN 978-65-5506-023-2 (eletrônico)

1. Matemática. I. Título.

20-0392 CDD 510

Índices para catálogo sistemático:
1. Matemática

*Dedico este livro àqueles que gostam de matemática*
*e àqueles que ainda acham que não gostam de matemática*

# Sumário

# CAPÍTULO 1
# Introdução

*A matemática revela seus segredos*
*somente aos que dela se aproximam com puro amor,*
*pela sua própria beleza.*
Arquimedes

*Aprender é como nadar contra a corrente:*
*parando, retrocede-se.*[1]

Caro/a leitor/a *não familiarizado/a com matemática*: não se assuste se folhear este livro e encontrar fórmulas matemáticas complicadas; elas estão em seções de formalismos matemáticos no fim de cada capítulo – seções essas que podem ser puladas sem prejuízo do restante do texto.

Este é um livro de divulgação da matemática elementar, voltado para alunos e professores do ensino médio, universitários e público em geral com conhecimentos de matemática em nível de ensino médio. Ele cobre, de maneira unificada, vários tópicos que deveriam ser aprendidos nesse nível escolar, mas também aborda tópicos que não são normalmente cobertos pelos currículos de matemática. A sua intenção é mostrar como a matemática pode ser interessante e fascinante. Mostra também como a matemática ocorre em vários entes da natureza e como pode ter aplicações práticas, ajudando também a compreender vários fenômenos que são comumente observados.

Este livro foi motivado pelo conteúdo e resultados da palestra "A sequência e a espiral de Fibonacci, a razão e a espiral áureas e suas ocorrências na natureza" (ver na seção Referências) dada, na data do encerramento deste livro, mais de 40 vezes, em geral dentro do projeto Embaixadores da Matemática que introduzi no Instituto de

---

[1] Inspirada na frase do poeta polonês Stanisław Jerzy Lec, "Aquele que quer chegar à fonte deve nadar contra a corrente" (em tradução livre do inglês).

Matemática e Estatística da Universidade de São Paulo (IME-USP) em 2015. Ao escrever estas linhas, esse projeto já promoveu mais de 100 palestras para mais de 5.000 participantes de escolas de ensino médio, professores e alunos de faculdades. Com ele, eu e colegas do IME vamos a escolas de ensino médio e a faculdades, sem nenhum custo para a instituição, para dar uma palestra sobre alguns tópicos matemáticos e mostrar aos alunos como a matemática pode ser interessante... e linda! Aliás, a expressão "A matemática é linda!" foi parte de uma avaliação que recebi de uma aluna que assistiu a minha palestra (v. seção 29.1). O 'pode ser' é por que a matemática pode se tornar interessante dependendo da maneira como é apresentada; espero ter tido sucesso nesse objetivo.

A matemática é em geral a matéria mais problemática para alunos do ensino médio e de faculdades. Este livro tem como objetivo principal a popularização da matemática elementar, para despertar um interesse e admiração por ela. Ele quer mostrar que a matemática pode ser interessante, fascinante e até mesmo linda. Além disso, as várias relações matemáticas na natureza aqui apresentadas têm a intenção secundária de ajudar a pessoa a admirar e a venerar esta última, pelo menos impressionando-se com a sabedoria e a perfeição intrínsecas a ela.

O raciocínio matemático é essencial hoje em dia, pois quem o domina pode exercer um pensamento claro e lógico. Se o/a leitor/a olhar ao seu redor na sala em que está, verá que, fora as pessoas, algum bichinho de estimação e alguma planta, tudo foi pensado: a forma da sala, a cor das paredes e como as suas tintas foram preparadas, os aparelhos, as lâmpadas, o formato dos móveis etc. Hoje em dia, o ser humano, especialmente o que vive em cidades, está imerso em resultados de pensamentos humanos. Portanto, a capacidade de pensar clara e logicamente é essencial para a vida moderna. A matemática desenvolve justamente essa capacidade, e ainda outro aspecto fundamental: a capacidade de concentração mental. De fato, até mesmo uma conta de soma armada (isto é, com parcelas de vários algarismos) exige muita concentração. Se, enquanto se faz tal soma, pensa-se em outras coisas, o resultado será errado. Assim, a matemática pode servir de instrumento para se desenvolver a concentração mental, que está sendo extremamente prejudicada hoje em dia pelo uso da TV, dos *video games*, do computador, dos celulares e *tablets*, que são altamente 'distrativos' e até mesmo viciam as pessoas em se distrair, especialmente crianças e adolescentes. Em particular, o desenvolvimento de concentração mental em tarefas intelectuais é essencial para se poder ler um texto longo e para estudar. Por isso foi adicionado nesta obra o capítulo (cap.) 28, com alguns exercícios de concentração mental baseados em objetos da matemática, parte da oficina que dou sobre o assunto.

Não se pense que sou racionalista. Citei que considero um pensamento claro e lógico algo essencial hoje em dia, mas também considero que os sentimentos e impulsos de vontade têm que ser levados em conta, pois é impossível fazer o pensamento usual abranger a totalidade da realidade, especialmente do ser humano. No entanto, as ações frutos daqueles impulsos não devem ser baseadas apenas neles e nos sentimentos. O ideal seria agir com serenidade, sem ser levado somente por aqueles impulsos e por sentimentos e sensações, como de medo, raiva, prazer, ódio, paixão etc. Para isso, sensações e sentimentos devem passar pelo pensamento, por exemplo, pensando-se nas consequências dos próprios atos. Os exercícios de concentração mental citados no parágrafo anterior ajudam nesse sentido.

Como mencionado, o conteúdo deste livro é dirigido para alunos do ensino médio ou superior e para o público em geral. Não há pré-requisitos, pois todos os formalismos matemáticos são expostos e deduzidos no texto, em seções nos fins dos capítulos. Para seguir esses formalismos, é bom ter alguma desenvoltura com a matemática, mas, se não a tiver, leitor ou leitora, não desanime, acredite nas fórmulas apresentadas, pule as seções de formalismos matemáticos e aproveite todo o resto, que é muito interessante. Mas tente de vez em quando mergulhar nos formalismos para relembrar o que já estudou e, eventualmente, aprender algo mais da matemática, bem como novas técnicas para treinar seu pensamento formal matemático.

Pensando em um público o mais geral possível, são apresentadas deduções de elementos matemáticos que deveriam ser conhecidos, mas talvez não tenham sido aprendidos ou já foram esquecidos, por exemplo, a maneira de se deduzir a fórmula das raízes de uma equação de 2º grau (pois, em palestras em várias classes de ensino médio, os alunos tiveram dificuldades com essas raízes), a soma de progressões aritméticas e geométricas, triângulos semelhantes, provas do teorema de Pitágoras, noções de trigonometria e de logaritmos etc. Em particular, nas palestras citadas também foram observadas algumas dificuldades com desenho geométrico, de modo que foram colocados vários exercícios simples dessa área.

O desenho geométrico apresenta um aspecto da matemática que pode ser visualizado e imaginado pictoricamente e que contém estética – principalmente se as figuras forem coloridas –, ausente na matemática algébrica, que é feita exclusivamente com símbolos formais, como as letras e números. É uma lástima que a geometria e o desenho geométrico praticamente desapareceram dos currículos escolares. Quando fui estudante nos antigos ginásio e colégio, de 1951 a 1958, todos os alunos em todo o Brasil tinham 7 anos dessas matérias, se o currículo oficial fosse respeitado. Talvez daí advenha minha admiração e atração pela geometria.

Em várias seções são expostos conceitos que não têm diretamente a ver com o assunto principal do livro. Isso foi feito para que as/os leitoras/es que não conhecem ou não se lembram desses conceitos e gostam de matemática possam recordar ou ampliar seus conhecimentos. Assim, este livro procurou abordar vários aspectos da matemática; obviamente, muitos deles não são mencionados na palestra citada, mas podem ser úteis para os interessados se aprofundarem e para professores organizarem um curso com várias aulas sobre os assuntos em pauta, introduzindo ou abordando vários conceitos matemáticos de maneira unificada. As deduções e as demonstrações são minhas; espero tê-las simplificado em relação às usuais. Mas não são abordados apenas conceitos matemáticos. Aproveitei para cobrir também aspectos históricos e biográficos, e alguns assuntos de física qualitativa, que têm a ver com a vida do dia a dia, por exemplo, por que os aviões voam, por que o céu é azul etc. Além disso, foram abordadas várias questões filosóficas. Não estou querendo convencer ninguém, apenas exponho minhas ideias com a esperança de que provoquem reflexões sobre assuntos que considero importantes; essas ideias são baseadas em uma concepção de mundo especial, apoiada em uma teoria consistente e abrangente e com várias aplicações práticas de sucesso, inclusive na educação, desde 1919.

Adotei em geral um tom coloquial, e não seco e formal, como é comum acontecer em livros de matemática.

No cap. 29 são abordados aspectos da palestra citada que a tornam interessante, como as avaliações dos participantes têm mostrado. Espero, com isso, dar impulsos didáticos aos professores de matemática para tentarem interessar mais seus alunos pelas suas aulas. Algumas das técnicas descritas também servem para aulas de outras matérias. Ao contrário, no cap. 30 são dados ingredientes negativos de uma aula de matemática – aqueles que fazem os alunos se desinteressarem pela matéria.

Foram inseridas muitas referências da internet, pois hoje em dia esse é um excelente meio para se obter informações, para quem a usa com muito critério e consciência – o que não é o caso para grande parte dos usuários, especialmente crianças e adolescentes, por falta de maturidade e autocontrole. Cada endereço é precedido do assunto tratado. Muitas vezes são dadas apenas versões em inglês, por serem as mais completas em relação às versões em português, especialmente da Wikipedia. As referências a artigos de revistas científicas e a livros com autor, mesmo as que foram localizadas na rede, precedem as referências a artigos na rede de caráter geral, como os da Wikipedia. Como as figuras ficaram todas em tons de cinza, para diminuir os custos de impressão e o preço final deste livro, é interessante seguir os vínculos (*links*) de internet para ver os originais coloridos.

Os nomes de elementos matemáticos e físicos estão grafados também em inglês, para facilitar uma busca na internet nessa língua, na qual em geral se encontra mais informação do que em português. No entanto, as versões em inglês não foram colocadas no índice remissivo. Hoje em dia, todos deveriam ser capazes de ler em inglês, pelo menos para aproveitar o extenso material da internet existente apenas nessa língua. Em minha *home page* (v. ref.) há o artigo "Meu método para aprender línguas estrangeiras", que pode ser útil para aprender inglês ou outras línguas, especialmente a leitura. É muito importante dominar pelo menos uma língua estrangeira, para nós, lusófonos, especialmente se for uma língua não latina, pois a estrutura gramatical muda muito, e isso produz uma flexibilidade mental – pensa-se de maneira diferente sobre as mesmas coisas.

As/os leitoras/es são convidadas/os a fazer à mão livre alguns desenhos de espirais. Para isso, é necessário dispor de uma folha de papel almaço (isto é, de folha dupla, sem cortá-la ao meio) quadriculado, preferivelmente com quadradinhos de 0,5 cm de lado, usando lápis e borracha.

Cada capítulo está dividido no que é denominado de *seções* (por exemplo, no cap. 7, as seções 7.4, 7.4.1 etc.). Para referência posterior fora da seção onde são apresentadas, certas fórmulas serão anotadas na forma [*m*:*n*], em que *m* é o capítulo ou seção de um capítulo (como 7.1) e *n* é o número da fórmula dentro do capítulo ou seção (por exemplo, [7.1:1]). Foram inseridas muitas dessas menções a seções e a fórmulas; se simplesmente acreditar na validade do que está expresso, em geral não é preciso consultar essas menções, em que se encontram definições, detalhes ou provas.

Para saber se um capítulo contém algum tópico de especial interesse para o/a leitor/a, recomendo que ele seja folheado e se leiam os títulos das várias seções. Uma outra maneira é dar uma olhada no índice remissivo (cap. 31). Propositalmente, ele é muito extenso e detalhado, com várias entradas para um mesmo item, por exemplo, 'teorema de Pitágoras' e também 'Pitágoras, teorema de'. Com isso espero não provocar uma frustração bem comum de minha parte: ao procurar algum item no índice remissivo de um livro, não o encontro, pois não sei como procurá-lo.

São propostos exercícios, também com numeração semelhante, precedida por 'Exr.'. Quando cabem soluções, elas estão na seção 'Resolução dos exercícios' no fim dos capítulos. Exercícios únicos no meio de seções serão denotados por Exr.

O símbolo → será usado para representar a expressão 'implica' (implicação lógica). Assim, por exemplo, $a = b$ e $c = d \rightarrow a + c = b + d$.

No cap. 31, índice remissivo, os símbolos e abreviaturas usados precedem o índice remissivo. Neste último foi colocado o nome completo de cada autor citado, o que também ocorre no texto, mas não nas referências.

## Agradecimentos

Agradeço a minha esposa Sonia Annette Lanz Setzer por uma cuidadosa revisão da redação da primeira versão deste livro; a meu colega de faculdade Amadeu Aleixo Machado e a meus antigos alunos Nemer Zaguir e Roberto Hirata por algumas sugestões; ao professor de matemática de ensino médio Eduardo M. Marcic pela revisão técnica, pela sugestão da expansão de alguns tópicos e pela indicação de alguns trabalhos; a meu genro Matthias Blonski, professor da Universidade de Frankfurt, por sugestões quanto ao problema dos coelhos (v. seção 3.5); a meu sobrinho, o eng. naval Alexandre Lanz, por algumas interessantes discussões sobre a *sustentação* em aviões (v. seção 22.1); a meu irmão Alberto W. Setzer, pesquisador do Instituto Nacional de Pesquisas Espaciais (Inpe), por uma cuidadosa revisão do cap. 22; e a Thomas Culbertson pela citação de Arquimedes na abertura deste capítulo. Finalmente, aos revisores da editora Blucher pelo cuidadoso trabalho.

## Referências


- Arquimedes. A citação no início deste capítulo. Acesso em 7/1/20: https://www.goodreads.com/quotes/652564-mathematics-reveals-its-secrets-only-to-those-who-approach-it
- Lec, S.J. Acesso em 18/7/20: https://best-quotations.com/authquotes.php?auth=1152

- Projeto Embaixadores da Matemática. Acesso em 7/1/19: http://embaixadores.ime.usp.br/
- Setzer, V.W. Lista de palestras dadas e programadas (aguardando convites!), ver também as avaliações de participantes de cada uma. Idem: www.ime.usp.br/~vwsetzer/pals/pals-cursos.html
  - Método para aprender línguas estrangeiras. Idem: www.ime.usp.br/~vwsetzer/linguas-estrangeiras.html
  - Resumo da palestra sobre o assunto deste livro. Idem: www.ime.usp.br/~vwsetzer/pals/Fibonacci-resumo.html
  - Idem, no projeto Embaixadores da Matemática. Idem: http://embaixadores.ime.usp.br/palestra/view/5

# CAPÍTULO 2
# Duas espirais

## 2.1 Desenho de uma espiral

Convido o/a leitor/a a desenhar uma espiral. Para isso, use uma folha de papel ou o espaço abaixo, mas sem virar a página para ver a seguinte!

Em minhas palestras, chamo um/a participante que gosta de desenhar e peço para desenhar uma espiral (*spiral* em inglês) no quadro-negro. Às vezes o resultado é algo parecido com a fig. 2.1.

**Fig. 2.1** Linha helicoidal

Obviamente, a inspiração para essa figura (no caso, uma mola) deve ter vindo do assim chamado 'caderno espiral'. Tenho então que explicar que isso não é uma espiral, mas uma 'linha helicoidal', palavra que vem de 'hélice', pois a ponta de uma hélice em rotação cujo eixo se movimenta uniformemente em linha reta traça essa curva.

Se a primeira espiral foi desenhada como na figura anterior, em seguida peço para outro participante desenhar uma espiral. O resultado em geral é algo semelhante ao da fig. 2.2.

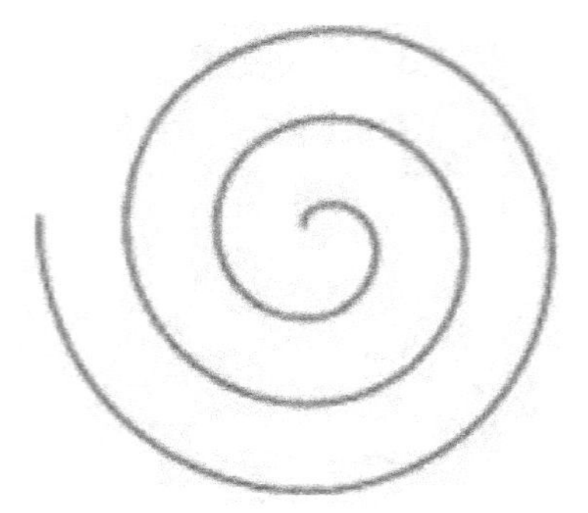

**Fig. 2.2** Uma espiral

Chamo então a atenção para o fato de que essa é uma espiral particular, pois seu passo é constante: traçando-se segmentos de reta a partir do *foco*, isto é, a origem ou ponto inicial da espiral (em inglês, *pole* ou *center*), eles interceptam a espiral em distâncias iguais, que serão denominadas de $p$, como se vê na fig. 2.3.

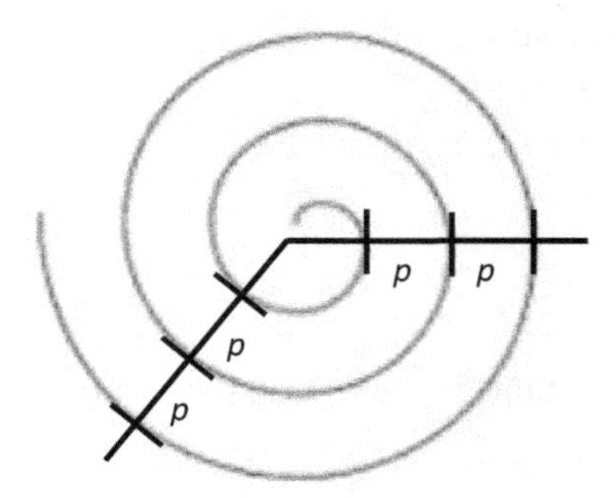


**Fig. 2.3** Espiral de Arquimedes

A sua espiral era semelhante, também com passo mais ou menos constante?

Ver na seção 2.4.3 uma fórmula matemática para se traçar analiticamente uma espiral dessas. Note que a espiral tem um foco, onde ela começa, e que não está claramente desenhado na fig. 2.3.

Tome-se algum segmento de reta que, saindo do foco, intercepta a espiral em vários pontos, determinando o que será chamado aqui de *braço* da espiral, por exemplo, a horizontal à direita do foco, como na fig. 2.3. A cada volta completa de 360° da espiral, o seu *período*, ela intercepta esse braço em um ponto com uma distância *p* a mais do foco, isto é, a cada volta completa soma-se *p* à distância do ponto anterior da espiral; *p* será denominado de *passo* da espiral. Isso ocorre com qualquer braço; a fig. 2.3 mostra dois deles. Dado um ponto *P* da espiral, o segmento de reta que liga *P* ao foco da espiral será denominado aqui de *raio* da espiral. Cada ponto de uma espiral tem outro raio de tamanho diferente de todos os outros raios, ao contrário de uma circunferência, em que o raio é de tamanho sempre constante. De certa maneira, uma circunferência é uma espiral com raio de tamanho constante!

Essa espiral tem um nome: *espiral de Arquimedes* (em inglês, *Archimedes spiral*). Em grego, Arquimedes escreve-se Ἀρχιμήδης, pronunciado em sua época provavelmente como 'Arkhimédes', kh como o j em espanhol, ou o ch em alemão, ou o x em russo. Ele era grego, nascido em Siracusa, na atual Itália, em 287 a.C., e faleceu em 212 a.C. Foi um grande matemático e físico, considerado um dos expoentes da ciência e o maior matemático de sua época, um dos primeiros a aplicar a matemática para modelar fenômenos físicos. A mais conhecida historieta sobre ele é que descobriu o chamado 'princípio de Arquimedes', que determina que o empuxo (pressão) sofrido por um corpo dentro de um líquido, que faz com que seu peso diminua, é devido ao peso do volume que ele desloca do líquido (pode estar parcialmente submerso), e não à massa do corpo. Essa descoberta foi feita, segundo a historieta, numa banheira, enquanto tomava banho, e ele teria exclamado "Eureca!" (ευρηκα), "Achei!" Ele escreveu o tratado *Sobre as espirais* (Περι ελικων, *Peri Elicon*), mais ou menos em 225 a.C., no qual estudou a espiral que leva seu nome e deu várias aplicações dela, inclusive em três dimensões em forma de parafuso, ou helicoide, com o eixo inclinado, para elevar a água, o denominado parafuso de Arquimedes (v. ref.).

Enrolando-se uma corda sobre uma mesa, bem justa, obtém-se aproximadamente uma espiral de Arquimedes, pois o diâmetro da corda é razoavelmente constante. A corda faz o papel dos espaços em branco na espiral da fig. 2.2.

## 2.2 Outra espiral

Agora vamos aprender a fazer uma espiral que não é de passo constante.

Para isso, tome uma folha dupla de papel almaço quadriculado, aberta, isto é, desdobrada. Posicione a folha com a parte mais larga na horizontal. Nela estão desenhados o que será chamado de *quadradinhos*. Se estes tiverem 0,5 cm de lado, localize e desenhe (à mão livre; pode desenhar fraquinho, desde que seja visível), o quadradinho que fica 22 quadradinhos para cima da *borda inferior* da folha, e 29 quadradinhos à esquerda da *borda direita* da folha. Se os quadradinhos forem de 0,6 cm de lado, localize o quadradinho distante, respectivamente, 16 e 22 quadradinhos das bordas; se eles forem de 0,7 cm de lado, localize o quadradinho com 13 e 17 quadradinhos, respectivamente. Para a folha de quadradinhos de 0,5 cm de lado, o resultado é o da fig. 2.4, mas não a olhe antes de fazer sua própria localização do quadradinho descrito; depois disso, veja se acertou (faço essa sugestão pois, em minhas palestras, alguns participantes têm mostrado dificuldade de fazer essa localização). Se não tiver uma folha de papel almaço, use o quadriculado da página seguinte, posicionada com o lado maior na horizontal. Nesse caso, localize o quadradinho 15 a partir da margem maior inferior, e 20 a partir da margem menor direita.

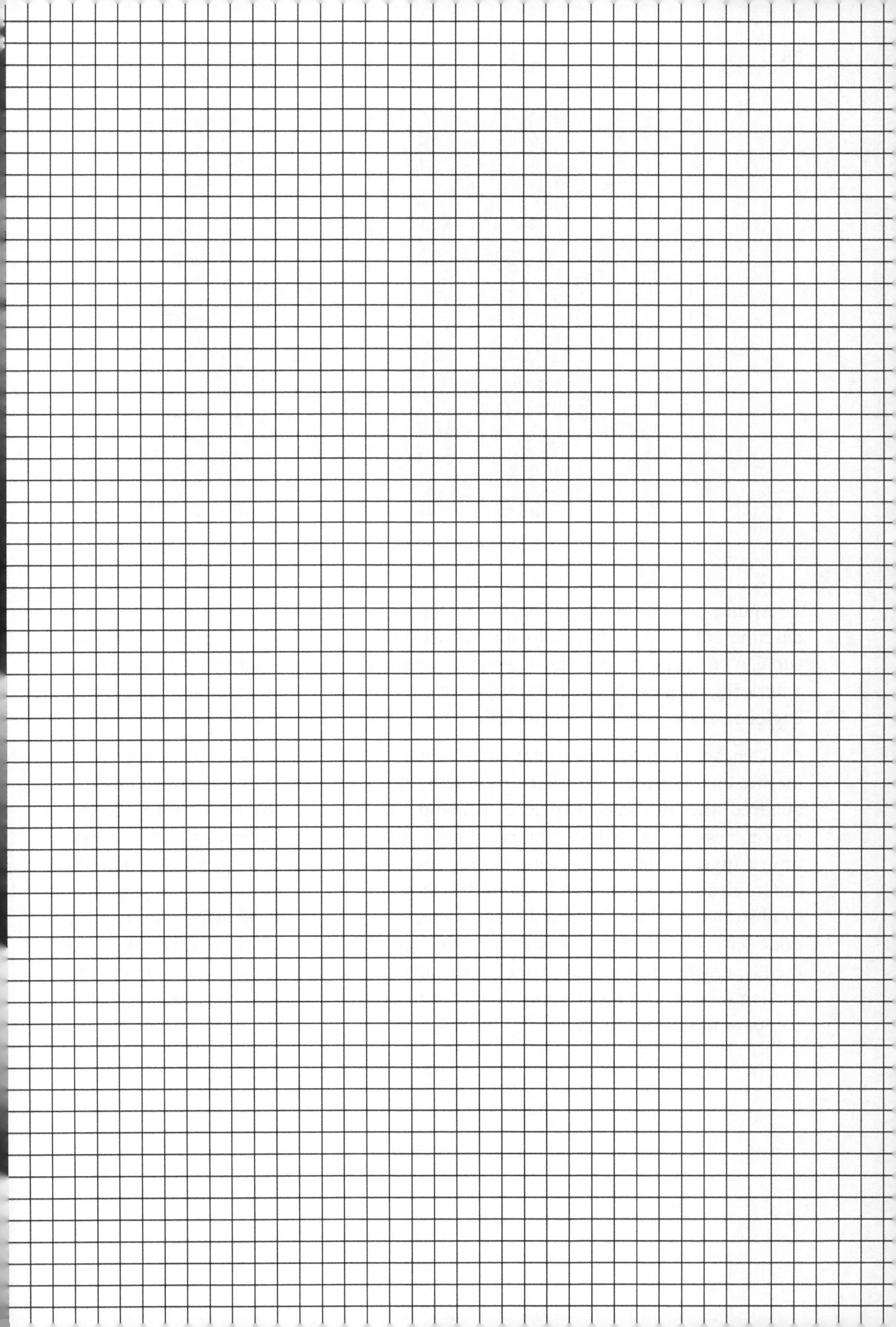

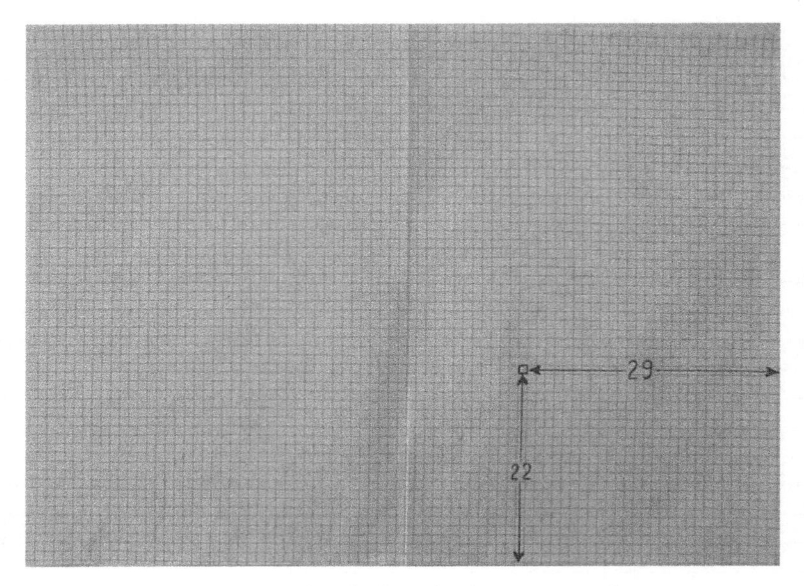


**Fig. 2.4** Início do desenho da outra espiral

Agora, desenhe o quadradinho imediatamente *abaixo* do anterior. Em seguida, desenhe um terceiro quadrado, agora encostado nos dois anteriores, à *direita* deles, isto é, o tamanho do lado desse terceiro quadrado deve ser a soma dos lados dos dois anteriores. Será usada a denominação de *quadrado* ao desenho de um quadrado que engloba vários quadradinhos da folha.

Atenção: desenhe sem contar os lados desse quadrado; tente olhar bem e ver se é mesmo um quadrado ou se ficou um retângulo. Se aí tiver dúvida, conte o número de quadradinhos de cada lado dele. Note como o ser humano é capaz de ver se uma figura como essa é a ideal (um quadrado) ou se não acertou o que queria executar (ficou um retângulo). Nesse caso, a aritmética deve ser usada somente para conferir; treine sua intuição visual antes de fazer contas! Fazendo contas, emprega-se um pensamento abstrato; verificando visualmente, desenvolve-se um pensamento intuitivo, que pode ser imensamente rico e dar sugestões ao pensamento abstrato, usado posteriormente para verificar se a intuição estava correta. Esse procedimento deverá ser seguido daqui para a frente. Depois de traçar o terceiro quadrado, verifique se acertou comparando com a fig. 2.5.

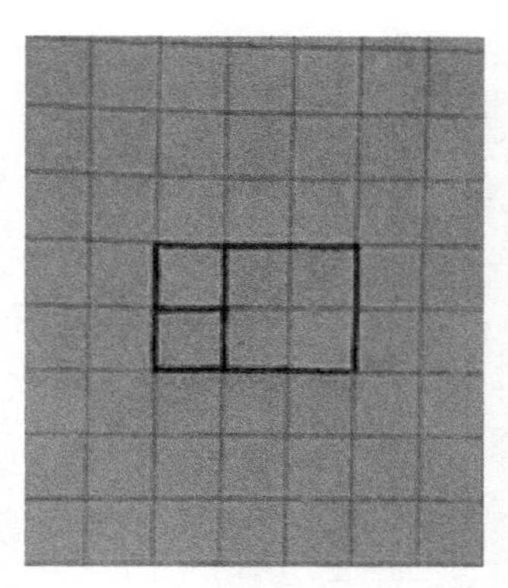

**Fig. 2.5** Quadrados consecutivos

Em seguida trace o quarto quadrado *acima* do primeiro e do terceiro, encostando seu lado inferior no lado superior de cada um dos outros dois, isto é, abrangendo precisamente os lados daqueles dois. Novamente, trace à mão livre, sem contar os quadradinhos, e olhe o resultado. Parece um quadrado ou um retângulo? Se for um retângulo, corrija o desenho e verifique visualmente novamente. Quando achar que chegou ao quadrado desejado, conte os quadradinhos dos lados dos dois quadrados sobre os quais desenhou esse quarto, e confira com um lado vertical dele para ver se sua intuição visual funcionou bem.

Vamos para o próximo quadrado, o quinto. Antes de desenhá-lo, procure observar os quadrados anteriores e descobrir a regra de formação e deduzir a localização desse quinto quadrado. Tente também deduzir qual será o tamanho de seu lado no desenho, expresso em relação aos lados dos outros, sem contar os quadradinhos, indicando o tamanho do lado; exprima esse tamanho em termos de lados de quadrados já existentes. Depois de fazer a descoberta da localização e do tamanho desse quinto quadrado, desenhe-o, sempre à mão livre. Novamente, verifique se é um quadrado mesmo ou se parece um retângulo e, se necessário, corrija o desenho; depois, conte os quadradinhos para ver se sua intuição funcionou. Note como começa a ficar mais difícil distinguir um quadrado de um retângulo com uma só fileira de quadradinhos sobrando ou faltando.

O quinto quadrado deve ficar do lado esquerdo das bordas do quarto, do primeiro e do segundo quadrados. O tamanho do seu lado é a soma do tamanho dos lados do quarto e do terceiro quadrado (verifique!).

Em seguida, usando a regra de formação, trace o sexto e, depois, o sétimo e o oitavo quadrado, que devem caber na folha, pois o primeiro quadradinho foi localizado justamente para isso. Desenhe-os seguindo as orientações dadas para os anteriores (sempre usando a intuição para ver se são quadrados mesmo). O resultado final está na próxima página, mas tente desenhar todos os quadrados antes de examinar a fig. 2.6.

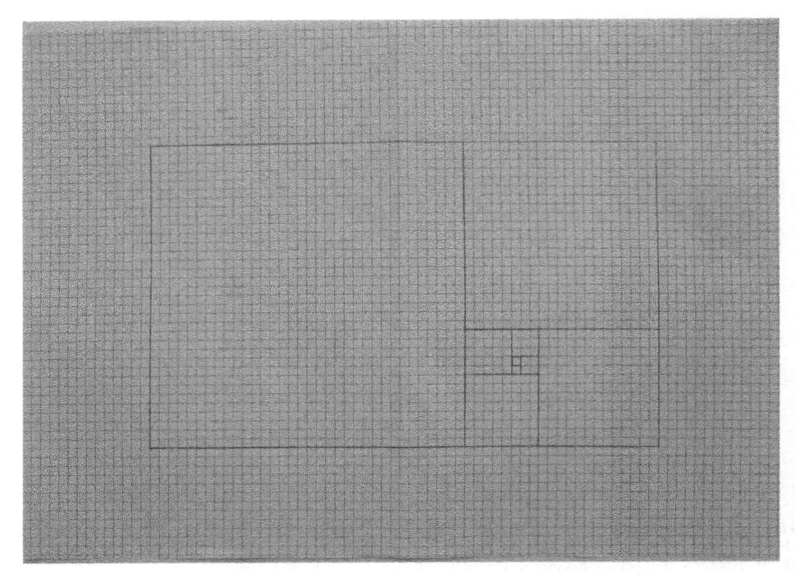

**Fig. 2.6** Sequência de quadrados

Agora vamos usar os quadrados, a partir do segundo, para traçar uma espiral. Para isso, trace arcos de circunferência de 90° inscritos nos quadrados, isto é, unindo vértices opostos dos quadrados, como na fig. 2.7, tudo à mão livre! Tente caprichar, de modo que os arcos fiquem bem próximos dos que seriam traçados com um compasso. Comece desenhando os arcos bem de leve, para poder apagar e desenhar arcos cada vez mais redondos e bonitos, e só quando tiverem essas características passe o lápis mais forte.

Note que, se tivessem sido usados uma régua para traçar os quadrados e um compasso para os arcos de círculo, quem teria caprichado não teria sido o desenhista, e sim a régua e o compasso, e a beleza e a harmonia do desenho não seriam obra dele! Note ainda que, quanto mais bonitos e harmônicos forem os arcos e a transição de cada um para o próximo, mais perto o desenho estará daquele feito com compasso. Assim, veja uma capacidade fantástica do ser humano: quanto mais bonito ele achar um desenho geométrico feito à mão, mais o desenho aproxima-se do ideal feito com régua, esquadro (que não foi necessário, pois foi usado um papel quadriculado) e compasso. Por isso, na medida do possível, que é o caso neste exercício em questão, deve-se fazer desenhos à mão livre. Desse modo desenvolvem-se o capricho e a sensibilidade para o que é bonito e perfeito. O resultado deve ser próximo daquele da fig. 2.7, em que são mostrados apenas dois arcos, do quarto e do quinto quadrados da fig. 2.6.

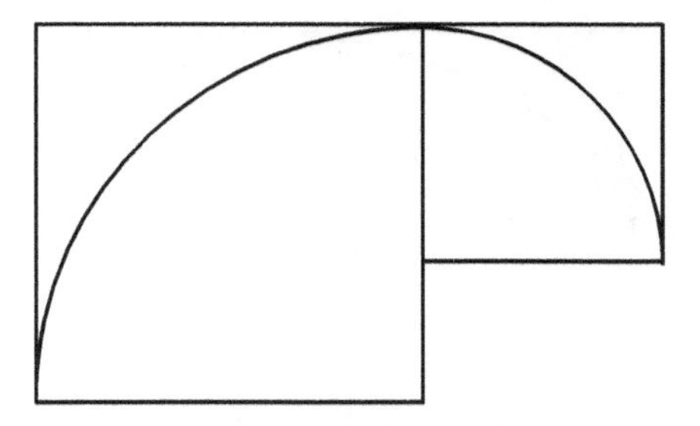

**Fig. 2.7** Trecho da espiral

Foi mencionada a transição de um arco para o seguinte. Ela se dá ou na vertical ou na horizontal. Quando dois arcos combinam direitinho, isto é, um é a continuação do outro sem que se forme um ângulo na junção dos dois, diz-se que houve *concordância* entre eles. Formalmente, duas curvas que têm apenas um ponto em comum, seu ponto de junção, têm concordância nesse ponto se as tangentes às curvas nesses pontos fazem parte de uma mesma reta. Na fig. 2.7, os dois arcos têm que passar pelo vértice comum dos dois quadrados onde eles estão desenhados, e nesse ponto suas tangentes coincidem com os lados desses quadrados, que estão em uma mesma reta.

Por outro lado, os arcos não devem ser muito fechados (o que, nas palestras, eu denomino de 'arcos magros' nem muito abertos, 'arcos gordos') como na fig. 2.8, para os quadrados da direita e da esquerda, respectivamente. Costumo ir percorrendo as carteiras dos participantes de minhas palestras que estão desenhando os arcos e apontando para os arcos 'magros', os mais comuns, ou 'gordos'.

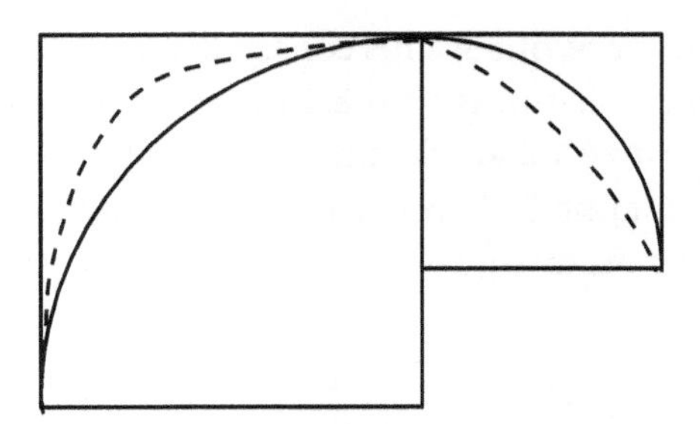

**Fig. 2.8** Trechos 'gordo' (esq.) e 'magro' (dir.)

Note-se que os arcos 'magros' sempre formam, na sua junção, ângulos menores do que 180°, e os 'gordos' tangenciam os lados dos quadrados por uma extensão em geral exagerada (a rigor, deveria haver apenas um ponto de tangenciamento).

O resultado ideal está na fig. 2.9 – uma bonita espiral!

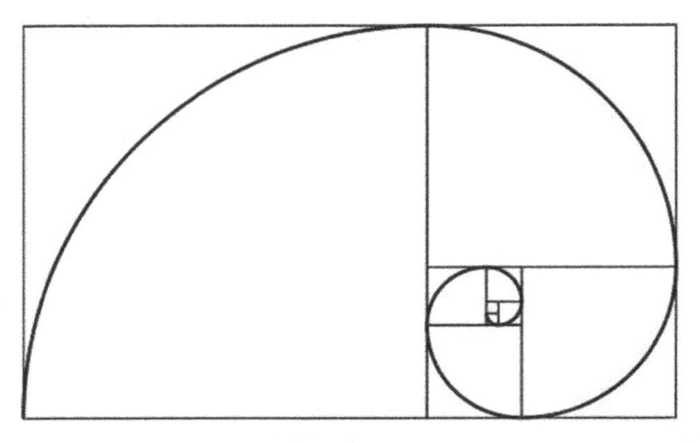

**Fig. 2.9** A outra espiral completa

Observe-se que na espiral da fig. 2.9 o passo não é constante como na espiral de Arquimedes das figs. 2.2 e 2.3. De fato, traçando-se um braço dessa espiral a partir do que poderia ser o foco, analogamente à fig. 2.3, os tamanhos dos raios determinados por esse braço vão aumentando de um passo que não é constante. Na seção 24.2, será visto que esse aumento pode ser aproximadamente (mas não exatamente!) expresso por meio de uma proporção matemática numérica. Mas já é possível observar o seguinte: o aumento dos raios depende dos tamanhos dos lados dos quadrados onde os arcos de círculo foram inscritos.

## 2.3 Uma sequência de números

Os tamanhos dos lados dos quadrados consecutivos podem ser escritos formando uma sequência de números naturais (isto é, números inteiros positivos). O primeiro tem lado de tamanho 1 (isto é, o lado de um quadradinho), o segundo também de 1, e o terceiro tem lado de tamanho 2. Agora tente completar essa sequência para todos os quadrados da fig. 2.9. Depois disso, confira com a que está na próxima página.

```
1 1 2 3 5 8 13 21 34
```

Essa sequência segue uma regra de formação. Tente descobrir que regra é essa e em seguida continuar a sequência, antes de ver a regra a seguir, e também uma extensão dessa sequência.

A regra de formação é muito simples: *cada termo da sequência depois dos dois primeiros é a soma dos dois anteriores*. Observe o desenho da espiral da fig. 2.9: cada quadrado depois do segundo tem o tamanho de seu lado igual à soma dos tamanhos dos lados dos dois quadrados anteriores. Não se preocupe com os quadrados adjacentes; use realmente os dois anteriores.

Usando essa regra, a sequência será um pouco continuada, pois será usada mais tarde:

```
1 1 2 3 5 8 13 21 34 55 89 144 233 377 610
```

Essa sequência tem um nome: *sequência de Fibonacci* (em inglês, *Fibonacci sequence*), pronunciado no italiano de hoje como 'Fibonátchi'. Ela não foi devida ao matemático de mesmo nome, pois já era conhecida por matemáticos hindus desde o séc. VI. Em um livro de sua autoria, datado do ano de 1202, Fibonacci (1170-1250?) escreveu a sequência até o 13º termo, 233, e por isso ela ficou conhecida com seu nome. Na seção 3.3 será visto como isso ocorreu. Tanto ele quanto sua sequência ficaram famosíssimos, pelas razões que serão expostas.

Note a expressão usada: Fibonacci 'escreveu' o livro (ou ele foi escrito por escribas), pois naquela época todos os livros eram escritos à mão; a imprensa com tipos móveis foi inventada por volta de 1439 pelo ourives Johannes Gutenberg (1398-1468). O primeiro livro que ele imprimiu foi uma Bíblia, em 1455, com 180 cópias, muito elogiada pela qualidade da impressão. Em 1469 foi impresso em latim o primeiro livro com letras romanas, parecidas com as que são usadas hoje. Para os que acham que hoje há uma brutal aceleração do desenvolvimento tecnológico, é interessante saber que em 1500 já havia cerca de 1.000 gráficas na Europa ocidental, e no séc. XVI foram impressos cerca de 200 milhões de livros!

Cada termo da sequência mostrada anteriormente é denominado um *número de Fibonacci* (*Fibonacci number*); a regra de formação (cada termo dela é a soma dos dois anteriores) é chamada de *regra de Fibonacci* (*Fibonacci rule*); a espiral da fig. 2.9, construída com arcos de circunferência ligando vértices de quadrados cujos tamanhos dos lados seguem a sequência de Fibonacci, é chamada de *espiral de Fibonacci*.

A sequência de Fibonacci é também representada iniciando por 0 e 1 em lugar de 1 e 1. (Verificar que os termos restantes não mudam.) Neste livro será usada a segunda forma.

As/os leitoras/es que estão cursando ou já cursaram o ensino médio (antigo colegial) já devem ter estudado as *progressões aritmética* e *geométrica* (*arithmetic and geometric progressions*), em geral abreviadas por P.A. e P.G. Na primeira, cada termo é obtido pela *soma do anterior por uma constante.* Por exemplo,

```
3  5  7  9  11 ...
```

Isto é, cada termo é a soma do anterior com 2. Diz-se que uma P.A. *cresce linearmente*, ou tem *crescimento linear.*

Na segunda, cada termo é obtido pela *multiplicação do anterior por uma constante*, por exemplo,

```
3  6  12  24  48 ...
```

Isto é, cada termo é a multiplicação do anterior por 2.

Inversamente, pode-se dizer que uma P.G. é caracterizada pelo fato de que qualquer elemento é o seguinte dividido por uma constante, a *razão* da P.G. (2, no exemplo acima). Uma outra maneira de escrever a P.G. acima salientando a razão é

$$3, 2 \times 3, 2 \times 2 \times 3, 2 \times 2 \times 2 \times 3, \ldots \text{ ou } 2^0 \times 3, 2^1 \times 3, 2^2 \times 3, 2^3 \times 3, \ldots$$

As potências da razão indicam que uma P.G. tem *crescimento exponencial.*

Essas progressões são determinadas pelo termo inicial e pela constante. Uma *progressão* é uma sequência de números com alguma regra de formação. Nesse sentido, a sequência de Fibonacci também poderia ser chamada de 'progressão', mas, como ela é comumente chamada de 'sequência', essa é a denominação que continuará a ser usada aqui.

Mas quem era Fibonacci e qual o motivo da fama dele e de sua sequência? Isso será visto no próximo capítulo.

## 2.4 Formalismos matemáticos

(Esta seção pode ser pulada por leitoras/es não interessadas/os em formulações matemáticas.)

### 2.4.1 Coordenadas cartesianas

Um sistema de *coordenadas cartesianas* (*Cartesian coordinates*), introduzido por René Descartes (1596-1650) em 1637, especifica, para cada ponto *P* de um plano, duas coordenadas numéricas que constituem as distâncias, com sinal, de *P* a duas retas ortogonais, os eixos do sistema. Com isso, Descartes revolucionou a matemática, pois forneceu um meio de associar a geometria euclidiana à álgebra; seu sistema tornou-se a base para a geometria analítica (*analytical geometry*). O ponto de encontro dessas retas é a *origem* do sistema. A reta horizontal que passa por essa origem é denominada de *eixo das abcissas* (*axis of abcissas*), e a vertical que passa pela origem é denominada de *eixo das ordenadas* (*axis of ordinates*). A fig. 2.10 mostra um exemplo de um desses sistemas. Cada ponto $P$ do plano é expresso por meio de suas coordenadas, por exemplo, $P(x_1,y_1)$. Nela é mostrado o ponto (-3,2); a origem é o ponto (0,0); a abcissa de $P$ é -3, e a ordenada é 2.

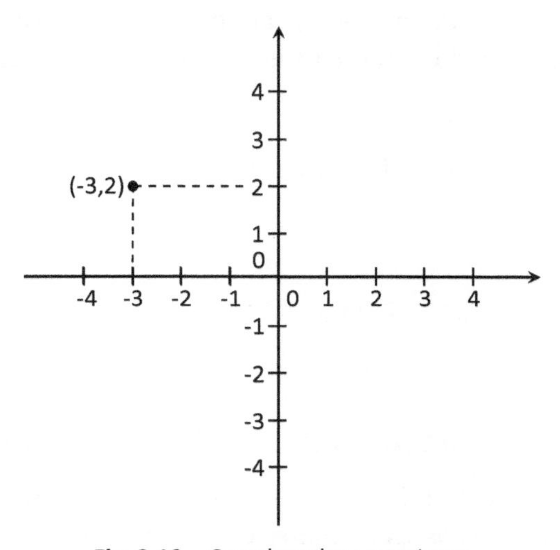


**Fig. 2.10** Coordenadas cartesianas

## 2.4.2 Coordenadas polares

Há outro sistema de coordenadas muito prático para certas aplicações que, em lugar das coordenadas cartesianas, usa outra maneira de determinar a posição de um ponto no plano: o sistema de *coordenadas polares* (*polar coordinates*). Para um ponto $P(x_1,y_1)$, em lugar de se usar os valores $x_1$ e $y_1$ das coordenadas cartesianas, são usadas a distância $r$ de $P$ à origem $O(0,0)$ do sistema, e o ângulo θ (a letra grega *teta*) que faz a reta que passa pela origem $O$ do sistema e por $P$ com o eixo das abcissas, como na fig. 2.11.

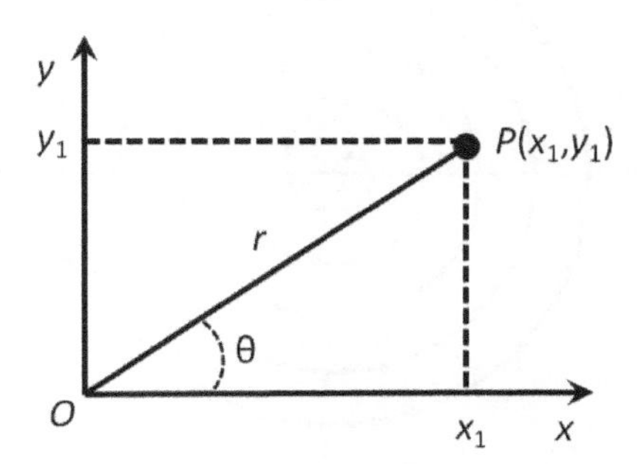


**Fig. 2.11** Coordenadas polares

Na fig. 2.11, o ponto $P$ pode ser determinado por suas coordenadas cartesianas $P(x_1,y_1)$ ou pelas polares $P(r,\theta)$.

Dado um ponto $P$ de coordenadas polares $P(r,\theta)$, para transformarem-se essas últimas em cartesianas, deve-se inicialmente notar que o triângulo $OPx_1$ é retângulo ($Px_1$ é perpendicular a $x$), tendo $r$ como hipotenusa e $Ox_1$ e $x_1P = Oy_1$ como catetos, com tamanhos $x_1$ e $y_1$, respectivamente. Agora é necessário usar um pouco de trigonometria. Como, por definição, o *seno* (abreviado como *sen*) de um ângulo agudo $\theta$ de um triângulo retângulo é o (tamanho do) cateto (lado) oposto a $\theta$ dividido pela hipotenusa, e o *cosseno* (abreviado como *cos*) de $\theta$ é o cateto adjacente dividido pela hipotenusa, tem-se

$$cos\theta = x_1/r \text{ e } sen\theta = y_1/r$$

Portanto

$$x_1 = r\,cos\theta \text{ e } y_1 = r\,sen\theta \quad [2.4.2:1]$$

## 2.4.3 A espiral de Arquimedes em coordenadas polares e cartesianas

A equação da espiral de Arquimedes em coordenadas polares, com foco na origem $O$, que dá a posição de todos os seus pontos, é extremamente simples:

$$r = p\theta/T \quad [2.4.3:1]$$

onde $r$ é a distância de um ponto $P$ qualquer da espiral até o foco $F$ dela (que fica na origem das coordenadas polares), isto é, o raio (cf. seção 2.1) da espiral que passa por $P$, $p$ é um número positivo indicando o passo de crescimento da espiral, $\theta$ é o ângulo que o segmento que une $P$ a $F$ faz com o eixo das abcissas e $T$ é o *período* da espiral, isto é, o intervalo angular tal que o raio aumenta de $p$ (v. fig. 2.12).

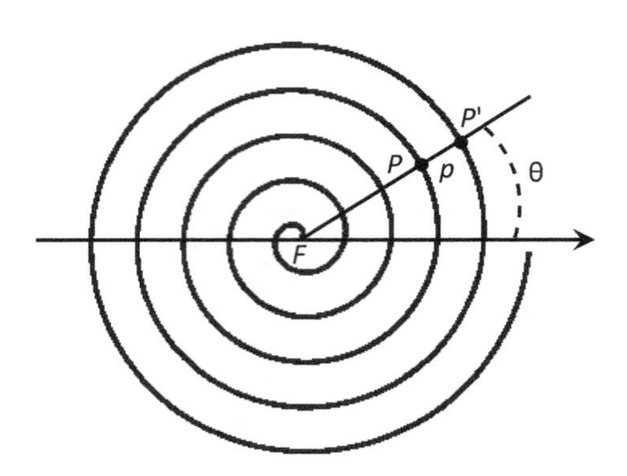


**Fig. 2.12** Período de uma espiral

Usando o passo $p$ da fig. 2.12, para essa espiral tem-se

$$r = p\theta/360$$

com $\theta$ medido em graus, e

$$r = p\theta/2\pi$$

com $\theta$ medido em radianos (v. próximo parágrafo). Isto é, como mostra a fig. 2.12, a partir de qualquer ponto $P$ da espiral, a cada 360° ($2\pi$ radianos) o tamanho do raio aumenta de $p$ levando a $P'$. Portanto, o período dessa espiral (e a da fig. 2.3) para um aumento $p$ do raio é 360° ou $2\pi$. Se $360/T$ for um número inteiro, esse número indica que a cada giro de um ângulo $\theta = T$ o raio aumenta de $p$. Por exemplo, se $T = 90°$, o raio aumenta de $p$ a cada quarto de volta, ou de $4p$ a cada 360°. Obter-se-ia a mesma espiral se se tomasse $p' = 4p$ e $T = 360°$ (por quê?).

Sobre a medida de ângulos em *radianos*: essa palavra vem do fato de que uma parte de uma circunferência (ou um setor circular) determina um ângulo formado pelos raios que delimitam aquela parte. Ocorre que o comprimento total de uma circunferência é $2\pi r$, onde $r$ é o raio da circunferência. Mas esse comprimento total corresponde a uma volta completa na circunferência, isto é, a um ângulo de 360°. Dividindo $2\pi r$ por $r$ (pois, afinal, o ângulo não depende do raio da circunferência!) tem-se $2\pi$, a medida de 360° em radianos. Por exemplo, um ângulo de 90° corresponde, portanto, a $360°/4 = \pi/2$ radianos.

Com a equação [2.4.3:1] podem-se traçar mais pontos da espiral além dos marcados no eixo das abcissas, como na fig. 2.3. É só atribuir um valor a $\theta$, traçar um braço (cf. seção 2.1) passando pelo foco $F$ que deve coincidir com a origem $O$ do sistema de coordenadas, braço esse formando um ângulo $\theta$ com o eixo das abcissas, calcular $r$ com a fórmula acima e marcar o ponto desejado nesse braço a uma distância $r$ de $O$.

A seguir é mostrado como traçar progressivamente uma espiral dessas usando coordenadas cartesianas.

Usando as equações [2.4.2:1] da seção anterior tem-se, para um ponto $P(x,y)$,

$$r = x/cos\theta \quad \text{e} \quad r = y/sen\theta$$

Como visto, em coordenadas polares a equação da espiral de Arquimedes é $r = p\theta$, portanto

$$p\theta/T = x/cos\theta \quad \text{e} \quad p\theta/T = y/sen\theta$$

Então

$$x = (p\theta cos\theta)/T \quad \text{e} \quad y = (p\theta sen\theta)/T$$

Assim, essas equações permitem, dado um valor de $\theta$, deduzir as coordenadas cartesianas de um ponto da espiral.

Os programas gráficos de computador que traçam pontos a partir de suas coordenadas cartesianas podem usar essas duas equações e traçar a espiral dando-se valores crescentes de $\theta$ e calculando-se a posição $(x,y)$ de cada ponto da espiral, fazendo-a desenvolver-se em rotação.

### 2.4.4 Somatória de uma progressão aritmética

Já que na seção 2.3 foram mencionadas as progressões aritmética (P.A.) e geométrica (P.G.), vejamos como se calcula a soma de todos os seus termos, também denominada de *somatória* (*summation*).

Seja uma P.A. de $n$ termos $p_1, p_2, \ldots, p_n$, com a constante de progressão $c$, isto é, $p_{i+1} = p_i + c$, $1 \leq i \leq n - 1$ (isto é, $i$ varia entre 1 e $n - 1$). É fácil notar que $p_1 + p_n = p_2 + p_{n-1}$ etc., pois para passar de $p_1$ para $p_2$ deve-se somar $c$, e para passar de $p_n$ para $p_{n-1}$ deve-se subtrair $c$. Por exemplo, na P.A. 2, 5, 8, 11, 14, 17, 20 temos 2 + 20 = 5 + 17 = 22, pois, para passar de 2 a 5, deve-se somar 3 e, de 20 para 17, deve-se subtrair 3. Portanto, a soma de termos da progressão simétricos em relação ao termo do meio dela é sempre a mesma, e igual a $p_1 + p_n$. Mas quantas somas desses elementos simétricos existem na progressão inteira? São $n/2$ somas, pois cada soma envolve dois termos da progressão. Isso é bem claro quando $n$ é par. E quando $n$ for ímpar? O termo do meio da progressão será somado duas vezes, como no exemplo da P.A. mencionada (o 11 será somado duas vezes), de modo que nos dois casos ($n$ par ou ímpar) deve-se dividir as somas por 2, ficando tudo correto. Portanto, a soma de uma P.A. é

$$n(p_1 + p_n)/2 \quad [1]$$

**Exr. 2.4.4:1** Testar essa fórmula para pelo menos duas progressões, uma com $n$ par e outra com $n$ ímpar. Note que a constante $c$ não aparece na fórmula! (Por quê?)

É conhecida a historieta do famoso matemático alemão Gauss (Johann Carl Friedrich Gauss, 1777-1855), de que, aos 10 anos, numa aula de matemática na escola, a classe estava muito irrequieta, e o professor resolveu passar um problema para os aluninhos sossegarem: somar todos os números de 1 a 100, achando que eles iriam levar um tempão para chegar ao resultado. Depois de alguns segundos, Gauss mostra o resultado; ele tinha percebido a propriedade da soma dos extremos, deduzido a fórmula e dado o resultado (quanto é?).

Em particular, uma P.A. muito comum é

```
1, 2, 3, ... , n
```

Por [1], sua soma será

$$n(n + 1)/2$$

Na historieta de Gauss, $n = 100$. Note-se que ou $n$ ou $n + 1$ é par, de modo que um deles é divisível por 2 (isto é, a divisão por 2 não deixa resto) e, assim, o resultado dessa fórmula é sempre um número inteiro, como não podia deixar de ser, pois se estão somando números naturais.

Com a somatória dessa P.A. pode-se calcular a soma de uma P.A. qualquer usando-se, em lugar de $p_n$ na fórmula [1], o primeiro termo $p_1$ e o número de termos $n$. Se a constante da progressão for $c$,

$$p_1 + p_2 + p_3 + ... + p_n = p_1 + p_1 + c + p_1 + 2c + ... + p_1 + (n\text{-}1)c = np_1 + c(1 + 2 + ... +(n\text{-}1))$$

Portanto, usando o símbolo usual para somatória, o Σ (*sigma*, em grego) mostrando a variação do índice

$$\sum_{i=1}^{n} p_i = p_1 + p_2 + p_3 + ... + p_n = np_1 + c(n-1)n/2 = n\left(p_1 + c(n-1)/2\right)$$

**Exr. 2.4.4:2** Verificar essa fórmula para alguma P.A. com, por exemplo, 5 termos.

É interessante notar que se faz uma distinção entre sequência e série. A primeira é um conjunto ordenado de termos; em geral a ordenação segue alguma regra, como qualquer termo ser maior do que o anterior. Uma *série* é a somatória dos termos de uma sequência. Ambas podem ter um número infinito de termos.

### 2.4.5 Somatória de uma progressão geométrica

Como é comum nos textos de matemática, a constante que multiplica cada termo de uma P.G. para se obter o termo seguinte será denotada por $q$. O $q$ vem de 'quociente' de cada um pelo anterior, a operação inversa da multiplicação, também chamada de *razão* de uma P.G. (cf. seção 2.3). Obviamente, numa P.G., o quociente também é uma constante. Os termos de uma P.G. são então

$$p_1, p_2, ..., p_n$$

com

$$p_{i+1} = qp_i,\ 1 \leq i \leq n\text{-}1$$

O primeiro termo, $p_1$, é o *valor inicial* da P.G. Seja a soma $S$ dos $n$ termos:

$$S = \sum_{i=1}^{n} p_i = p_1 + p_2 + ... + p_{n-1} + p_n \quad [1]$$

ou

$$S = p_1 + qp_1 + qp_2 \; ... \; + qp_{n-1} = p_1 + q(p_1 + p_2, + \; ... + p_{n-1}) = p_1 + q\sum_{i=1}^{n-1} p_i \quad [2]$$

Aqui pode-se usar um truque matemático: exprimir o $S$ em função dele mesmo. Para isso, de [1] tem-se

$$p_1 + p_2, + \; ... + p_{n-1} = S - p_n$$

Portanto [2] fica

$$S = p_1 + q(S - p_n)$$

Mas

$$p_2 = qp_1; p_3 = qp_2 = q^2p_1; ...; p_n = q^{n-1}p_1 \quad \rightarrow \quad S = p_1 + q(S - q^{n-1}p_1) = p_1 + qS - q^n p_1)$$

Portanto

$$S - qS = p_1 - q^n p_1 \quad [3] \quad \rightarrow \quad S(1 - q) = p_1(1 - q^n)$$

Multiplicando ambos os membros por –1 obtém-se

$$S(q - 1) = p_1(q^n - 1)$$

Finalmente,

$$S = p_1(q^n - 1)/(q - 1) \quad [2.4.5:1]$$

Em muitos textos encontra-se

$$S = p_1(1 - q^n)/ (1 - q)$$

Que parece ser menos intuitiva, pois muitas vezes a razão $q$ é maior que 1.

## Exercícios

**Exr. 2.4.5:1** Conferir a fórmula [2.4.5:1] para alguma P.G.

**Exr. 2.4.5:2** Em lugar do truque usado acima, pode-se substituir em [1] cada termo usando-se $p_{i+1} = qp_i$ e em seguida multiplicar os dois lados por $q$. Deduza a fórmula [2.4.5:1] por esse método.

Uma soma interessante de uma progressão geométrica particular é a das potências de 2:

$$\sum_{i=0}^{n} 2^i = 2^0 + 2^1 + 2^2 + \ldots + 2^n = 1 + 2 + 4 + 8 + \ldots + 2^n = 2^{n+1} - 1 \quad [2.4.5:2]$$

que será provada na seção 2.4.7, e também a soma de infinitos elementos da sequência de inversos das potências de 2, com um resultado que pode parecer surpreendente, pois se está somando sempre mais um pouquinho ($\infty$ é o símbolo usado para 'infinito'):

$$\sum_{i=1}^{\infty} \frac{1}{2^i} = \frac{1}{2^1} + \frac{1}{2^2} + \frac{1}{2^3} + \ldots = \frac{1}{2} + \frac{1}{4} + \frac{1}{8} + \ldots = 1 \quad [2.4.5:3]$$

Por essa fórmula, que será provada na seção 2.4.6, vê-se que jamais se chega no valor total 1 com um número finito de termos da série, pois dado um termo $\frac{1}{2^n}$ sempre se pode somar o termo seguinte, com a potência $n + 1$, isto é, $\frac{1}{2^{n+1}}$.

**Exr. 2.4.5:3** Usando a fórmula [2.4.5:1], provar o valor das somatórias [2.4.5:2] e [2.4.5:3]. Na primeira, cuidado com o índice $n$; na segunda, observar que $\left(\frac{1}{2}\right)^{\infty} = 0$.

A fórmula [2.4.5:2] dá uma solução para a conhecida lenda da origem do jogo de xadrez que, aparentemente, apareceu no *Livro dos Reis*, um épico da Pérsia do ano 1101. Segundo essa lenda, um homem chamado Sissa Ibn (filho de) Dahir inventou o jogo para o rei da Índia, que gostou tanto dele que encomendou um tabuleiro e peças para cada templo na Índia. Querendo agradecer Sissa com um presente, o rei disse-lhe para pedir o que quisesse. Sissa respondeu que gostaria de receber um total de grãos calculado com 1 na primeira casa, 2 na segunda, 4 na terceira, e assim por diante, dobrando a cada nova casa. O rei achou que ele estava pedindo muito pouco, e mandou atendê-lo. Quando verificou-se que o total era maior do que toda a quantidade de grãos de trigo do mundo, declarou que Sissa era ainda mais inteligente do que parecia por ter inventado o jogo (v. ref., também com outras histórias).

Trata-se da P.G. iniciando em 1 com razão 2, com 64 termos; da fórmula 2.4.5:2:

$$\sum_{i=0}^{63} 2^i = 2^0 + 2^1 + 2^2 + \ldots + 2^{63} = 2^{64} - 1$$

Ocorre que $2^{64}$ equivale aproximadamente a um número decimal com 19 dígitos, da ordem de um sextilhão!

## 2.4.6 Uma prova geométrica

Para a somatória da fórmula [2.4.5:3] há uma prova geométrica muito simples e interessante. A fig. 2.13 mostra um quadrado externo de lado de comprimento unitário (1), portanto de área unitária, dividido em duas partes (retângulos), em que só a da esquerda está anotada como ½, indicando a metade da área unitária total. Por sua vez, a outra metade foi dividida em dois, tendo sido anotada só a parte inferior com a área ¼, e assim por diante. Pode-se notar que, à medida que a potência de ½ vai aumentando, nunca se passa da área unitária do quadrado inicial, e sempre vai se aproximando cada vez mais dela.

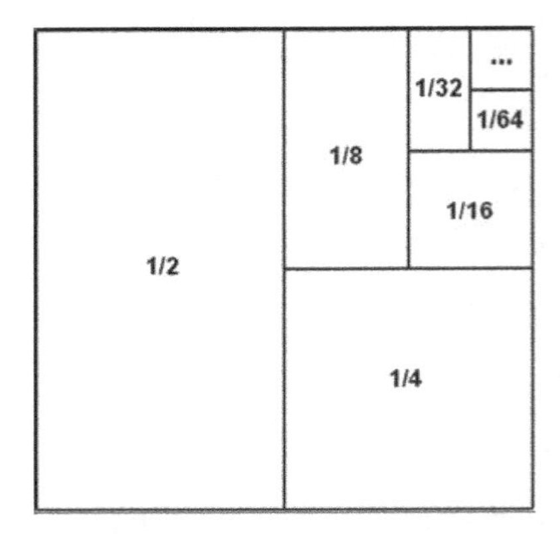


**Fig. 2.13** Bipartições consecutivas de um quadrado

A fig. 2.13 mostra também que os dois últimos quadrados são iguais, com área 1/64. Portanto, generalizando o 64 para algum *n*,

$$\frac{1}{2^n}+\sum_{i=1}^{n}\frac{1}{2^i}=1$$

O que pode ser comprovado também algebricamente, pois

$$\frac{1}{2^n}+\sum_{i=1}^{n}\frac{1}{2^i}=\frac{1}{2^1}+\frac{1}{2^2}+\frac{1}{2^3}+\ldots\frac{1}{2^{n-1}}+2\frac{1}{2^n}$$

No entanto, o último termo $2\frac{1}{2^n}=\frac{1}{2^{n-1}}$ é igual ao penúltimo, gerando o dobro dele. E assim por diante, caminhando-se na fórmula para a esquerda até chegar-se a $2\frac{1}{2^1}$, que é igual a 1. Esse mesmo procedimento vale para infinitos elementos ou retângulos.

## 2.4.7 Árvores matemáticas binárias

A somatória da fórmula [2.4.5:2] pode ser deduzida de uma forma interessante, usando-se uma estrutura abstrata muito importante na ciência da computação e que, com uma forma especial, tem algo a ver com a sequência de Fibonacci.

Uma árvore binária matemática é um conjunto de *nós* e de *ramos*, como os das figs. 2.13, 2.14 e 2.16. Cada nó é representado graficamente por uma bolinha e cada ramo por um segmento de reta ligando dois nós distintos, representados em cada ponta do ramo. Cada nó *N* é um nó isolado (nesse caso o conjunto de ramos é vazio) ou é a extremidade de um ramo que o liga a um outro nó denominado de *ascendente*, ou (inclusivo) é a extremidade de no máximo dois ramos distintos que ligam *N* a dois outros nós distintos *N*' e *N*", denominados de nós *descendentes*. Um nó que não tem um ou dois descendentes é denominado de *nó folha*. Cada árvore matemática tem um nó especial, sem nenhum ascendente, denominado *raiz*.

As figs. 2.13 e 2.17 mostram duas árvores binárias, sendo que na fig. 2.17 os nós são rotulados como descrito adiante. Nota-se que as raízes são representadas como o nó mais acima das árvores, e as folhas mais abaixo, isto é, essas árvores são comumente representadas ao contrário do normal e como se veem árvores reais. Como veremos, essas árvores são usadas na ciência da computação; vê-se uma das razões por que os 'computatas' são muitas vezes pessoas estranhas: não só falam uma língua que ninguém mais compreende, mas ainda pensam em árvores de cabeça para baixo...

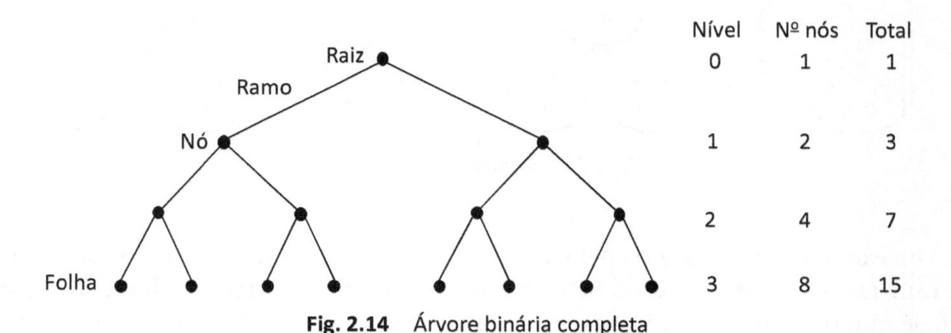


**Fig. 2.14** Árvore binária completa

A *altura* de uma árvore *relativa a uma folha* é o número de nós que estão entre a raiz, inclusive, e essa folha, inclusive, percorrendo-se os ramos entre ambos. Se cada nó fora os nós folhas tem dois nós descendentes e a altura é a mesma para todas as folhas, a árvore é dita *completa*, como a da fig. 2.14, que tem altura 4. Em caso contrário, isto é, algum nó não folha tem um só descendente e as alturas da árvore relativas a duas folhas distintas diferem entre si, a árvore é dita *incompleta*, como a da fig. 2.17.

Como se pode ver na coluna 'N° nós' da tabela da fig. 2.14, em cada nível *n* de nós de uma árvore binária completa tem-se o dobro do número de nós do que o nível anterior ($n - 1$), isto é, $2^n$ nós, sendo que o primeiro é o nível 0, que contém um único nó, a raiz da árvore, pois $2^0 = 1$. (Por isso os níveis começam em 0.) Além disso, em cada nível $n$ a soma de todos os nós desse nível e dos anteriores, isto é, o número total de nós (coluna 'Total') até o nível $n$ é o número de nós no nível seguinte $n + 1$ menos 1, isto é, $2^{n+1} - 1$, visto na fórmula [2.4.5:2]. Por exemplo, no caso de $n = 3$ tem-se Total = $15 = 2^4 - 1 = 16 - 1$. Isso pode ser provado formalmente usando-se indução finita (cf. será visto na propr. – propriedade – 4 da seção 7.3).

As árvores binárias têm importância fundamental na ciência da computação; muitas estruturas de dados em várias aplicações seguem essa disposição. Por exemplo, uma árvore binária completa de busca é uma árvore em que cada nó $n$ contém um dado, de tal modo que o valor do dado de $n$ é maior do que (ou sucede alfabeticamente) o valor do dado do nó descendente imediatamente à sua esquerda e tem valor menor do que (ou precede alfabeticamente) o valor do nó descendente imediatamente à sua direita – como na fig. 2.15, uma árvore com os nomes de pessoas. Cada nome serve para se construir a árvore, mas ao seu lado podem ser colocados os dados que interessam sobre cada pessoa (nome completo, endereço etc.), ou um endereço de onde estão os dados dessa pessoa, numa unidade de armazenamento de um computador (v. 'ponteiro' adiante).

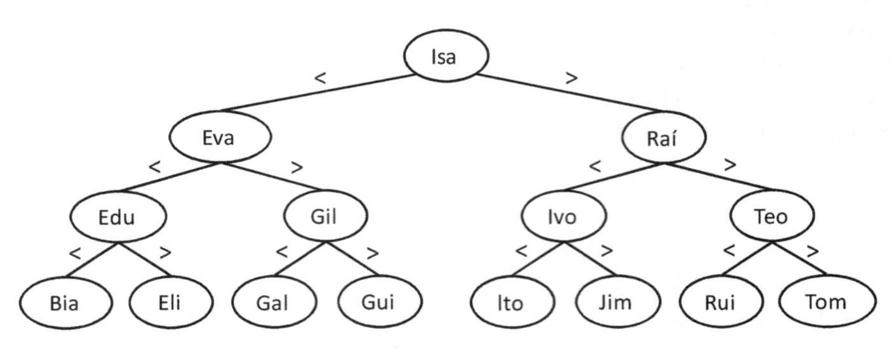


**Fig. 2.15** Árvore binária de busca

Um exemplo de busca seria pelo nome Gal. Inicialmente, comparando com o valor da raiz, Isa, vê-se que Gal é alfabeticamente menor do que (precede alfabeticamente) Isa, de modo que deve ser tomado em seguida o ramo da esquerda, assinalado com <, indo-se para o nó com Eva. Gal é maior do que (segue) Eva, de modo que é tomado o ramo da direita, assinalado com >, indo-se para o nó com Gil. Mas Gal é menor do que (precede) Gil, de modo que se vai para o ramo da esquerda de Gil atingindo-se o nó desejado com Gal.

Portanto, partindo-se da raiz da árvore é feita uma única comparação para cada nível, progredindo-se exponencialmente no número de termos já descartados, isto é, que não são o valor procurado, pois, tendo-se chegado a um nível $n$ sem encontrar o valor procurado, foram descartados $2^{n+1} - 1$ nós sem aquele valor. No entanto, isso exige a manutenção da ordenação numérica ou alfabética dos dados nos nós, para se colocar os valores adequados em cada nó descendente à esquerda ou à direita. Uma grande desvantagem desse tipo de árvore de busca é que a inserção de um novo dado, por exemplo, Lia na fig. 2.15, exige um rearranjo da árvore com a introdução de um novo nível, o que pode ter um custo bem alto. Um rearranjo também é necessário pela eliminação de um dado qualquer, como Gil. Em ambos os casos haverá nós vazios, sem nenhum dado. Mais adiante será mostrado como resolver o problema de nós vazios.

Na ciência da computação é usada a seguinte nomenclatura: um nó qualquer, fora a raiz, tem um só ascendente, denominado de *pai*. Os nós descendentes de um determinado nó são denominados de *filhos* do último. Os descendentes de um mesmo nó ('pai') são denominados de *irmãos*. Pessoalmente, não gosto de denominações antropomórficas para as máquinas, por exemplo 'memória', para a unidade central de armazenamento de um computador. Não se sabe como nossa memória funciona, mas se sabe muito bem como funciona aquela unidade de um computador. Parece-me que as denominações antropomórficas elevam a concepção que se faz das máquinas ao nível humano e degradam ao nível subnatural das máquinas a concepção elevada que se deveria ter dos seres humanos. Outros exemplos de nomenclaturas erradas: 'inteligência artificial' (*artificial intelligence* – não se sabe o que é inteligência humana); 'aprendizado de máquina' (*machine learning* – máquinas não aprendem, elas armazenam dados e calculam parâmetros que alteram os algoritmos); os computadores tomam decisões (o que eles fazem são escolhas lógicas; só seres humanos tomam decisões) etc. *ad nauseam*. Mas reconheço que essas denominações já fazem parte da linguagem comum e, por isso, são práticas. No entanto, gostaria que as pessoas se conscientizassem de que elas estão erradas, preservando assim a distinção entre seres humanos e máquinas. Só para salientar, a denominação *informática* está errada, pois os computadores e suas redes não processam informações, e sim dados, de modo que o correto deveria ser 'dadótica'. Um dado só se transforma em informação se é compreendido por uma pessoa receptora do mesmo, isto é, se ela associa um significado a ele. Por exemplo, um texto em uma língua desconhecida é simplesmente um monte de dados, não transmite nenhuma informação, mas pode ser processado mudando-se o tipo das letras, os tipos e posições de parágrafos etc., exatamente como um computador processa dados, sem compreender absolutamente nada. Computadores são máquinas puramente sintáticas, seguindo estritamente regras formais, matemáticas (mesmo quando processam símbolos, pois estes são necessariamente representados numericamente), ao passo que o ser humano contém semântica. Para mais detalhes, ver meu artigo nas referências deste capítulo.

Falando em computadores, uma pergunta pode ter surgido no/a leitor/a: mas como essas árvores são representadas nas unidades de armazenamento dos computadores? Para isso é necessário introduzir a noção de *ponteiro* (*pointer*): na unidade central de armazenamento ou nas auxiliares, como os discos magnéticos (*hard drives*, HDs – discos magnéticos, discos rígidos), que um dia vão desaparecer totalmente, pois é uma aberração haver uma unidade mecânica no meio de circuitos puramente eletrônicos. Hoje os HDs já são substituídos pelos dispositivos SSDs (*solid state drive*), de estado sólido como os *pen drives*, muito mais rápidos; é tudo uma questão de preço. Cada unidade de dados armazenada tem um *endereço*, um número que indica o local na unidade onde começa o dado e por meio do qual é feito o acesso a esse dado. Se o endereço de um dado estiver armazenado, ele torna-se também um dado: o ponteiro para aquele dado.

Pois bem, para representar uma árvore binária numa unidade de armazenamento de um computador, cada nó da árvore contém o dado (os nomes na fig. 2.15) e, ao lado dele, dois ponteiros: um para o descendente ('filho') mais à esquerda e outro para o próximo descendente do mesmo nó imediatamente ascendente (isto é, para o 'irmão'). Na fig. 2.16 é mostrada a árvore da fig. 2.15 com esses ponteiros: cada seta indica um ponteiro. Em um nó, quando não há um nó descendente (como nos nós folhas) ou um nó 'irmão' (como no nó raiz), o ponteiro correspondente fica 'vazio', isto é, contém um endereço fictício padronizado, como 00...0.

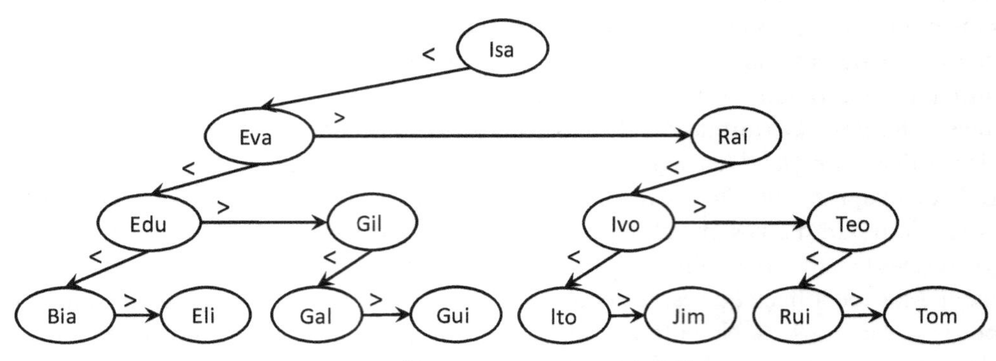


**Fig. 2.16** Árvore como estrutura de dados

Havendo dados além do conteúdo de cada nó, por exemplo, o CPF e o endereço físico das pessoas cujos nomes constam da fig. 2.16, mais um ponteiro pode ser adicionado a cada nó para a localização desses dados, como já citado. Assim, a árvore fica o mais compacta possível, podendo eventualmente estar por inteiro na unidade central de armazenamento, que é de acesso muitíssimo mais rápido que os discos magnéticos.

Uma tal organização ou estrutura de dados é denominada de índice (*index*) dos dados armazenados.

**Exr. 2.4.7:1** Além dos ponteiros vazios nos nós folhas e na raiz, como descrito, há outros ponteiros vazios na fig. 2.16?

Pode parecer que uma tal árvore de busca só vale para um número total de dados que seja uma potência de 2 menos 1, como mostrado na coluna 'Total' da fig. 2.14 (15 na fig. 2.15), mas um pequeno truque resolve esse problema: se o número total de dados não satisfizer essa condição, pode-se completar uma subárvore mais à direita com alguns nós com o maior valor que pode ser representado, por exemplo, 9999... ou ZZZZ..., isto é, com valores fictícios. Se na fig. 2.15 não houvesse dados de Rui, Teo e Tom, esses nomes poderiam ser substituídos por ZZZ nos respectivos nós. Nesse caso, em lugar de $>$ na fig. 2.15 deve-se usar $\geq$, pois vários valores serão repetidos. Aliás, usar sistematicamente $\geq$ em lugar de $>$ permite que se insiram os dados de várias pessoas diferentes com o mesmo nome. Com esses valores fictícios, a inserção de um dado com valor maior do que todos os já existentes na árvore não implica alteração de sua estrutura: o novo dado simplesmente substitui o último valor fictício no percurso da árvore. Já a inserção de um dado no meio de uma árvore com valores vazios vai eventualmente implicar o rearranjo de boa parte dela, mas sem aumento no número de níveis. O importante é que o número de comparações se dá linearmente pelos níveis, percorrendo exponencialmente os valores (número total de nós descartados).

Uma árvore em que, em lugar de dois ramos saindo de cada nó, saem três ramos é uma árvore ternária, ou de *grau três* - note-se que continua havendo apenas dois ponteiros em cada nó, um para o nó imediatamente descendente à esquerda e um para o próximo irmão. E assim por diante, para graus maiores. Nos bancos de dados em que estes estão armazenados em discos magnéticos, usam-se as árvores-*B* (*B-trees*) de busca. Cada nó pode comportar dezenas ou mesmo uma centena de valores ordenados, normalmente devendo conter no mínimo 50% da capacidade de cada nó. Isso permite muitas vezes a inserção de novos dados ou a eliminação de dados em um nó, sem que a estrutura da árvore seja alterada. Com isso tem-se uma árvore de grau variável.

**Exr. 2.4.7:2** Modifique a árvore da fig. 2.15 para inserir o valor Ari. Quantas folhas fictícias terão que ser inseridas no novo nível para que a árvore mantenha-se completa?

## 2.4.8 Árvores AVL

Já que foram mencionadas estruturas de dados em forma de árvores binárias abstratas, matemáticas, na ciência da computação aborda-se uma árvore binária que não é completa e tem algo a ver com a sequência de Fibonacci: a árvore AVL. Essa abreviatura vem do nome dos seus descobridores, Georgy Adelson-Velsky e Evgeny Landis, que publicaram o algoritmo em 1962. As árvores AVL satisfazem três condições: 1. uma árvore AVL é uma árvore binária, isto é, de cada nó saem no máximo duas subárvores; 2. a árvore não precisa ser completa; 3. em uma árvore AVL cada nó *n* deve ter uma ou duas subárvores, sendo que a diferença de altura entre as subárvores de *n* não deve ser maior do que 1, como na fig. 2.17. Nesse caso, a *altura* de uma árvore (ou subárvore) é definida como o maior número de nós entre a raiz, inclusive, e cada uma de suas folhas, inclusive.

Como na árvore binária completa de busca, os dados representados nos nós são tais que, estando-se em um nó com um dado *d*, um dado menor do que *d* (ou que o precede alfabeticamente) fica na subárvore à esquerda de *d*, e um dado maior (ou que o sucede alfabeticamente) fica na subárvore à direita de *d*, como na fig. 2.17, na qual foram representadas algumas comparações com < (menor) e > (maior), mas elas ocorrem em todos os ramos. À esquerda de cada nó que não é uma folha, estão os valores menores do que o conteúdo desse nó e, à direita, os que têm valores maiores.

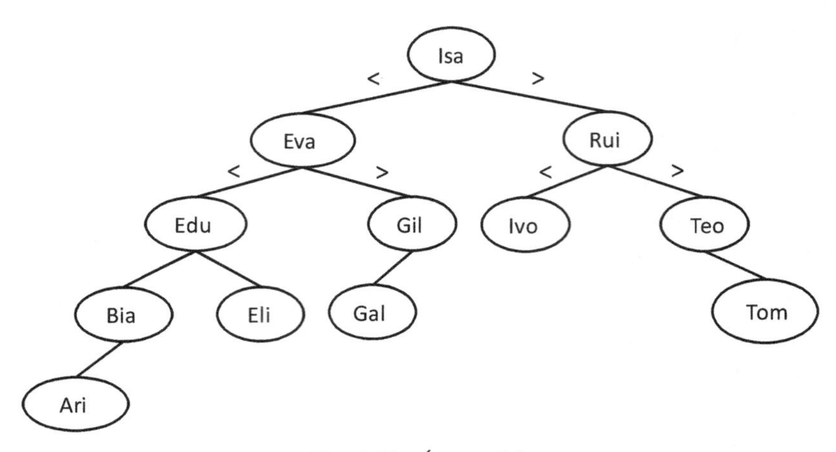


**Fig. 2.17** Árvore AVL

Não serão dados aqui muitos detalhes sobre essas árvores; para esses detalhes, veja-se a referência sobre elas. O que nos interessa é que, à medida que uma árvore AVL cresce, o número mínimo total de nós cresce segundo a sequência de Fibonacci: uma árvore AVL de altura 1 tem um só nó (seriam as subárvores com as folhas com Ari, Eli, Gal, Ivo e Tom da fig. 2.17); a de altura 2 tem no mínimo 2 nós (as subárvores de raízes com Bia, Gil e Teo; a de altura 3 tem no mínimo 4 nós (seriam as de raízes com Edu e Rui); a de altura 4 tem no mínimo 7 nós (a com Eva); a de altura 5 tem no mínimo 12 nós (como toda a árvore da fig. 2.17) etc. Assim, a partir da altura 1, tem-se os números da sequência de Fibonacci com o valor de cada termo dela menos 1, começando no nível 1 com o termo da sequência com valor 2. Quando uma subárvore tem apenas um nó (como as folhas com nós contendo Ari, Eva, Gal e Tom), ela pode estar à esquerda (como os nós com Ari, Gal e Tom) ou à direita (Eli) do nó antecessor (respectivamente, Bia, Edu, Gil, Rui e Teo).

Talvez seja interessante especificar um pouco melhor o que significa 'número mínimo total de nós': é o número mínimo de nós de uma árvore AVL que preserva as três condições especificadas anteriormente. Nesse caso é possível adicionar um ou mais nós à árvore ou subárvore sem alterar sua altura, e sem alterar a regra de que em uma árvore AVL as alturas das duas subárvores de qualquer nó tomado como sua raiz não devem diferir mais do que 1, até que ela se torne uma árvore binária completa, que continua sendo AVL. Assim, se a árvore não está completa, a inserção de um nó não exige uma alteração no número de níveis; basta rearranjar os dados nos nós e inserir o nó no local correspondente. Ao contrário, a inserção de um nó em uma árvore binária completa de busca com um valor em cada nó exige, como foi visto, a adição de mais um nível com muitos valores fictícios (fazendo o papel de infinito) nos novos nós que não conterão valores significativos.

Assim, uma árvore AVL não precisa ser completa como a da fig. 2.15, isto é, não é necessário que a altura seja a mesma para todas as folhas, como no caso da árvore binária completa. Com isso, a inserção ou eliminação de novos nós ficam muito mais simples e rápidas em comparação com as árvores binárias completas, pois podem ocorrer vários nós vazios, não representados na fig. 2.17.

## Exercícios

**Exr. 2.4.8:1** Completar todas as indicações de < e > nos ramos da árvore AVL da fig. 2.15.

**Exr. 2.4.8:2** Mostrar na fig. 2.16 onde seriam inseridos nós com valores Ema, Gui e Zia, verificando que isso não altera a altura da árvore e definição de árvore AVL. Note que os dados Teo e Tom têm que mudar de nós.

Note-se que na fig. 2.17 a raiz com Isa tem duas subárvores, uma com raiz Eva e número mínimo de 7 nós, e a outra com raiz Rui com 4 nós, isto é, o número mínimo de nós de uma árvore AVL de altura 5 é 1 (da raiz com Isa) mais a soma dos nós de uma árvore AVL de altura 4 mais os nós de uma de altura 3. Pode-se provar que isso vale para qualquer árvore AVL, isto é, o número mínimo de nós de uma árvore de altura $h$ é a soma dos números mínimos de nós de uma árvore de altura $h - 1$ mais os de uma de altura $h - 2$ mais 1 (a raiz). Portanto, o crescimento do número mínimo de nós de uma árvore AVL segue a sequência de Fibonacci (cf. a seção 2.3), subtraindo-se 1 de cada termo. Na seção 7.1 será visto que essa sequência aproxima-se de uma progressão geométrica e, na seção 12.5, será visto por que nesse caso das árvores AVL isso é importante: conforme a árvore vai crescendo o número total de nós tende a ser uma exponencial do número de níveis, como era o caso da árvore binária completa. Isso significa que para um número linear de comparações (o percurso nos níveis da árvore) tudo se passa como se se tivesse varrido um número exponencial de valores, mesmo tendo-se uma árvore incompleta.

## 2.5 Referências


- Setzer, V.W. Dado, Informação, Conhecimento e Competência.
  Acesso em 23/11/18: www.ime.usp.br/~vwsetzer/dado-info.html

- Arquimedes. Acesso em 6/5/18: https://pt.wikipedia.org/wiki/Arquimedes
- Árvores AVL. Acesso em 21/6/18:
  https://medium.com/basecs/finding-fibonacci-in-golden-trees-1c8967b1f47a
- Árvores binárias. Idem: https://en.wikipedia.org/wiki/Binary_tree

- Espiral de Arquimedes. Acesso em 6/5/18: https://pt.wikipedia.org/wiki/Espiral_de_Arquimedes
- Fibonacci. Acesso em 7/1/19: https://en.wikipedia.org/wiki/Fibonacci
- Fig. 2.1. iStockphoto.
- Fig. 2.13. Acesso em 21/6/18: https://en.wikipedia.org/wiki/1/2_%2B_1/4_%2B_1/8_%2B_1/16_%2B_%E2%8B%AF
- Gauss. Acesso em 30/5/18: https://pt.wikipedia.org/wiki/Carl_Friedrich_Gauss
- Parafuso de Arquimedes. Acesso em 23/10/19: https://en.wikipedia.org/wiki/Archimedes%27_screw
- Primórdios da imprensa. Acesso em 20/5/18: www.prepressure.com/printing/history/1400-1499
- Progressão aritmética. Acesso em 30/5/18: https://pt.wikipedia.org/wiki/Progress%C3%A3o_aritm%C3%A9tica
- Progressão geométrica. Idem: https://pt.wikipedia.org/wiki/Progress%C3%A3o_geom%C3%A9trica
- Xadrez: as lendas da origem. Acesso em 17/2/20: https://sites.google.com/site/caroluschess/ancient-history/origin-of-chess-legends

## 2.6 Resolução dos exercícios

**Exr. 2.4.5:2** Como $p_{i+1} = qp_i$, a igualdade [1] de 2.4.5 fica

$$S = p_1 + qp_1 + q^2p_1 + \ldots + q^{n-1}p_1$$

Multiplicando os dois membros por $q$, obtém-se

$$qS = qp_1 + q^2p_1 + q^3p_1 + \ldots + q^{n-1}p_1 + q^np_1$$

Subtraindo de $S$ logo acima,

$$S - qS = p_1 - q^np_1$$

que é a [3] de 2.4.5, continuando-se como nessa última seção.

**Exr. 2.4.7:1** Sim, nos nós que não têm 'irmão', por exemplo, os dos nós com Gil, Teo, Eli etc. (Complete essa lista.)

**Exr. 2.4.7:2** Serão introduzidas 16 novas folhas.

# CAPÍTULO 3
# Entra Fibonacci

## 3.1 Quem foi Fibonacci?

Leonardo Pisano Bigollo (*bigollo* significa 'viajante', em toscano), também conhecido como Leonardo de Pisa, Leonardo Bonacci, Leonardo Fibonacci ou mais comumente como Fibonacci (nome que será usado neste livro), nasceu em Pisa em 1170 e ali faleceu ao redor de 1250. Foi filho de um mercador, Guglielmo Bonacci, que dirigia um entreposto de comércio no norte da África, na cidade medieval de Bugia, fundada pelos romanos no séc. I – hoje Béjaïa, na Algéria. Guglielmo ('Guilherme') viajava muito pelo Mediterrâneo para comprar mercadorias, indo inclusive ao Oriente Médio. O jovem Leonardo o acompanhava, e nessa região entrou em contato com os números compostos pelos algarismos usados hoje no mundo todo, que são denominados de *indo-arábicos.* Na Europa inteira ainda se usavam os *algarismos romanos.* Suponha-se que no ano de 2019 uma pessoa conta que tem 23 anos, e quem a ouve quer calcular o ano em que ela nasceu. Vejamos como isso seria feito em algarismos romanos e indo-arábicos (os usados atualmente); seria interessante que o/a leitor/a escrevesse os números em algarismos romanos antes de olhar para o que vem em seguida, na próxima página. Se não conseguir, seria interessante estudar como se escrevem números nessa notação.

```
  MMXIX     2019
- XXIII   -   23
-------   ------
MCMXCVI     1996
```

Note-se que uma conta em algarismos romanos não apresenta nenhuma sistemática; é como se cada número não tivesse nada a ver com os outros. É extremamente difícil fazer contas usando esses algarismos. O que se fazia era usar ábacos (*abacus* em latim, ou 'tabuleiro para fazer cálculos', 'pedra colocada em cima de uma coluna'), ou tabuleiros (*checkerboards*) com peças para os cálculos, e os algarismos romanos para se anotarem os dados e os resultados. Os ábacos foram usados na China, na Europa, na Rússia, e no Japão são chamados de *soroban*. É interessante a associação de 'cálculo' com 'pedra' (por exemplo, em 'cálculo renal').

A fig. 3.1 mostra a foto de um ábaco da época romana que emprega o usual sistema de numeração (ou sistema numérico) quinário, com 5 dígitos. Na parte inferior são representados os algarismos de 0 (nenhuma conta ou peça abaixada, isto é, encostada na borda inferior) a 4 (4 contas abaixadas). Na parte superior a conta abaixada representa que deve ser somado 5 ao indicado na parte inferior na mesma coluna. Assim, na figura, a segunda coluna da direita marcada com I representa o 8 como 3 + 5, o 3 representado por 3 contas abaixadas na parte inferior, e o 5 sendo representado por uma conta abaixada na parte superior. Logo acima da parte inferior e abaixo da superior há um fator multiplicativo em algarismos romanos: I para 1, X para 10, C para 100, M para 1.000, XM para 10.000, CM para 100.000, e MM para 1.000.000. Curiosamente, CM é a representação normal do 900 em algarismos romanos, mas no caso representa 100.000; MM devia representar naqueles algarismos o 2.000. Por exemplo, na coluna XM as 3 contas abaixadas na parte inferior representam o 3 e o XM indica que esse número 3 deve ser multiplicado por 10.000, representando o total de 30.000. (Obviamente, ábacos com contas devem ser usados no plano horizontal.) Na coluna C, as contas abaixadas representam 3 + 5, multiplicado pelo fator 100, dando 800. Assim, nota-se que esse ábaco podia representar na parte principal até o número 9.999.999; as contas da coluna mais à direita provavelmente indicam outros fatores multiplicativos, para ir além desse limite, ou um algarismo depois da vírgula.

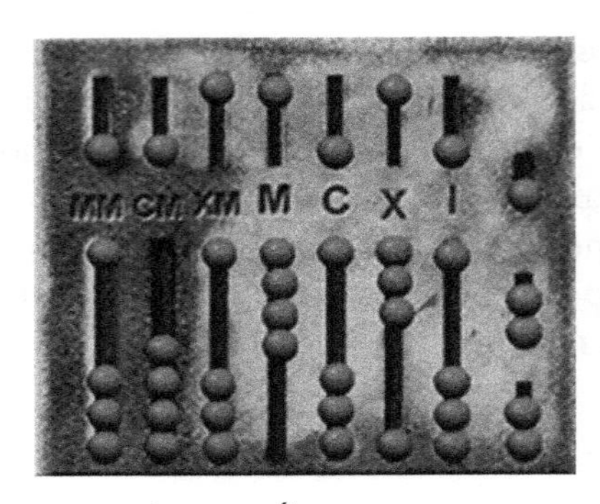


**Fig. 3.1** Ábaco romano

**Exr. 3.1** Que número está representado no ábaco da fig. 3.1?

Há uma enorme vantagem em usar os algarismos indo-arábicos. De fato, a grande diferença é que a notação numérica com os algarismos indo-arábicos, que data aproximadamente do ano 700, usa uma *notação posicional*. O algarismo mais à direita (por exemplo, 9, 3, e 6 no exemplo anterior da idade) é sempre o das unidades, e seu valor é o algarismo representado multiplicado por 1, que vem de $10^0$. O segundo algarismo mais à direita (1, 2, 9) é o das dezenas, e deve ser multiplicado por 10, que vem de $10^1$, e é somado com o das unidades, dando 19, 23 e 96. O terceiro mais à direita (0, 9) deve ser multiplicado por 100, que vem de $10^2$, e somado com o resultado anterior, resultando 19, 23 (nesse último caso não há algarismo das centenas, e toma-se o 0 como o multiplicador de 100) e 996. O quarto algarismo deve ser multiplicado por 1.000, que vem de $10^3$ e, somado com o resultado anterior, resulta em 2.019, 23 e 1.996. No ábaco da fig. 3.1 foram representados os fatores multiplicativos (I, X, C etc.) e sua posição da direita para a esquerda indica a potência de 10 (0, 1, 2 etc., correspondendo aos fatores 1, 10, 100 etc.). Nos algarismos indo-arábicos, a posição já indica a potência de 10, de modo que nem se pensa nela: 435 é na verdade 4 x 100 + 3 x 10 + 5 x 1.

Portanto, ao se usarem os algarismos arábicos, não é mais necessário empregar um ábaco, pois no máximo é necessário saber a tabuada de soma de 0 a 9; os cálculos são representados na mesma notação que os dados e os resultados.

Para mais detalhes, veja a seção 3.4.1 de formalismo matemático.

É interessante notar que o primeiro a representar o 0 (zero) nos algarismos hindus foi Bhaskara I (ca. 600-ca. 680). O I no nome é usado para não confundi-lo com Bhaskara II (1114-1185; v. seção 7.1), que é considerado o descobridor da fórmula das raízes da equação de 2º grau – mas há controvérsias a esse respeito. É devido a Bhaskara I o primeiro registro onde se encontra a notação posicional para os algarismos dos números. Curiosamente, até aí não se usavam símbolos abstratos para os algarismos, mas nomes, por exemplo, o 1 era escrito como Lua, o 2 como olhos etc. A partir do ano 629 o sistema posicional aparece definitivamente na matemática hindu.

Fibonacci percebeu a grande vantagem do que foi chamado em latim de *modus indorum*, o método dos hindus, hoje conhecido como *sistema numérico indo-arábico* (*Hindu-Arabic numeral system*). Em 1202 ele lançou, em latim, um livro que ele ou escribas tinham escrito, denominado *Liber Abaci* (*Livro do cálculo*), que foi o primeiro livro extenso do mundo ocidental sobre aritmética prática moderna. Naquela época, havia inúmeros folhetos escritos à mão sobre como fazer cálculos, sempre usando aplicações. Foi o que Fibonacci fez no *Liber Abaci*: introduziu a notação numérica indo-arábica, mostrando como ela era útil no comércio, na conversão de moedas, nos cálculos de juros simples e compostos, de datas, de volumes, pesos e medidas etc. Além disso, ele foi o primeiro a mostrar como se fazem cálculos passo a passo, como se faz hoje. A primeira versão do livro desapareceu, e a segunda, que ele completou em 1228, é a conhecida hoje, havendo 14 cópias dela, sendo 3 completas; parece que a melhor cópia é de 1275. Naquela época, um autor levava o original para ser copiado por monges em mosteiros, que cometiam erros e mudavam alguns conteúdos. Muitas outras cópias foram feitas, espalhando-se pela Europa e, assim, o sistema indo-arábico foi logo adotado. Com isso, por vários livros que ele escreveu, e problemas matemáticos que resolveu, Fibonacci tornou-se famosíssimo, tendo sido contratado em 1240 pela cidade de Pisa como o matemático da corte, com um salário vitalício. Apenas em 1857 foi impressa a primeira cópia do livro.

No prefácio da edição de 1228, Fibonacci relata que ficou algum tempo em Bugia, viajou muito pelo Mediterrâneo, falando com matemáticos e eruditos gregos e árabes, tendo visitado Egito, Síria, Grécia, Sicília e Provença, e passado vários anos em Constantinopla.

O capítulo 1 do *Liber Abaci* começa com as palavras a seguir (tradução livre da versão para o inglês do matemático Laurence E. Sigler; v. ref.); é interessante observar como Fibonacci tenta descrever o que para nós é tão óbvio que não precisa de descrição:

Cap. 1

Aqui começa o primeiro capítulo.

Os 9 números hindus são os seguintes:

9 8 7 6 5 4 3 2 1

Com esses 9 números, e com o sinal 0 que os árabes chamam de zefir, é escrito qualquer número, como é demonstrado abaixo. Um número é a soma de unidades, ou um conjunto de unidades, e por meio de sua adição os números aumentam por passos sem fim. Primeiro, compõe-se das unidades aqueles números que vão de um a dez. Em segundo lugar, das dezenas são feitos os números que vão de dez a cem. Em terceiro, das centenas são feitos os números que vão de cem a mil. Em quarto lugar, dos milhares são feitos aqueles números de mil a dez mil, e assim por meio de uma sequência sem fim de passos, qualquer número é construído pela união dos números precedentes. A primeira posição na escrita dos números começa à direita. A segunda verdadeiramente segue a primeira para a esquerda. A terceira segue a segunda. A quarta [segue] a terceira, e a quinta a quarta, e assim por diante para a esquerda, posição seguindo posição. E assim o número que é encontrado no primeiro lugar representa a si próprio; isto é, se na primeira posição está o número da unidade, ele representa um; se o número dois, ele representa dois; se o número três, três, e assim na ordem daqueles que seguem até o número nove; e realmente os nove números que estarão na segunda posição representarão tanto dezenas quanto unidades na primeira posição; quer dizer, se o número unidade ocupa a segunda posição, denota dez; se o número dois, vinte; se o número três, trinta; se o número nove, noventa.

E o número que está na terceira posição denota o número das centenas, [...]

É provável que o livro de Fibonacci tenha disparado a escrita de uma profusão de folhetos de matemática. São conhecidos cerca de 400 desses folhetos, abrangendo desde o séc. XIII até o final do XVI.

Não é difícil imaginar o impacto que Fibonacci causou com sua obra; ela significou uma revolução na simplificação de todo o cálculo aritmético e do seu aprendizado na Europa. Além disso, os passos dos cálculos podiam ser registrados e verificados, o que não ocorria com os feitos com os ábacos. Com isso, ele deu um grande impulso no comércio e no desenvolvimento da matemática e suas aplicações e, portanto, da ciência.

Vários nomes de entes matemáticos são devidos a ele, como a *fatoração* de um número (exprimi-lo em divisores primos, o que ele denominou de *factus ex multiplicatione*; ver também a seção 10.2.3), *numerador* e *denominador* de uma fração, bem como a notação de frações com um traço horizontal.

Mas, afinal das contas, de onde vem o nome Fibonacci? Ele foi inventado em 1838 pelo historiador francês Guillaume Libri (1803-1869), derivando o nome de *Filius Bonacci* ('filho de Bonacci' em latim), o que acabou abreviado por Fibonacci, que se manteve até hoje.

Em homenagem a Fibonacci, a cidade de Pisa, onde ele nasceu e trabalhou como matemático da corte, fez erigir uma estátua dele (fig. 3.2) datada de 1863, esculpida por Giovanni Paganucci (1800-1875). Ela está em um museu nessa cidade, chamado Camposanto, também chamado de Camposanto Monumentale ou Camposanto Vecchio ('velho'), pois começou a ser construído em 1278, para ser um cemitério; até hoje *camposanto* em italiano significa 'cemitério'. O edifício foi bem danificado durante a Segunda Guerra Mundial, mas foi restaurado. Ele está na fig. 3.3; note a cúpula ao fundo. Por sua vez, esse prédio está na Piazza del Duomo (Praça da Catedral) ou Piazza dei Miracoli, o maior conjunto medieval do tipo na Europa, cuja vista aérea está na fig. 3.4. Pode-se distinguir muito bem a cúpula do Camposanto no lado direito da foto. Curiosamente, a igreja é a de Santa Maria Asunta (de 'Assunção'); a catedral de Pisa é outra. Na foto pode-se ver, do lado esquerdo, talvez o monumento mais conhecido da Itália, a inclinada Torre de Pisa, que começou a ser construída em 1173 para ser um campanário. Ela foi completada no séc. XIV; quando atingiu o 3º de seus 8 andares, ela já estava inclinada. Note-se que se pode deduzir que ela não vai cair, pois há gente em sua sombra, bem embaixo da parte inclinada...

**Fig. 3.2** Estátua de Fibonacci em Pisa

**Fig. 3.3** Camposanto, Pisa

**Fig. 3.4** Piazza dei Miracoli, Pisa

É interessante notar que existe um quadro com o retrato do Fibonacci (veja a fig. 3.5). Observando-se essa pintura, vê-se que ela não pode ter sido pintada durante a vida dele, pois se estava em plena Idade Média, e essa pintura deve ser da Renascença ou de período posterior.

**Fig. 3.5** Quadro de Fibonacci

A última referência encontrada sobre Fibonacci em vida é de 1240. Duzentos anos depois de sua morte ele já estava praticamente esquecido. Em 1494, Luca Paccioli (1445-1517) escreveu o livro *Divina Proportione* sobre proporções geométricas, dizendo que todos os enunciados sem referência de autor eram devidos a Fibonacci. O livro continha 60 ilustrações de sólidos geométricos desenhados em perspectiva, feitas por ninguém menos do que Leonardo da Vinci (1452-1519). Paccioli ficou famoso como matemático, mas somente em 1799 Pietro Cossali (1748-1815) descobriria o livro de Paccioli e perceberia a importância de Fibonacci para o séc. XIII, divulgando seu nome. Assim, Fibonacci permaneceu no esquecimento durante cerca de 400 anos. Somente na década de 1960 é que ele foi relembrado em toda sua grandeza.

Para um interessante relato sobre Fibonacci e seu livro, ver o livro do matemático Keith Devlin (1947-). Ele chama a atenção ao fato de que muitos dos problemas citados no *Liber Abacci* vieram do livro *Al-Jabr* (título abreviado, de onde vem a palavra 'álgebra'; literalmente 'reunião') escrito aproximadamente em 820 pelo matemático e astrônomo persa al-Khwarismi (ca. 780-ca. 850) – nome de onde vêm 'algarismo' e 'algoritmo', considerado o fundador da álgebra. A grande diferença está nos problemas descritos: nos livros árabes, há uma ênfase em questões legais de heranças e dotes, bem como divisão de posses em uma mesma família. Na matemática italiana aparecem questões de juros de empréstimos, o que era proibido no islã. Fibonacci adaptou problemas de dividir o capital de uma empresa entre os sócios, e não entre familiares.

Uma curiosidade: em inglês escreve-se primeiro o mês e depois o dia. Assim, 23 de novembro é escrito 1123 (os primeiros números da sequência de Fibonacci; cf. a seção 2.3), sendo por isso considerado o Dia de Fibonacci.

## 3.2 A sequência de Fibonacci

Essa sequência (v. seção 2.3) já era conhecida por matemáticos hindus desde o séc. VI. Usando a regra de Fibonacci, pode-se estendê-la também para o seu 'lado esquerdo'.

**Exr. 3.2** Tente estender a sequência também para o lado esquerdo, isto é, ..., -1, 1, 0, 1, 1, 2, ... Há alguma regularidade que se pode observar nessa extensão?

Cada termo da sequência de Fibonacci é denominado um *número de Fibonacci*.

Obviamente, Fibonacci não denominou a sequência com seu nome. Isso foi devido ao matemático francês François Édouard Anatole Lucas (1842-1891), que, em 1877, estudou profundamente as propriedades da sequência de Fibonacci e definiu a assim chamada *sequência de Lucas* (*Lucas sequence*). Ela usa a regra de Fibonacci (cada termo é a soma dos dois anteriores), mas começando com 2 e 1 em lugar de 1 e 1. Como a sequência de Fibonacci, ela tem a propriedade de que pode ser estendida para números negativos,

$$\ldots -29, 18, -11, 7, -4, 3, -1, 2, 1, 3, 4, 7, 11, 18, 29, \ldots$$

De modo que também sua sequência repete-se para o 'lado esquerdo' alternando os sinais. Cada termo dessa sequência é chamado de *número de Lucas* (*Lucas number*).

## 3.3 Fibonacci e a multiplicação dos coelhos

Em seu livro, Fibonacci usou a sequência, como apresentada na seção 2.3, para resolver um problema. Como já foi citado, naquela época os folhetos e livros sobre matemática sempre usavam exemplos, em geral problemas práticos com a historinha de alguém hipotético que precisava resolver um problema. O problema que Fibonacci usou introduzindo a sequência foi o da multiplicação dos coelhos, que ele numerou como Problema 18. A fig. 3.6 mostra uma página desse problema, de uma das cópias do *Liber Abaci*, infelizmente aqui mostrada em tons de cinza e sem muita nitidez. O original artisticamente colorido pode ser visto no *link* da seção 3.5 (v. ref.).

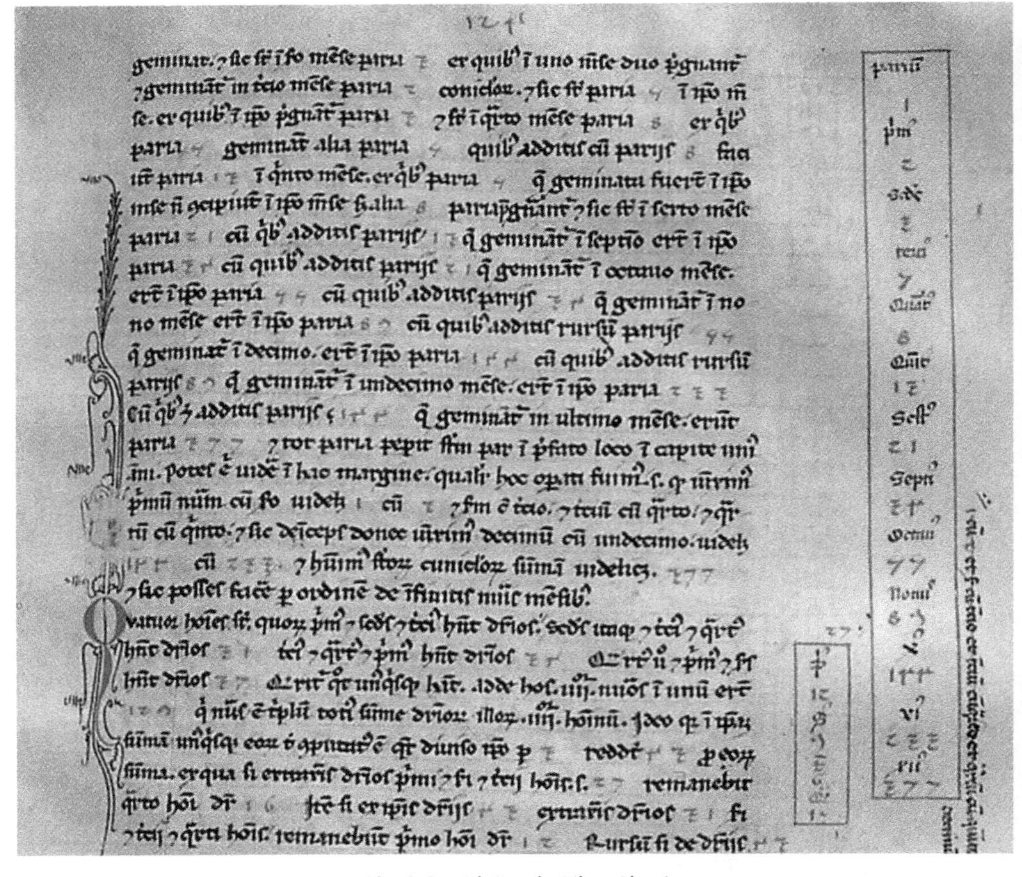

**Fig. 3.6** Página do *Liber Abaci*

Note-se como as letras eram desenhadas artisticamente. Naquela época tudo tinha que ser artístico, com um pináculo nas catedrais góticas, cujo tamanho não tinha sido planejado para conter a população local e peregrinos, pois eram muito maiores do que essa necessidade impunha. Há portais delas, todos decorados, com altura de mais de duas pessoas. Compare-se com o utilitarismo dos prédios de hoje e as letras de imprensa, sem qualquer forma artística (salvo certos tipos como o Times Roman); elas tornaram-se símbolos mortos, sem arte e sem vida, todos repetidos iguaizinhos como só as máquinas são capazes de fazer. Note-se também como, em lugar de iluminuras, figuras nas margens tão comuns em livros medievais, veem-se à esquerda letras iniciais alongadas com desenhos artísticos. Se o/a leitor/a é um estudante, seria interessante experimentar decorar seus cadernos de anotações com desenhos coloridos, preferivelmente com giz de cera, pois assim eles ficam agradáveis de serem manuseados – e estudados! Não é preciso saber desenhar formas figurativas; a alternância de cores em figuras abstratas e margens coloridas com alguma largura já embelezam as páginas.

Os símbolos que aparecem mais apagados são números que estão em vermelho no original. Observe-se o lado direito da página: lá está a sequência de Fibonacci (cf. a seção 2.3) começando com 1, 2, 3 etc. até o 377. Abaixo de cada número da sequência aparece a sua ordem em latim, abreviada, como *primus* (precedido pelo 1), *secundus* (3), passando pelo *sextus* (21), *septimus* (34) etc. terminando em X°, XI° e XII°. Curiosamente, falta a ordem do último, XIII° (377). Comparando com a sequência de Fibonacci, pode-se ver como os algarismos eram representados: alguns bem semelhantes à nossa grafia; o 3 era um pouco parecido com o nosso, mas o 4 (no 34) e o 5 eram bem diferentes.

O texto do problema 18 começa com o seguinte, em tradução livre do inglês (v. ref.): "Um homem tinha um casal de coelhos, e se deseja saber quantos serão criados partindo desse casal em um ano, quando é da natureza deles gerar mais um casal a cada mês, e no segundo mês os que nasceram também dão cria."

No corpo da página da fig. 3.6, Fibonacci descreve o modelo que usou para calcular a multiplicação dos coelhos e responder a essa pergunta. As suas suposições drásticas de como os coelhos se multiplicavam podem ser esquematizadas da seguinte maneira:

1. No início há um casal recém-nascido de coelhos;
2. depois de nascido um casal, ele leva um mês para se tornar sexualmente maduro;
3. sempre que um casal dá cria, nasce um e apenas um casal;
4. cada casal sexualmente maduro acasala-se a cada mês;
5. depois do acasalamento, a gestação leva um mês até o nascimento, sempre de um novo casal;
6. os coelhos vivem indefinidamente.

Vejamos o que ocorre. Acompanhe a descrição seguinte observando a fig. 3.7, onde os coelhos menores e brancos são os recém-nascidos, e os sexualmente maduros são os maiores. Na coluna da esquerda estão números indicando o início dos meses, isto é, 1 indica o início do primeiro mês, 2 o início do segundo mês etc. A coluna da direita indica quantos casais existem no mês correspondente. Assim, no início (mês 1), tem-se um casal recém-nascido. Depois de um mês (2) ainda há somente esse casal, mas sexualmente maduro, e os dois se acasalam. No início do terceiro mês (3) nasce um novo casal (total de 2 casais, um maduro e outro recém-nascido). O primeiro casal acasala-se novamente; no início do quarto mês (4) nasce dele um novo casal (total de 3) e o segundo casal fica sexualmente maduro e se acasala; o primeiro casal acasala-se novamente (até parecem coelhos...). No início do quinto mês, nasce um casal do primeiro casal e um casal do segundo casal (total de 5), e assim por diante.

**Fig. 3.7** Modelo de Fibonacci de multiplicação dos coelhos

Continuando com esse esquema, tem-se o número de casais seguindo a sequência de Fibonacci, como indicado pela coluna da direita. Assim, ele pôde dizer que no seu modelo a resposta é que depois de um ano haveria 233 casais (o XII na parte inferior da borda direita da página do livro na fig. 3.6) e depois de 13 meses haveria 377 casais (o último número da fig. 3.6).

Atenção. Esse é apenas um modelo simplificado, inventado pelo Fibonacci. Os coelhos recusam-se a seguir seu modelo! Faço essa observação pois, em avaliações de minha palestra sobre esse assunto, houve comentários em que parecia que alguns participantes acharam que os coelhos realmente se comportavam dessa maneira...

Note-se que a fig. 3.7 representa uma estrutura em forma de árvore binária não completa (cf. seção 2.4.7).

A historinha inventada pelo Fibonacci e a fig. 3.7 são imagens, pictóricas. Vamos fazer uma descrição formal, abstrata, do mesmo procedimento, representando um casal de coelhos recém-nascido pelo dígito 0 (poderia ser qualquer símbolo, por exemplo, x) e um casal sexualmente maduro por 1 (ou, por exemplo, y). Com esses 0s e 1s vamos construir uma sequência de números binários (isto é, compostos apenas de dois símbolos, no caso, 0 e 1), cada um correspondendo a um mês. Se *N* é um número binário da sequência, o próximo número dela será deduzido partindo de *n* com as seguintes substituições:

1. Cada 0 de *N* será substituído por um 1 (indicado por 0 → 1). Isso corresponde ao fato de que um casal recém-nascido de coelhos torna-se sexualmente maduro depois de um mês.
2. Cada 1 de *N* será substituído por 10 (indicado por 1 → 10). Isso corresponde ao fato de um casal de coelhos maduro sexualmente (a) continuar maduro indefinidamente, representado pelo 1 que se repete; e (b) gerar um casal de coelhos a cada mês, representado por um novo 0.

Com isso, podemos construir a sequência de números binários:

| Linha | *N* | Total de dígitos | Total de 1s | Total de 0s |
|---|---|---|---|---|
| 1 | 0 | 1 | | |
| 2 | 1 | 1 | 1 | |
| 3 | 10 | 2 | 1 | 1 |
| 4 | 101 | 3 | 2 | 1 |
| 5 | 10110 | 5 | 3 | 2 |
| 6 | 10110101 | 8 | 5 | 3 |
| 7 | 1011010110110 | 13 | 8 | 5 |
| 8 | 101101011011010110101 | 21 | 13 | 8 |

Note-se que nessa tabela a coluna 'Linha' da esquerda corresponde aos inícios dos meses da multiplicação dos coelhos.

**Exr. 3.3:1** Qual é o número binário que apareceria na linha 9? Sugestão: faça as substituições no número da linha 8 sistematicamente, da esquerda para a direita.

Pode-se observar na 3ª coluna da tabela que o total de dígitos de cada número *N* forma uma sequência de Fibonacci. Mas pode-se observar ainda que os totais de 1s e de 0s também formam sequências de Fibonacci, apenas defasadas.

Observando-se os números binários, pode-se constatar uma propriedade interessante: cada número é resultante da concatenação do número imediatamente precedente, com o número anterior a esse precedente. Por exemplo, na linha 6 o 10110101 é o resultado da concatenação do 10110 da linha 5 com o 101 da linha 4, o que sugere um método muito simples para gerar consecutivamente os números binários, sem ser necessário aplicar sistematicamente as duas regras de substituições. Isso pode servir para simplificar o Exr. 3.3:1. Como cada concatenação produz um número com um total de dígitos igual à soma do total de dígitos dos dois números imediatamente precedentes, tem-se a regra de formação da sequência de Fibonacci (cf. seção 2.3), o que mostra que os resultados das transformações produzem essa sequência. Esse algoritmo de iniciar com 0 e usar as duas regras de substituição para gerar as linhas subsequentes tem várias propriedades:

1. Se um dígito 1 ou 0 aparece em uma certa posição, para todos os efeitos ele permanece nela indefinidamente (mas corresponde a outros casais de coelhos, salvo o primeiro).
2. Obviamente, a concatenação mostra que os totais de 0s e, separadamente, de 1s em cada linha também seguem, respectivamente, a sequência de Fibonacci, como mostram as colunas mais à direita da tabela.
3. Se, em lugar das regras de substituição $0 \to 1$ e $1 \to 10$, forem usadas as regras $1 \to 0$ e $0 \to 01$, o número de dígitos em cada linha seguirá a sequência de Fibonacci.
4. Se a primeira linha contiver um número binário $N$ qualquer, o número total de dígitos em cada linha seguirá a regra de Fibonacci, isto é, o total em cada linha é a soma dos totais da linha anterior com a sua precedente. Obviamente, se $N$ for um número que aparece na tabela, ou gerado mais adiante por ela, os totais de dígitos dos números seguintes seguirão a regra de Fibonacci.

**Exr. 3.3.2** Verificar a propriedade 4, por exemplo, para $N$ inicial 0110 (que não ocorre na tabela).

O procedimento de substituição sistemática dos dígitos ($0 \to 1$ e $1 \to 10$) é um exemplo muito simples de uma classe muito interessante de algoritmos da ciência da computação, os denominados *autômatos celulares* (*celular automata*). Esse tipo de algoritmo levou Stephen Wolfram a escrever um enorme volume, *A new kind of Science* (v. ref.), em que ele propôs uma ciência baseada nesse tipo. Em lugar de se ter um modelo matemático exprimindo aproximadamente por meio de fórmulas alguma propriedade da natureza, por exemplo, a fórmula da gravitação de Isaac Newton (1642-1726), ele propôs o uso de autômatos celulares para gerar aproximadamente as formas que se encontram na natureza (no caso, seriam as órbitas dos planetas); em seu livro ele dá centenas de exemplos desses autômatos. Para ele, as formas da natureza viva aparecem devido a transformações recorrentes nas moléculas ou células. Uma objeção que poderia ser feita é que as regras de transformação poderiam ser dinâmicas, isto é, mudar com o crescimento do organismo.

Os autômatos celulares podem especificar não só a transformação de um símbolo em outros, mas também levar em conta condições sobre a vizinhança de cada símbolo, em figuras no plano ou qualquer número de dimensões. No nosso caso, as transformações podem ser consideradas como tendo sido feitas em uma só dimensão, uma reta (cada número da sequência corresponderia a um segmento de reta).

Wolfram foi o criador do conhecido programa Mathematica, com o qual se podem fazer muitas manipulações matemáticas, inclusive simbólicas, isto é, sem usar números; por exemplo, pode-se, com ele, deduzir o que resulta de $a(b+c)$. Podem-se ainda fazer estatísticas e traçar inúmeros gráficos coloridos de funções matemáticas; aliás, o programa cobre mais de 5.000 funções. Todas as centenas de figuras do livro citado foram geradas por esse programa.

Voltando ao problema dos coelhos, seria interessante o/a leitor/a responder à seguinte pergunta: a concatenação observada nos números binários prova que a regra de multiplicação dos coelhos ou as regras de substituição 0 → 1 e 1 → 10 dos números binários geram a sequência de Fibonacci?

Intuitivamente, parece que a constatação de que a concatenação gera a sequência de Fibonacci, pois adiciona-se o número de dígitos binários das duas últimas linhas para gerar a próxima, seria uma prova de que aquela sequência é realmente gerada pelas substituições indicadas. No entanto, ela é o que foi escrito, simplesmente uma constatação por alguns exemplos, e, portanto, não é uma prova matemática. É preciso provar que, na tabela, para qualquer linha gerada pelo algoritmo de substituição, com o valor inicial 0, tem-se a aplicação da regra de Fibonacci (a soma dos dois anteriores), pois poderia ocorrer um caso especial em que o resultado não é a concatenação descrita. Na matemática, não basta verificar uma propriedade por exemplos, como foi o caso; é preciso provar que ela é válida para qualquer caso em questão. A prova matemática dessa propriedade exige mais conhecimentos, de modo que ela será dada na seção 7.4.8.

## 3.4 Formalismos matemáticos

(Esta seção pode ser pulada por leitoras/es não interessadas/os em formulações matemáticas.)

### 3.4.1 Numeração decimal e binária

Um número no sistema de numeração indo-arábico pode ser representado por

$$D_n D_{n-1} \ldots D_2 D_1 D_0$$

onde $D_i$, com $0 \leq i \leq n$, é um dígito (algarismo) decimal, isto é, de 0 a 9. O valor desse número é, na verdade, o resultado de

$$D_n \times 10^n + D_{n-1} \times 10^{n-1} + \ldots + D_2 \times 10^2 + D_1 \times 10^1 + D_0 \times 10^0$$

Portanto, lembrando que $10^0 = 1$, 1996, um dos anos usados na seção 3.1 tem o valor

$$1 \times 10^3 + 9 \times 10^2 + 9 \times 10^1 + 6 \times 10^0 = 1000 + 900 + 90 + 6 = 1996$$

A notação é prática, pois não é necessário ficar fazendo essas contas; a posição do algarismo já indica se deve ser multiplicado por 1000, por 100, 10 ou 1, e nem mesmo se pensa nessas multiplicações. Além disso, numa soma, por exemplo, basta somar os algarismos das posições correspondentes, com eventual 'vai um' para a posição seguinte – na verdade, 'vai 10' ou 'vai 100' etc.

Como os dígitos $D_i$ vão de 0 a 9, isto é, assumem 10 diferentes símbolos ou valores, o sistema é denominado *sistema de numeração decimal* ou de *base* 10.

No *sistema binário*, ou de *base* 2, são usados dois símbolos ou valores, 0 e 1 (como na tabela da seção 3.3), denominados de *bits* (do inglês *BInary digiT*), e as potências são as de 2, e não mais de 10. Assim, o número binário 101101 tem valor decimal

$$1 \times 2^5 + 0 \times 2^4 + 1 \times 2^3 + 1 \times 2^2 + 0 \times 2^1 + 1 \times 2^0 = 32 + 8 + 4 + 1 = 45$$

O matemático, lógico e filósofo inglês George Boole (1815-1864), detentor da primeira medalha de ouro outorgada pela mais antiga sociedade científica do mundo, a Royal Society (fundada em 1660), contribuiu para muitas áreas da matemática, mas tornou-se conhecido até hoje por ter formulado uma álgebra para os números binários, que ficou conhecida como álgebra de Boole ou binária. Ela foi o fruto de seu esforço para sistematizar a lógica aristotélica, tornando-a uma lógica simbólica. Nesta, Boole definiu as operações sobre os números binários, associando o conectivo lógico 'ou' a uma operação de soma binária, e o conectivo 'e' a uma multiplicação. Foi devido a essa álgebra que se pôde estabelecer toda a área de processamento de dados, hoje feita com computadores. Nenhum programador pode deixar de conhecê-la, pois todos os computadores usam o sistema binário, como será visto na próxima seção.

## Exercícios

**Exr. 3.4.1:1** Qual o valor decimal do número binário 101010?

**Exr. 3.4.1:2** Dado um número binário, como se pode saber se ele é par ou ímpar?

**Exr. 3.4.1:3** Como se multiplica um número binário por 2?

**Exr. 3.4.1:4** Quantos números diferentes em sequência (isto é, 0, 1, 2 etc.) podem ser representados com uma só mão?

### 3.4.2 Representação nos computadores

Nos computadores de hoje, cada símbolo, como os caracteres representados nas telas, teclados e impressoras, é representado internamente por um *octeto* de bits (8 bits), denominado de *byte*, ou por dois ou mais octetos consecutivos. (Na música, a palavra 'octeto' é usada para designar um conjunto de 8 instrumentos.) É fácil verificar que cada *byte* pode representar 256 ($2^8$) símbolos diferentes, codificados de 0 a 255; como ele tem 2 grupos de 4 bits, usa-se um sistema de numeração para cada um desses grupos, assim dividindo-se o tamanho total de *bits* por 4 e simplificando a leitura.

Com 4 bits podem ser representados 16 símbolos diferentes. Para isso estende-se a notação decimal adicionando letras após o 9, gerando-se o *sistema hexadecimal* (isto é, com base 16) com os seguintes algarismos ou símbolos: 0 (0000 em binário), 1 (0001), 2 (0010), 3 (0011), 4 (0100), 5 (0101), 6 (0110), 7 (0111), 8 (1000), 9 (1001), A (1010), B (1011), C (1100), D (1101), E (1110) e F (1111).

Nesse sistema, um octeto de bits é representado com dois algarismos, por exemplo, 10110011 é representado por B3. Um número de 16 bits, como 1010000100111100, por A13C; note-se a maior facilidade de interpretação da notação hexadecimal. Ela é muito usada para se representar constantes binárias em linguagens de programação. Em algumas dessas linguagens pode-se especificar se uma constante numérica é binária (p. ex. com 0B10110011 ou 0b10110011) ou hexadecimal (p. ex. 0XA13C ou 0xA13C).

A codificação de caracteres ASCII (American Standard Code for Information Interchage) usa 7 bits de um byte para representar os símbolos, podendo-se especificar qual é o símbolo desejado usando um número decimal. Por exemplo, nessa codificação o símbolo ? é representado internamente nos computadores pelo binário 00111111, ou nas linguagens de programação pelo hexadecimal 0X3F ou o decimal 63.

A codificação de caracteres Unicode-16 (abreviada por UTF-16, de Unicode Transformation Format), predominante hoje em dia, usa uma ou duas palavras de 16 bits, que podem ser representadas por 4 ou 8 algarismos hexadecimais. Ela é usada no sistema operacional Microsoft Windows. Ver Codificação Unicode nas referências.

## 3.5 Referências


- Devlin, K. *Finding Fibonacci: the Quest to Rediscover the Forgotten Mathematical Genius Who Changed the World.* Princeton: Princeton University Press, 2017.
- Horadam, A.F. 'Fibonacci's liber abaci': a translation into modern English of Leonardo Pisano's Book of Calculation. *Fibonacci Quarterly*, Feb. 2004, pp. 82-85. [Resenha da tradução de L.E. Sigler.] Acesso em 8/12/18: www.fq.math.ca/Papers1/42-1/quarthoradam04review.pdf
- Sigler, L.E. *Fibonacci's Liber Abaci. A translation into Modern English of Leonardo Pisano's Book of Calculation.* New York: Springer, 2002. Idem: https://books.google.com.br/books?id=PilhoGJeKBUC&pg=PA17&hl=pt-BR&source=gbs_toc_r&cad=2#v=onepage&q&f=false

- Wolfram, S. *A New Kind of Science*. Champaign: Wolfram Media, 2002. E-book (acesso em 29/4/19): https://itunes.apple.com/us/app/stephen-wolfram-a--new-kind-of-science/id390711826?mt=8

- Ábaco. Acesso em 14/7/19: https://en.wikipedia.org/wiki/Abacus
- Al-Khwarismi. Acesso em 7/1/19: https://en.wikipedia.org/wiki/Muhammad_ibn_Musa_al-Khwarizmi
- Autômatos celulares. Acesso em 29/4/19: https://en.wikipedia.org/wiki/Cellular_automaton
- Bhaskara I. Idem: https://en.wikipedia.org/wiki/Bh%C4%81skara_I
- Boole, G. Acesso em 1/4/19: https://en.wikipedia.org/wiki/George_Boole
- Camposanto, Pisa: para fotos, fazer uma busca na Internet com Camposanto Monumentale.
- Cidade de Bugia. Acesso em 19/10/19: https://pt.wikipedia.org/wiki/Bugia_(Arg%C3%A9lia)
- Codificação Unicode. Acesso em 7/5/18: https://pt.wikipedia.org/wiki/Unicode
- Coelhos de Fibonacci: Acesso em 23/1/17: 2017 http://dokumendid.rrg.ee/kalevlasberg/matemaatika_2015/MC130713Problems.pdf ou http://dokumendid.rrg.ee/kalevlasberg/matemaatika_2015/MC130713Problems.pdf
- *Liber Abaci* (Livro do cálculo, em trad. livre): para várias imagens dele, fazer uma busca por 'liber abaci fibonacci sequence'. Acesso em 8/12/18: https://en.wikipedia.org/wiki/Liber_Abaci
- Descrição de todos os capítulos. Acesso em 10/5/18: http://jnsilva.ludicum.org/hm2008_9/LiberAbaci.pdf
- Mathematica (programa). Acesso em 29/4/19: https://pt.freedownloadmanager.org/Windows-PC/Wolfram-Mathematica.html
- Newton, I. Acesso em 14/7/19: https://en.wikipedia.org/wiki/Isaac_Newton
- Numeração indo-arábica. Acesso em 5/5/18: https://en.wikipedia.org/wiki/Hindu%E2%80%93Arabic_numeral_system
- Números de Lucas. Acesso em 8/5/18: www.maths.surrey.ac.uk/hosted-sites/R.Knott/Fibonacci/lucasNbs.html
- Paccioli, L.B (com o famoso quadro dele). Idem: https://en.wikipedia.org/wiki/Luca_Pacioli
- Piazza dei Miracoli, Pisa. Acesso em 5/1/19: https://passeiosnatoscana.com/2016/11/19/saiba-tudo-sobre-a-piazza-dei-miracoli-de-pisa-e-seus-monumentos/

## 3.6 Soluções dos exercícios

**Exr. 3.3.1** 8.930.818.

**Exr. 3.2** ..., 13, -8, 5, -3, 2, -1, 1, 0, 1, 1, 2, 3, 5, 8, 13, ...

Note como o 0 fica bem no meio, separando as duas metades; por isso a sequência de Fibonacci é também representada começando com 0 e 1. Além disso, para o lado esquerdo a sequência se repete, alternando números positivos com negativos.

**Exr. 3.3** 1011010110110101101011011010110110

**Exr. 3.4.2:1** 42.

**Exr. 3.4.2:2** Se termina à direita com 0, ele é par; se termina com 1, é ímpar, pois o dígito mais à direita é multiplicado por 1. Se esse dígito é 0, soma-se 0 ao resto do número; se ele é 1, soma-se 1. Todos os outros dígitos, formando esse resto, são potências de 2, portanto são todos pares e não influenciam a paridade.

**Exr. 3.4.2:3** Basta adicionar um 0 à direita do número. Assim, cada dígito do número binário passa a multiplicar a potência de 2 seguinte.

**Exr. 3.4.2:4** 32 (incluindo o 0), usando o sistema binário: o polegar indica $2^0$, o indicador $2^1$ etc.

# CAPÍTULO 4
# Sequências numéricas

## 4.1 Representação de sequências

Os números da sequência de Fibonacci vista na seção 2.3 podem ser numerados da seguinte maneira:

| 1 | 2 | 3 | 4 | 5 | 6 | 7 | 8 | 9 | 10 | 11 | 12 | 13 | 14 | 15 |
|---|---|---|---|---|---|---|---|---|---|---|---|---|---|---|
| 1 | 1 | 2 | 3 | 5 | 8 | 13 | 21 | 34 | 55 | 89 | 144 | 233 | 377 | 610 |

Cada número da numeração (ordem) será chamado de $n$, e cada termo da sequência de $F_n$; $n$ é denominado de *índice* do termo:

| $n$ | 1 | 2 | 3 | 4 | 5 | 6 | 7 | 8 | 9 | 10 | 11 | 12 | 13 | 14 | 15 |
|---|---|---|---|---|---|---|---|---|---|---|---|---|---|---|---|
| $F_n$ | 1 | 1 | 2 | 3 | 5 | 8 | 13 | 21 | 34 | 55 | 89 | 144 | 233 | 377 | 610 |

Agora pode-se representar cada número da sequência especificando seu índice, por exemplo:

$$F_8 = 21, F_{13} = 233$$

**Exr. 4.1:1** Quais são os valores de $F_{10}$ e de $F_{12}$?

Com essa notação, é possível representar algebricamente a regra de Fibonacci (cada termo é a soma dos dois anteriores). Tente fazer essa representação antes de examinar a solução na próxima página.

$$F_n = F_{n-1} + F_{n-2} \quad [4.1:1]$$

Por exemplo,

$$F_{10} = F_9 + F_8 \text{ ou } 55 = 21 + 34$$

**Exr. 4.1:2** Dê outros exemplos tirados da sequência.

Pergunta: Com a fórmula [4.1:1] é possível gerar toda a sequência de Fibonacci? Procure responder antes de olhar a resposta a seguir.

A resposta é 'não', pois não foram dados os valores iniciais, isto é, não se sabe como começar. Quantos valores iniciais têm que ser dados? Tente responder antes de olhar a seguir.

São necessários dois valores, os de $F_1$ e de $F_2$:

$$F_1 = 1$$

$$F_2 = 1$$

$$F_n = F_{n-1} + F_{n-2}$$

Essa fórmula permite gerar toda a sequência de Fibonacci, e só ela. Ela é do tipo *fórmula* ou *equação de recorrência*, pois partindo dos primeiros dois termos da sequência é possível, recorrentemente, gerar todos os outros. Fibonacci foi o primeiro a apresentar uma fórmula de recorrência para gerar uma sequência de números.

## 4.2 Extensão da sequência de Fibonacci

Na seção 3.2, foi visto que a sequência de Fibonacci pode ser estendida para a 'esquerda'. Estendendo a notação anterior, temos

| $n$ | -9 | -8 | -7 | -6 | -5 | -4 | -3 | -2 | -1 | 0 | 1 | 2 | 3 | 4 | 5 | 6 | 7 | 8 | 9 |
|---|---|---|---|---|---|---|---|---|---|---|---|---|---|---|---|---|---|---|---|
| $F_n$ | 34 | -21 | 13 | -8 | 5 | -3 | 2 | -1 | 1 | 0 | 1 | 1 | 2 | 3 | 5 | 8 | 13 | 21 | 34 |

**Exr. 4.2** Deduza uma fórmula que fornece $F_{-n}$ como função de $F_n$, onde $n > 0$.

## 4.3 Relação com a sequência de Lucas

Em 3.2 foi introduzida a sequência de Lucas. A relação dos termos $L_n$ dela com a sequência de Fibonacci pode ser expressa pelas fórmulas

$$L_n = F_{n-1} + F_{n+1} = F_n + 2F_{n-1} = F_{n+2} - F_{n-2}$$

### Exercícios

**Exr. 4.3:1** Verificar a validade dessas fórmulas para alguns termos das sequências de Fibonacci e de Lucas.

**Exr. 4.3:2** Provar a 2ª e a 3ª igualdades acima (sugestão: usar a regra de Fibonacci).

## 4.4 Programas para geração da sequência de Fibonacci

Nesta seção, são apresentados dois códigos simples de programas de computador; a sua grande extensão é devida principalmente à quantidade de comentários contidos nesses códigos para facilitar a compreensão de seu funcionamento. Eles foram escritos na linguagem Python, muito popular já há alguns anos em relação à data da finalização deste livro. Preciso confessar que fazia tempo que não programava em Python, e já havia me esquecido de muita coisa da linguagem. Por isso, para os detalhes sintáticos me vali de uma Folha de Consulta (*cheat sheet*) da linguagem que mantenho em meu *site* (v. ref.). Os dois programas foram testados com o módulo IDLE (Integrated Development and Learning Environment – ambiente integrado de desenvolvimento e aprendizado, em tradução livre) do sistema da linguagem. Na folha de consulta há uma seção em que é descrito como baixar o sistema Python e usar o IDLE; animo o/a leitor/a a tentar executar os programas e depois modificá-los como sugerido nos exercícios.

Apresento esses programas para exemplificar como as regras da sequência de Fibonacci são implementadas em um computador, gerando os primeiros $n$ elementos dela; a primeira coisa que os programas executam é a solicitação do valor desse $n$. O/A leitor/a que não tem nenhum conhecimento de linguagens de programação pode achar interessante examinar os programas, tentando compreender os seus comandos e a sua lógica. Quem conhece outras linguagens pode adquirir uma ideia dos fundamentos da linguagem Python, principalmente examinando a folha de consultas citada.

Cada programa recebe inicialmente o número $n$ de elementos desejados da sequência. O primeiro programa é iterativo, isto é, repete comandos que vão calculando cada elemento da sequência, exibindo na tela do computador, em cada linha, um par formado pelo índice do elemento seguido deste último. As palavras reservadas da linguagem estão em negrito. Para facilitar a leitura, o programa será colocado por inteiro em uma página separada.

```
# Programa iterativo em Python para calcular os n primeiros números
#   da sequência de Fibonacci (1, 1, 2, 3, 5, 8, 13, ...)
# V.W.Setzer -- 17/2/20

# O número n de elementos deve ser > 1 e < 1001
# Cuidado, serão exibidos um índice e um elemento por linha

# O programa ficará repetindo, só será encerrado pela entrada de um 0
while True:
     print("Digite o número de elementos desejados entre 2 e 1000,")
     n = int(input("ou 0 para encerrar, e tecle Enter: "))
     if n == 0:
# Aviso de interrupção do programa
       print("Programa interrompido")
       break
     else:
# A execução deve continuar; teste do intervalo de validade de    n
# Se for inválido pula para o fim voltando para depois do while True
        if n < 2 or n > 1000:
           print("Número de elementos inválido; digite novamente.")
        else:
# Não é inválido; inicialização do índice de cada elemento
             Indice = 2
# F1 e F2 serão sempre elementos consecutivos; inicialização dos dois
#    primeiros
             F1 = 1
             F2 = 1
# Imprime os dois primeiros elementos
             print(1, F1)
             print(2, F2)
# Geração dos próximos elementos
             while Indice < n:
# Incrementa o índice
                    Indice += 1
# Armazena o F2 atual para ser o próximo F1
                    F2A = F2
# Geração e exibição do próximo F2 (regra de Fibonacci)
                    F2 = F2 + F1
                    print(Indice, F2)
# F1 torna-se o F2 anterior
                    F1 = F2A
```

O programa seguinte usa a técnica chamada de *recursão*. Inicialmente é definida a função FIBO que calcula cada elemento da sequência, em função dos anteriores, usando ela própria. Em 'programês' isso se chama definir uma *função recursiva*, que 'chama' (ativa) a si própria. Dentro do programa propriamente dito, ela é chamada duas vezes, dentro da regra de Fibonacci.

A recursão é análoga à indução finita, a ser estudada na seção 7.3, com a diferença de que esta última requer uma ordenação dos elementos, associada à sequência dos naturais. Que, aliás, também é o caso da sequência de Fibonacci expressa recursivamente.

```
# Programa em Python para calcular os n primeiros números
#   da sequência de Fibonacci (1, 1, 2, 3, 5, 8, 13, ...)
#   usando uma função recursiva
# V.W.Setzer -- 17/2/20
# O número n de elementos deve ser > 1 e < 1001
# Cuidado, serão exibidos um índice e um elemento por linha

# Declaração da função recursiva FIBO; m é o índice de cada elemento
def FIBO(m):
    if m == 1 or m == 2: return 1
    else: return FIBO(m-1)+FIBO(m-2)

# O programa ficará repetindo, só será encerrado pela entrada de um 0
while True:
     print("Digite o número de elementos desejados entre 2 e 1000,")
     n = int(input("ou 0 para encerrar, e tecle Enter: "))
     if n == 0:
# Aviso de interrupção do programa
       print("Programa interrompido.")
       break
     else:
# A execução deve continuar; teste do intervalo de validade de n
# Se n for inválido pula para o fim voltando para depois do while True
        if n < 2 or n > 1000:
          print("Número de elementos inválido; digite novamente.")
        else:
# Inicialização do índice de cada elemento
           Indice = 2
# Imprime os dois primeiros elementos
           print(1, 1)
           print(2, 1)
           while Indice < n:
# Incrementa o índice e gera próximo elemento chamando FIBO
             Indice += 1
             print(Indice, FIBO(Indice))
```

Note-se a elegância e a concisão da programação, pois na declaração da função foi usada exatamente a regra de Fibonacci, onde o parâmetro *m* da função é o índice do elemento sendo calculado. Quando algum algoritmo pode ser definido recursivamente, a sua programação é praticamente direta. No entanto, as versões iterativas são em geral de execução muito mais rápida. No caso, na versão iterativa cada elemento é gerado em função exclusivamente dos dois elementos anteriores, que já foram calculados. Na versão recursiva, se há, por exemplo, uma chamada FIBO(5), ela vai ativar as chamadas FIBO(4) [aqui indicada como chamada 1] e FIBO(3)[2]. A [1] ativa as chamadas FIBO(3)[3] e FIBO(2)[4], e a [2] ativa as chamadas FIBO(2)[5] e FIBO(1)[6]. Essas duas últimas têm valores (1) definidos na função, que são passados como resultados; idem para a [4]. Mas a [3] vai ativar as chamadas FIBO(2)[7] e FIBO(1)[8]. Assim, uma só chamada FIBO(5) gerou 8 chamadas da função. Em geral, o número de chamadas cresce exponencialmente. Chamadas de funções, são de qualquer maneira mais lentas do que a execução de comandos que não são chamados de funções, como o ***while*** de repetição, uma atribuição de valores como F2 = FA2, ou uma soma, o que prejudica ainda mais a eficiência do programa.

Uma técnica interessante é programar recursivamente, simplificando a programação, e depois eliminar a recursão. A dissertação de Maria Elisabete Bruno Vivian (v. ref.), minha orientada, traz um catálogo com muitas regras de eliminação da recursão em programas.

Inicialmente, os programas exibem uma mensagem solicitando o número de elementos. Se o usuário digitar 10, o resultado será o seguinte:

```
Digite o número de elementos desejados entre 2 e 1000,
ou 0 para encerrar, e tecle Enter: 10
1 1
2 1
3 2
4 3
5 5
6 8
7 13
8 21
9 34
10 55
Digite o número de elementos desejados entre 2 e 1000,
ou 0 para encerrar, e tecle Enter: 0
```

Note-se que a disposição dos números não é muito estética. Em uma página da Internet com exemplos da linguagem Python (v. ref.), programei programas correspondentes mais complexos que produzem uma listagem melhor, incluindo espaçejamento variável.

## Exercícios

Esses exercícios, que servem para o/a leitor/a verificar se entendeu os programas, podem ser feitos à mão, sem serem executados em um computador, se bem que o ideal seria esse último caso, pois os resultados confirmam que o programa está correto. Não serão dadas as soluções para esses exercícios, pois implicam em pequenas mudanças nos programas vistos.

**Exr. 4.4:1** Modifique os dois programas para que calculem a sequência de Lucas, vista na seção 3.2.

**Exr. 4.4:2** Faça um programa que calcule os $n$ primeiros elementos da sequência de Fibonacci à esquerda do 1 (com índices 0, −1, −2 etc.).

**Exr. 4.4:3** Modifique os dois programas da seção 4.4 para listarem $n$ elementos da sequência de Fibonacci a partir do $m$-ésimo.

**Exr. 4.4:4** Faça um programa que, além de calcular e exibir a sequência dos $n$ primeiros termos da sequência de Fibonacci, exiba a divisão a cada dois termos consecutivos (esse assunto será abordado no cap. 6). Se executar esse programa, observe o que ocorre com essas divisões.

## 4.5 Referências


- Vivian, M.E.B. *Sobre eliminação de recursão em programas.* Dissertação de mestrado. São Paulo, IME_USP, 1979.

- Sequência de Lucas. Acesso em 7/1/19: https://en.wikipedia.org/wiki/Lucas_number
- Setzer, V.W. Folha de consulta para a linguagem de programação Python. Acesso em 17/2/20: https://www.ime.usp.br/~vwsetzer/python-opers-funcoes.html
- Setzer, V.W. Python – exemplos de programas. Acesso em 18/2/20: https://www.ime.usp.br/~vwsetzer/python-exemplos.html

## 4.6 Resolução dos exercícios

**Exr. 4.1:1** 55 e 144.

**Exr. 4.2** $F_{-n} = (-1)^{n+1}F_n$

**Exr. 4.3:2** $F_{n-1} + F_{n+1} = F_{n-1} + F_n + F_{n-1} = F_n + 2F_{n-1}$;

$F_{n+2} - F_{n-2} = F_{n+1} + F_n - F_{n-2} = F_n + F_{n-1} + F_{n-1} + F_{n-2} - F_{n-2} = F_n + 2F_{n-1}$

# CAPÍTULO 5
# Algumas propriedades da sequência de Fibonacci

Fibonacci não percebeu que introduziu no mundo uma sequência com fantásticas propriedades matemáticas, algumas muito complexas de serem provadas. Novas propriedades continuam a ser descobertas e provadas por matemáticos, de modo que se introduziu até mesmo uma revista científica, a *Fibonacci Quarterly*, publicada trimestralmente pela Fibonacci Association. Nela são divulgadas novas propriedades com provas formais e outras com provas ainda desconhecidas.

Vejamos algumas dessas propriedades.

## 5.1 Propriedade 1: triângulo de Pascal

Blaise Pascal (1623-1662) foi um grande matemático, físico, inventor, filósofo e teólogo francês. Para aliviar o trabalho de seu pai, que era fiscal, Pascal criou uma máquina de calcular somas e subtrações, uma das primeiras calculadoras mecânicas de que se tem notícia.

O famoso triângulo de Pascal tem a forma indicada na fig. 5.1.

```
0:                1
1:             1     1
2:          1     2     1
3:       1     3     3     1
4:    1     4     6     4     1
5: 1     5    10    10     5     1
...
```

**Fig. 5.1** Triângulo de Pascal

Ele tem uma grande utilidade; tente recordá-la antes de prosseguir, pois deve ter sido estudada no ensino médio ou mesmo antes.

Ele é usado para se deduzir os coeficientes das potências de uma soma de duas variáveis, denominada binômio de Newton; na primeira coluna à esquerda está a potência, e no triângulo os coeficientes do resultado (compare os coeficientes das fórmulas abaixo com os elementos do triângulo, lembrando que, por exemplo, $a = 1a$):

$$(a + b)^0 = 1$$

$$(a + b)^1 = a + b$$

$$(a + b)^2 = a^2 + 2ab + b^2$$

$$(a + b)^3 = a^3 + 3a^2b + 3ab^2 + b^3$$

$$(a + b)^4 = a^4 + 4a^3b + 6a^2b^2 + 4ab^3 + b^4$$

$$(a + b)^5 = a^5 + 5a^4b + 10a^3b^2 + 10a^2b^3 + 5ab^4 + b^5$$

...

**Exr. 5.1** Experimente calcular, por exemplo, para deduzir a 4ª potência,

$$(a + b)^4 = (a + b) \times (a + b)^3 = (a + b) \times (a^3 + 3a^2b + 3ab^2 + b^3)$$

para ver que se obtêm os coeficientes da 5ª linha. Para isso usa-se a propriedade distributiva da multiplicação,

$$(a + b) \times (a + b)^3 = a \times (a + b)^3 + b \times (a + b)^3$$

Portanto, o número de cada linha na fig. 5.1 dá a primeira potência do fator $a$ (por exemplo, na linha 5 seria $a^5$), e a última de $b$ ($b^5$). Os elementos seguintes ao primeiro têm potências de $a$ decrescentes ($a^4$, $a^3$, ...) e crescentes de $b$ ($b^1$, $b^2$, ...) e os coeficientes são dados pelos elementos do triângulo de Pascal.

Ver na seção 5.11.1, de formalismos matemáticos, a expressão dos coeficientes como combinações de $n$ objetos $m$ a $m$.

Cada elemento do triângulo de Pascal é construído como sendo a soma dos dois que estão na linha anterior, imediatamente acima dele. Assim, verificar no triângulo de Pascal que

$$3 = 1 + 2 = 2 + 1; 6 = 3 + 3; 10 = 4 + 6 = 6 + 4 \text{ etc.}$$

Os números 1 que aparecem nas extremidade direita e esquerda de cada linha podem ser considerados como o 1 correspondente da linha anterior somado com 0 que não é representado.

Isso já sugere algo a ver com a regra de Fibonacci vista na seção 2.3: cada elemento é a soma de dois anteriores. De fato, somando-se os termos das diagonais de um triângulo de Pascal obtém-se a sequência de Fibonacci, como mostrado na fig. 5.2!

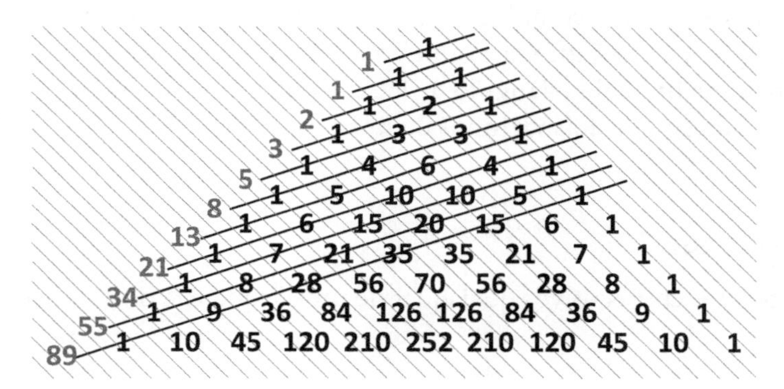


**Fig. 5.2** Diagonais do triângulo de Pascal

Essa propriedade do triângulo de Pascal foi descoberta em 1876 por Édouard Lucas (já mencionado na seção 3.2). Ela pode ser compreendida verificando-se que, em uma diagonal *d*, um número qualquer em *d* é a soma dos seus vizinhos que estão justamente nas duas diagonais precedentes, e esses vizinhos entram apenas uma vez no cálculo dos números de *d*; deve-se tomar como zero os números precedentes e seguintes aos números 1. O excelente livro de Alfred S. Posamentier e Ingmar Lehman (v. ref.) contém um capítulo inteiro sobre os números de Fibonacci em relação ao triângulo de Pascal. O trabalho de conclusão de curso de Alex Modesto Amoras contém uma demonstração dessa propriedade, além de várias propriedades da sequência de Fibonacci, com suas demonstrações.

Outra propriedade do triângulo de Pascal é o fato de a soma dos elementos de cada linha ser a potência de 2 correspondente ao 2º elemento (ou o penúltimo) da linha, que indica a ordem nesta. Por exemplo, a soma dos elementos da 5ª linha dá 32 ($2^5$), da 8ª linha dá 256 ($2^8$). É fácil compreender essa propriedade: basta observar que, dada uma linha, cada um de seus elementos é somado duas vezes para gerar a linha seguinte. Como isso vale para a 1ª linha ao gerar a 2ª, essa propriedade propaga-se em todo o triângulo.

Finalmente, mais uma propriedade simples: cada linha é a potência de 11 correspondente ao número de ordem da linha. De fato, $1 = (11)^0$, $11 = (11)^1$, $121 = (11)^2$, $1331 = (11)^3$, $14641 = (11)^4$ etc. Para compreender essa propriedade, basta observar como é feita a multiplicação de qualquer número por 11. Vamos tomar, como exemplo, os três números formados pelas linhas do triângulo depois da primeira:

```
  11       121      1331
 ×11       ×11       ×11
 ---       ---      ----
  11       121      1331
+11       +121     +1331
----      ----     -----
 121      1331     14641
```

Observando as segundas parcelas das somas, vemos que elas são deslocadas de um algarismo para a esquerda, como em qualquer soma armada, pois trata-se, no caso, da multiplicação por 10; o 0 à direita é omitido. Com isso, tem-se exatamente a situação da geração de cada linha do triângulo de Pascal, obtendo-se nessa linha cada número como sendo a adição dos dois vizinhos da linha anterior.

## 5.2 Propriedade 2

Sejam 4 termos consecutivos quaisquer de uma sequência de Fibonacci:

$$F_n, F_{n+1}, F_{n+2}, F_{n+3}$$

Então

$$(F_n \times F_{n+3})^2 + (2 \times F_{n+1} \times F_{n+2})^2 = m^2$$

onde $m$ é um número natural (inteiro maior ou igual a 0), isto é, o lado esquerdo da fórmula é um quadrado perfeito.

Exemplo: para 3, 5, 8, 13,

$$(3 \times 13)^2 + (2 \times 5 \times 8)^2 = 39^2 + 80^2 = 1521 + 6400 = 7921 = 89^2$$

Essa propriedade é provada na seção 5.11.2, de formalismos matemáticos.

## 5.3 Propriedade 3

Novamente, tomando 4 termos quaisquer consecutivos:

$$F_n, F_{n+1}, F_{n+2}, F_{n+3}$$

Então

$$F_n \times F_{n+3} - F_{n+1} \times F_{n+2} = (-1)^{n+1}$$

Exemplos:

$$8, 13, 21, 34 \rightarrow 8 \times 34 - 13 \times 21 = 272 - 273 = -1$$

$$34, 55, 89, 144 \rightarrow 34 \times 144 - 55 \times 89 = 4896 - 4895 = 1$$

$$233, 377, 610, 987 \rightarrow 233 \times 987 - 377 \times 610 = 229971 - 229970 = 1$$

Pelo fato de essa fórmula dar sempre +1 ou –1, diz-se que a propriedade gera um *invariante.*

## 5.4 Propriedade 4

Seja um termo qualquer da sequência de Fibonacci de índice par (cf. seção 4.1). Então, lembrando que qualquer número inteiro par é da forma $2n$, onde $n$ é um inteiro,

$$F_{2n} = (F_{n+1})^2 - (F_{n-1})^2$$

Exemplos:

Para $n = 5$, tem-se (cf. seção 4.1) $F_{10} = 55$, $F_6 = 8$, $F_4 = 3$ e $55 = 8^2 - 3^2 = 64 - 9$

*Para* $n = 8$, $F_{16} = 987$, $F_9 = 34$, $F_7 = 13$ e $987 = 34^2 - 13^2 = 1156 - 169$

## 5.5 Propriedade 5

Esta propriedade envolve uma interessante relação entre índices de termos de uma sequência de Fibonacci e os valores dos termos correspondentes.

Dado um termo $F_m$ de uma sequência de Fibonacci, o termo $F_{mn}$, onde $m$ e $n$ são inteiros positivos, é múltiplo de $F_m$. Exemplos, tomando a sequência de 4.1:

$F_3 = 2; F_9 = 34 = 2 \times 17$

$F_5 = 5; F_{10} = 55 = 5 \times 11; F_{15} = 610 = 5 \times 122$

$F_8 = 21; F_{16} = 987 = 21 \times 47$

Não é difícil demonstrar essa propriedade. Para entender esse processo, tomem-se dois termos consecutivos quaisquer da sequência de Fibonacci, que serão denominados de $a$ e $b$. Aplicando a regra de Fibonacci (cf. seção 2.3), a sequência fica

$a, b, a+b, a+2b, 2a+3b, 3a+5b, 5a+8b, 8a+13b, 13a+21b, 21a+34b, 34a+55b, \ldots$ [1]

(Essa sequência será examinada novamente na seção 15.2.) Se, por exemplo, $a = 3$, todas as primeiras parcelas de cada termo da sequência serão múltiplos de 3, independentemente de $b$. O 4º termo depois de $a$ é $2a+3b$, portanto a segunda parcela dele será múltiplo de 3 e, assim, o termo $2a+3b$ é múltiplo de 3. Agora, tome-se o termo $2a+3b$, que, como foi visto, é múltiplo de 3, como se fosse o $a$ da sequência [1], o 'novo $a$'. Qualquer que seja o 'novo $b$', o 4º termo depois de $a$ será da forma $2a+3b$, novamente um múltiplo de 3, e assim por diante. A mesma coisa vale para $F_5 = 5$; tomando-se em [1] $a = 5$, o 5º termo depois de $a$ é $3a+5b$, que será um múltiplo de 5; partindo dele como se fosse o $a$, o 5º termo depois dele também será múltiplo de 5, e assim por diante.

**Exr. 5.5** Repetir o raciocínio para $F_6 = 8$ e $F_7 = 13$.

A demonstração para um caso genérico baseia-se justamente na repetição que foi exemplificada, isto é, voltando-se sempre a considerar um termo onde aparece o coeficiente como se fosse o termo $a$, que assume os valores da sequência, isto é, 2, 3, 5, 8 etc.

## 5.6 Propriedade 6

Essa propriedade é realmente surpreendente. Tome-se o 11º termo da sequência de Fibonacci, o número 89. Ocorre que 1/89 = 0,01123595505617977528089887...

Se calculado, esse número contém uma dízima de tamanho 44 que se inicia com 0112359 etc., e que se repete indefinidamente, tendo o 89 do trecho 808988 acima como número central. Depois de 0,0, os 5 algarismos seguintes são os 5 primeiros termos da sequência de Fibonacci. O número acima pode ser representado como

$$0{,}0 + 0{,}01 + 0{,}001 + 0{,}0002 + 0{,}00003 + 0{,}000005 + 0{,}0000008 + 0{,}00000013 +$$
$$+ 0{,}000000021 + 0{,}0000000034 + 0{,}00000000055 + 0{,}000000000089 +$$
$$+ 0{,}0000000000144 + 0{,}00000000000233 + 0{,}000000000000377 +$$
$$+ 0{,}0000000000000610 + 0{,}00000000000000987 + \dots$$

que é uma soma de números decimais com termos da sequência de Fibonacci, cada um com seu algarismo das unidades deslocado de uma casa decimal em relação ao número anterior. Colocando-se uma parcela abaixo da outra, alinhadas à esquerda, forma-se um triângulo como o abaixo:

```
0,0
0,01
0,001
0,0002
0,00003
0,000005
0,0000008
0,00000013
0,000000021
0,0000000034
0,00000000055
0,000000000089
0,0000000000144
0,00000000000233
0,000000000000377
0,0000000000000610
0,00000000000000987
0,000000000000001597
0,0000000000000002584
0,00000000000000004181
0,000000000000000006765
```

cuja soma, se tomados mais alguns números, é 0,0112359215505617977 ≈ 1/89 (≈ lê-se 'aproximadamente igual a').

Na seção 5.11.3, há o esboço de uma prova de que, estendendo essa soma, chega-se a 1/89.

## 5.7 Propriedade 7

A soma dos quadrados dos primeiros números da sequência de Fibonacci é a seguinte:

$1^2 + 1^2 = 2 = 1 \times 2$
$1^2 + 1^2 + 2^2 = 6 = 2 \times 3$
$1^2 + 1^2 + 2^2 + 3^2 = 15 = 3 \times 5$
$1^2 + 1^2 + 2^2 + 3^2 + 5^2 = 40 = 5 \times 8$
$1^2 + 1^2 + 2^2 + 3^2 + 5^2 + 8^2 = 104 = 8 \times 13$
$1^2 + 1^2 + 2^2 + 3^2 + 5^2 + 8^2 + 13^2 = 273 = 13 \times 21$

e assim por diante. Assim, aparentemente a soma dos quadrados dos $n$ primeiros números da sequência de Fibonacci é igual a $F_n \times F_{n+1}$, isto é (usando o símbolo de somatória introduzido na seção 2.4.4):

$$F_1^2 + F_2^2 + F_3^2 + \ldots + F_n^2 = \sum_{i=1}^{n} F_i^2 = F_n \times F_{n+1}$$

Portanto, querendo-se calcular a soma dos quadrados dos $n$ primeiros números da sequência, basta multiplicar o $n$-ésimo termo pelo ($n$+1)-ésimo.

**Exr. 5.7** Provar que a fórmula acima é verdadeira para qualquer $n$.

Sugestão: usar sucessivamente as áreas dos quadrados e retângulos que aparecem na fig. 2.6.

## 5.8 Propriedade 8

A soma de quaisquer 10 números consecutivos da sequência de Fibonacci é divisível por 11. Por exemplo,

$$5 + 8 + 13 + 21 + 34 + 55 + 89 + 144 + 233 + 377 = 979 = 11 \times 89$$

A prova dessa propriedade está na seção 5.11.4.

## 5.9 Propriedade 9

A seguinte propriedade, surpreendente como tantas outras envolvendo os números da sequência de Fibonacci, serve para testar se um número qualquer $m$ é ou não um termo dessa sequência. Um número inteiro $m$ é um número de Fibonacci sse ('se e somente se', abreviatura usada nas definições matemáticas) $5m^2 + 4$ ou $5m^2 - 4$ é um quadrado perfeito.

Por exemplo, para $m = 13$,

$$5 \times 13^2 - 4 = 5 \times 169 - 4 = 845 - 4 = 841 = 29^2$$

Portanto, 13 é um número de Fibonacci. Outro exemplo: 102334155 é um número de Fibonacci (na verdade, $F_{40}$), pois

$$5 \times 102334155^2 + 4 = 52361396397820129 = 228826127^2$$

Contraexemplo: 1000 não é um número de Fibonacci, pois

$$5 \times 1000^2 + 4 = 5000004$$

$$\sqrt{5000004} = 2236{,}068\ldots \text{ e}$$

$$5 \times 1000^2 - 4 = 4999996$$

$$\sqrt{4999996} = 2236{,}067\ldots$$

Assim, 5000004 e 4999996 não são quadrados perfeitos e, portanto, 1000 não é um número de Fibonacci.

Agora o caminho inverso. Um quadrado perfeito é 100 × 100 = 10000. Será que ele corresponde a um número de Fibonacci usando uma das duas fórmulas acima? Tem-se

$$10000 = 5m^2 + 4 \rightarrow m^2 = 9996/5$$

Nem é preciso continuar, pois 9996 não é divisível por 5, portanto $m^2$ não será inteiro e, assim, não será um quadrado perfeito. O mesmo para a fórmula $5m^2 - 4$.

Mas se for tomado $841 = 29^2$, pode-se usar a segunda fórmula, como visto acima:

$$841 = 5m^2 - 4 \rightarrow m^2 = 169 \rightarrow m = 13 = F_{17}$$

Esses exemplos mostram que apenas alguns quadrados perfeitos correspondem a um número de Fibonacci usando uma das duas fórmulas anteriores.

Nas referências é citado um artigo na internet com mais de uma centena de propriedades da sequência de Fibonacci; vale a pena dar uma olhada. Note que nele até o número das disposições de um dominó segue essa sequência. O livro de Posamentier e Lehman tem várias outras propriedades, com provas de suas validades. Aliás, ele contém uma tabela com a sequência de Fibonacci até o 500º termo! A excelente dissertação de mestrado de Bruno Astrolino e Silva contém várias propriedades com demonstrações e interessantes anotações históricas. A dissertação de Alberto Faustino Dias contém propriedades interessantes não citadas aqui e suas provas, por exemplo, a de que quaisquer dois elementos consecutivos da sequência de Fibonacci são primos entre si. O interessante livro de Maurício Zahn contém várias propriedades, todas com suas provas.

No cap. 6 é apresentada uma propriedade muito especial, que merece um capítulo à parte.

## 5.10 Propriedade 10

A propriedade seguinte é um verdadeiro truque matemático. Escreva na frente de uma pessoa num pedaço de papel a sequência de Fibonacci, como a da seção 2.3, até o número 610 ou mais. Em seguida, peça a essa pessoa riscar um pequeno traço vertical entre dois números da sequência. Suponhamos que a pessoa traçou o risco entre 144 e 233. Você imediatamente dirá que a soma de todos os elementos da sequência até o 144 é 376 (confira!). Obviamente, terá que dizer que não decorou todas as somas.

A propriedade em questão é a seguinte: a soma de todos os elementos $F_i$ de uma sequência de Fibonacci, desde o primeiro até o elemento $F_n$ é igual ao segundo elemento depois de $F_n$, isto é, o $F_{n+2}$, menos 1. No exemplo, $F_n = 144$, $F_{n+2} = 377$, portanto a soma até 144 é 377 – 1 = 376. Formalmente,

$$\sum_{i=1}^{n} F_i = F_{n+2} - 1 \quad [1]$$

Essa propriedade consta do interessantíssimo livro de Mario Livio (v. ref., p. 107), onde não consta a prova dela. Essa prova será dada na seção 7.4.9, pois usa uma técnica que será exposta na propr. 4 da seção 7.3.

## 5.11 Formalismos matemáticos

(Esta seção pode ser pulada por leitoras/es não interessadas/os em formulações matemáticas.)

### 5.11.1 Combinações e permutações

Na área de análise combinatória da matemática, uma *combinação* (*combination*) de $n$ elementos de um conjunto $C$ $m$ a $m$ é o conjunto que contém subconjuntos contendo $m$ elementos de $C$ cada um. Como um conjunto matemático não contém elementos repetidos, a ordem em que os elementos de $C$ são dispostos em cada subconjunto não é levada em conta. Por exemplo, se o conjunto $C$ = {a, b, c}, então a combinação de $C$ 2 a 2 é o conjunto {{a,b}, {a,c}, {b,c}}, isto é, um conjunto de conjuntos. Se $C$ = {a, b, c, d} então a combinação de $C$ 2 a 2 é o conjunto {{a,b}, {a,c}, {a,d}, {b,c}, {b,d}, {c,d}}, que pode ser abreviado por {ab, ac, ad, bc, bd, cd}.

O número de elementos de uma combinação de $n$ objetos $m$ a $m$ é representado por $\binom{n}{m}$. Pode-se provar que

$$\binom{n}{m} = \frac{n!}{m!(n-m)!}$$

onde $n!$ (lê-se *n fatorial*), em que $n$ é um *número natural* (um inteiro maior ou igual a 0), é

$$n! = n \times (n - 1) \times (n - 2) \times ... \times 3 \times 2 \times 1$$

Por exemplo, $5! = 5 \times 4 \times 3 \times 2 \times 1 = 120$; toma-se $0! = 1$.

Cada elemento do triângulo de Pascal (cf. fig. 5.1), pode também ser expresso como a fórmula do número de combinações do número $n$ da linha do triângulo (começando em 0) $m$ a $m$ (o número da coluna na linha, da esquerda para a direita, também começando em 0). No exemplo, para o terceiro elemento da potência de 5 (isto é, a linha 5 do triângulo), tem-se a combinação de 5, 2 a 2 (coluna 2 da linha 5; não esquecer de contar a coluna 0, isto é, o coeficiente da parcela com a potência 2 de $a$ e 3 de $b$):

$$\binom{5}{2} = \frac{5!}{2!(5-2)!} = \frac{5!}{2!(3)!} = \frac{120}{2 \times 6} = 10$$

Uma palavra sobre os citados números naturais. Há dois tipos deles, os *cardinais*, usados para contar ("há 5 laranjas no cesto"), e os *ordinais*, que servem para indicar a ordem de algo, como 'o primeiro', o 'décimo' etc. Por exemplo, os índices de uma sequência (cf. seção 4.1) são números ordinais.

Já que foi abordado um aspecto da análise combinatória, será abordado outro que é muito importante: a permutação (*permutation*). Dado um conjunto $C$ de objetos, o *conjunto de permutações* de elementos de $C$, representado por $P(C)$, é o conjunto das sequências ordenadas com todos esses objetos, sem que eles sejam repetidos. Assim, se $C = \{a, b, c, d\}$, o conjunto de permutações de $C$ é

$P(\{a, b, c, d\}) = \{abcd, abdc, acbd, acdb, adcb, adbc, bacd, badc, bcad, bcda, bdac, bdca, cabd, cadb, cbad, cbda, cdab, cdba, dabc, dacb, dbac, dbca, dcab, dcba\}$

Cada elemento de um conjunto de permutações é denominado de uma *permutação* dos objetos, por exemplo, *acdb*, *bacd* etc.

Se o número de elementos de um conjunto $C$ é $n$, então o número de elementos de $P(C)$ é $n!$ De fato, no exemplo, $\{a, b, c, d\}$ tem 4 elementos, de modo que $P(\{a, b, c, d\})$ tem $4!$ elementos, isto é, 24.

**Exr. 5.11.1** Na listagem dos elementos de $P(\{a, b, c, d\})$ foi seguida uma regra de formação. Qual é essa regra? Seria interessante que o/a leitor/a não lesse o próximo parágrafo antes de resolver este exercício.

É fácil compreender por que se obtém $n!$ para o número de elementos da permutação de um conjunto $C$. Se $C$ tem 2 elementos, há duas permutações deles. No momento em que $C$ passa a ter 3 elementos, o número de permutações será o número de posições que o primeiro elemento de $C$ assume nas sequências (no caso, 3 posições diferentes) multiplicado pelo número de permutações de um conjunto com 2 elementos, isto é, $3 \times 2$. Com 4 elementos em $C$, o total será o número de posições diferentes do primeiro elemento (no caso, 4 posições) vezes o número de permutações dos 3 elementos restantes, isto é, $4 \times 3 \times 2$. E assim por diante, para qualquer $n$. Foi essa a sistemática usada para enumerar todos os elementos de $P(\{a, b, c, d\})$ acima, que é a solução do Exr. 5.11.1.

Talvez seja interessante anotar as principais diferenças entre uma combinação e uma permutação. Dado um conjunto $C$ de $n$ objetos quaisquer, a combinação deles $m$ a $m$ é um conjunto de subconjuntos de $C$, de tal modo que cada subconjunto contém $m$ elementos; como em qualquer conjunto, a ordem dos elementos em cada subconjunto não importa, e não há subconjuntos repetidos. A permutação de $C$ não é um conjunto de conjuntos: é um conjunto de sequências, cada uma contendo todos os elementos de $C$; como em qualquer sequência, a ordem dos elementos de $C$ importa.

### 5.11.2 Prova da propriedade 2

Sejam 4 termos consecutivos de uma sequência de Fibonacci,

$$a, b, a+b, a+2b$$

Então

$$[a(a + 2b)]^2 + [2b(a + b)]^2 =$$

$$= (a^2 + 2ab)^2 + (2ab + 2b^2)^2 = a^4 + 4a^3b + 4a^2b^2 + 4a^2b^2 + 8ab^3 + 4b^4 =$$

$$= a^4 + 4a^3b + 8a^2b^2 + 8ab^3 + 4b^4 = (a^2 + 2ab + 2b^2)^2$$

que é um quadrado perfeito.

### 5.11.3 Prova da propriedade 6

Esta prova foi inspirada na apresentada no livro de Posamentier e Lehman. Para provar que

$$1/89 = 0{,}011235955056179775280898887...$$

cujo lado direito é a soma de uma sequência de números decimais provenientes dos termos da sequência de Fibonacci divididos consecutivamente por 10, como mostrado em 5.6, tem-se

$100 = 10^2 = 89 + 10 + 1 = 89 + 10^1 + 10^0$

$1000 = 10^3 = 89 \times 10^1 + 10^2 + 10^1$

Substituindo $10^2$ da primeira igualdade,

$10^3 = 89 \times 10^1 + 89 + 10^1 + 10^0 + 10^1 = 89 \times 10^1 + 89 \times 10^0 + 2 \times 10 + 1$

$10^4 = 89 \times 10^2 + 89 \times 10^1 + 2 \times 10^2 + 1 \times 10 = 89 \times 10^2 + 89 \times 10^1 +$

$+ 2 \times (89 + 10^1 + 10^0) + 1 \times 10^1 = 1 \times 89 \times 10^2 + 1 \times 89 \times 10^1 + 2 \times 89 +$

$+ 3 \times 10^1 + 2 = 89 \times (1 \times 10^2 + 1 \times 10^1 + 2 \times 10^0) + 3 \times 10^1 + 2$

...

$10^6 = 89 \times (1 \times 10^4 + 1 \times 10^3 + 2 \times 10^2 + 3 \times 10^1 + 5) + 8 \times 10^1 + 5$

Vê-se que aparece a sequência de Fibonacci nos fatores, o que pode ser provado por indução finita (que será vista na propr. 4 da seção 7.3). Generalizando,

$$10^{n+1} = 89 \times (F_1 \times 10^{n-1} + F_2 \times 10^{n-2} + ... + F_{n-1} \times 10^1 + F_n) + F_{n+1} \times 10 + F_n$$

para qualquer $n$ natural. Dividindo ambos os lados por $10^{n+1}$ e por 89,

$$\frac{1}{89} = \frac{1}{10^{n+1}} \times \left(F_1 \times 10^{n-1} + F_2 \times 10^{n-2} + ... + F_n \times 10^1 + F_n\right) + \frac{F_{n+1} \times 10 + F_n}{89 \times 10^{n+1}}$$

Como será visto na seção 7.1, $F_n$ cresce exponencialmente com $n$, com um fator aproximadamente igual a 1,6180. Mas $10^{n+1}$ cresce também exponencialmente, porém com um fator 10. Assim, conforme $n$ vai crescendo, a última fração vai diminuindo, tornando-se desprezível em comparação com $F_1 \times 10^{n-1}/10^{n+1} = F_1/10^2$ e pode ser desprezada. Portanto, quando se considera a sequência infinita, isto é, para $n = \infty$,

$$\frac{1}{89} = \frac{F_1}{10^2} + \frac{F_2}{10^3} + \frac{F_3}{10^4} + \ldots + \frac{F_{n-1}}{10^n} + \ldots \quad \text{c.q.d. (como queríamos demonstrar)}$$

## 5.11.4 Prova da propriedade 8

Para provar que a soma de quaisquer 10 números consecutivos da sequência de Fibonacci é divisível por 11, é preciso tratar brevemente de divisibilidade; todos os números considerados nesta seção são naturais, isto é, inteiros positivos.

Um número $n$, chamado de *dividendo*, é *divisível* por um número $m \neq 0$, chamado de *divisor*, sse $n/m = q$ ou $n = qm$; $q$ é chamado de *quociente* da divisão ($\neq$ lê-se como 'diferente de'). Por exemplo, 12 é divisível por 3 pois 12/3 = 4. Se um número $n$ não é divisível por um $m$, então $n = qm + r$, onde $0 < r < q$; $r$ é chamado de *resto* da divisão. Por exemplo, 14 não é divisível por 3 pois $14 = 4 \times 3 + 2$. Finalmente, se $n < m$, então $q = 0$, e $r = n$. Por exemplo, 5/12 = 0 com resto 5, pois $5 = 0 \times 12 + 5$.

Dividindo por 11 os 20 primeiros números da sequência de Fibonacci, os restos da divisão são os seguintes, lembrando que, se $n < 11$, o resto da divisão de $n$ por 11 é o próprio $n$:

```
1, 1, 2, 3, 5, 8, 2, 10, 1, 0, 1, 1, 2, 3, 5, 8, 2, 10, 1, 0
```

Essa sequência será chamada de *sequência de restos*. Nota-se a repetição dos 10 primeiros, o que continua indefinidamente se os restos seguintes forem calculados. Verifica-se também que, devido à regra de Fibonacci (cf. seção 2.3), cada termo dessa sequência é o resto da divisão por 11 da soma dos dois anteriores: 2 é a soma dos restos 1 e 1, 3 dos restos 2 e 1, 5 dos restos 2 e 3. Note-se que o 1 depois do 10 é o resto da divisão por 11 de $2 + 10 = 12$, o 0 depois desse 1 é o resto da divisão de $10 + 1$ por 11, e o próximo termo dessa sequência é o 1, pois é o resto da divisão de $0 + 1$. Assim, depois do 0 os termos começam a se repetir devido à regra de Fibonacci, já que os termos dessa sequência são obtidos por somas. Portanto, a sequência de restos repete-se a cada 10 termos.

Tomem-se os 10 primeiros termos da sequência de Fibonacci, $F_1, F_2, ..., F_{10}$, e suponha-se que o quociente da divisão de cada um por 11 seja $q_i$ com resto $r_i$, isto é,

$$F_1 = 11q_1 + r_1, F_2 = 11q_2 + r_2, \ldots, F_{10} = 11q_{10} + r_{10} \quad [1]$$

onde $0 < r_i < 11$. (Para os 6 primeiros termos dessa sequência, $q_i = 0$.) Ocorre que a soma dos 10 primeiros restos é 33, um número divisível por 11:

$$r_1 + r_2 + ... + r_{10} = 1+1+2+3+5+8+2+10+1+0 = 33 = 11 \times 3$$

Assim, somando todas as igualdades de [1], colocando $q_1 + q_2 + ... + q_{10} = q$, tem-se:

$$F_1 + F_2 + \ldots + F_{10} = 11q + 11 \times 3 = 11(q+3)$$

Portanto, a soma dos 10 primeiros termos da sequência de Fibonacci é divisível por 11, já que o resto total $11 \times 3$ é divisível por 11. De fato, essa soma dá 143, que é divisível por 11. Os quocientes de [1] são 0, 0, 0, 0, 0, 0, 1, 1, 3 e 5, cuja soma é 10, multiplicado por 11 dá 110, mais a soma 33 dos restos dá 143.

Todo o raciocínio foi feito para os 10 primeiros termos da sequência de Fibonacci. Mas a regra vale para quaisquer 10 consecutivos. Ocorre que, devido à repetição dos 10 primeiros termos da sequência de restos ([1]), partindo de um termo qualquer da sequência, ele e os 9 seguintes formam uma sequência com a ocorrência deslocada dos primeiros termos; há uma circularidade. De fato, por exemplo, começando na sequência de restos com o 8, ela fica

```
8, 2, 10, 1, 0, 1, 1, 2, 3, 5
```

cuja soma obviamente continua sendo 33. Assim, a soma de quaisquer 10 termos consecutivos da sequência de Fibonacci é divisível por 11.

## 5.12 Referências


- Amoras, A. M. *Estudo da sequência de Fibonacci via teoria de álgebra linear.* Trabalho de Conclusão de Curso de Licenciatura em Matemática. Macapá: Universidade Federal do Amapá, Macapá, 2014.
- Astrolino e Silva, B. *Números de Fibonacci e números de Lucas.* Dissertação de Mestrado. São Carlos: ICMC-USP, São Carlos, 2017. Acesso em 7/12/18: https://mail.google.com/mail/u/0/?zx=51t1nh9c4jbp#inbox/FMfcgxvzMBjNBfhV LZkCSrwjfQbRctlh?projector=1&messagePartId=0.2
- Dias, A.F. A sequência de Fibonacci e o Número de Ouro: modelos variacionais. Dissertação de Mestrado. Unicamp, Campinas: UNICAMP, 2015. Acesso em 14/1/20: http://repositorio.unicamp.br/jspui/bitstream/REPOSIP/306455/1/Dias_AlbertoFaustino_M.pdf
- Livio, M. *The Golden Ratio: The story of Phi, the world's most astonishing number.* New York: Broadway Books, 2002.
- Posamentier, A., e Lehman, I. *The (Fabulous) Fibonacci Numbers.* New York: Prometheus Books, 2007.
- Zahn, M. *Sequência de Fibonacci e o Número de Ouro.* Rio de Janeiro: Ed. Ciência Moderna, 2011.

- Combinações. Idem: https://pt.wikipedia.org/wiki/Combina%C3%A7%C3%A3o_(matem%C3%A1tica)
- *Fibonacci Quarterly.* Acesso em 23/11/18: www.fq.math.ca/
- Pascal, B. Acesso em 17/2/19: https://pt.wikipedia.org/wiki/Blaise_Pascal
- Propriedades das sequências de Fibonacci e de Lucas: https://en.wikipedia.org/wiki/Fibonacci_number
  Artigo com mais de uma centena de propriedades. Acesso em 23/11/8: http://mathworld.wolfram.com/FibonacciNumber.html

## 5.13 Solução do Exr. 5.7

Examinando a fig. 2.6, vê-se que os 2 primeiros quadrados, de lado igual ao de 1 quadradinho do papel quadriculado, com áreas correspondendo aos dois primeiros números da sequência de Fibonacci ao quadrado ($1^2$ e $1^2$), formam um retângulo de lados 1 e 2 cuja área é $1 \times 2 = 2$. A área total dos 3 primeiros quadrados é a soma dos quadrados de cada um dos três primeiros números da sequência de Fibonacci ($1^2$, $1^2$ e $2^2$), que formam um retângulo de lados 2 e 3 e de área $2 \times 3 = 6$. Os 4 primeiros quadrados, cada um com a área dos quatro primeiros números da sequência ($1^2$, $1^2$, $2^2$, $3^2$), formam um retângulo de lados 3 e 5 e de área $3 \times 5 = 15$, e assim por diante. Nota-se que cada um desses retângulos de lado menor $n$ contém todos os quadrados de lados 1, 1, 2, 3, 5, ..., $n - 1$, $n$, e o lado maior será o lado do quadrado seguinte, que terá como lado o próximo número da sequência de Fibonacci, $F_{n+1}$. Isso vai valer para qualquer retângulo abrangendo os primeiros quadrados correspondendo aos números da sequência, o que prova a tese.

# CAPÍTULO 6
# Razões de termos consecutivos

Vejamos agora uma propriedade dos números de Fibonacci que considero a mais interessante, por suas surpresas e aplicações.

## 6.1 Cálculo das razões

Calculemos a razão, isto é, a divisão de cada termo da sequência de Fibonacci (cf. seção 2.2) por seu anterior; os quocientes serão colocados em linhas diferentes, pois isso revelará uma propriedade muito especial. Os resultados foram calculados com 16 dígitos e foram truncados para os primeiros algarismos, pois são o que importam para uma comparação entre termos consecutivos, por exemplo, 89/55 foi truncado para 1,61818 quando o resultado é 1,6181818...

| $n$ | 1 | | 2 | | 3 | | 4 | | 5 | | 6 | | 7 | | 8 | | 9 | | 10 | | 11 | | 12 | | 13 | | 14 | | 15 |
|---|---|---|---|---|---|---|---|---|---|---|---|---|---|---|---|---|---|---|---|---|---|---|---|---|---|---|---|---|---|
| | | | | 2 | | | | 1,66 | | | | 1,625 | | | | 1,619 | | | | 1,61818 | | | | 1,61805 | | | | 1,618037 | |
| $F_n$ | 1 | | 1 | | 2 | | 3 | | 5 | | 8 | | 13 | | 21 | | 34 | | 55 | | 89 | | 144 | | 233 | | 377 | | 610 |
| | | 1 | | | | 1,5 | | | | 1,6 | | | | 1,615 | | | | 1,6176 | | | | 1,61798 | | | | 1,61802 | | | |

Observe atentamente os números que aparecem acima e abaixo da sequência, que serão chamados de 'sequência superior' e 'inferior', respectivamente. Que propriedades podem ser observadas nessas duas sequências? Anote abaixo suas observações antes de passar para a página seguinte .

## 6.2 Convergência das razões consecutivas

A sequência de razões apresentada na seção anterior tem as seguintes propriedades:

**Propr. 1.** À medida que a sequência de Fibonacci cresce, os números da sequência superior vão diminuindo constantemente.

**Propr. 2.** Ao contrário, os números da sequência inferior vão aumentando constantemente.

**Propr. 3.** Todos os números da sequência superior são maiores do que todos os números da sequência inferior.

**Propr. 4.** Os números da sequência superior vão se aproximando constantemente, isto é, a diferença entre dois consecutivos sempre diminui.

**Propr. 5.** Idem para a sequência inferior.

**Propr. 6.** Os números da sequência superior vão se aproximando constantemente dos números vizinhos na sequência inferior.

**Propr. 7.** Cada vez que um algarismo aparece na mesma posição decimal nas sequências superior e inferior, ele não muda mais. De fato, tome-se, por exemplo, o número da sequência superior 1,619 (lembrando que essa representação é truncada). Tanto o primeiro 1 à esquerda quanto o 6 e o segundo 1 coincidem com os do vizinho anterior 1, 615 na sequência inferior. Esses 3 algarismos permanecem daí para a frente nas duas sequências. De fato, se o segundo 1 da superior mudasse mais adiante para 2, o número ficaria 1,62... e assim ficaria superior ao 1,619 anterior, violando, com isso, a propriedade 1. Se em lugar de 1,61... o segundo 1 mudasse mais adiante na sequência superior para 0, dando 1,60..., esse número ficaria inferior aos vizinhos do 1,619 na sequência inferior, que são 1,615 e 1,61, violando a propriedade 3.

**Propr. 8.** As duas sequências parecem aproximar-se de um determinado número, que é abreviado por $\varphi$ (a letra grega *fi*); a origem dessa nomenclatura será explicada na seção 7.1 e no cap. 8. Pela sequência acima, e pela propriedade 7, vê-se que 1,6180 é uma aproximação de $\varphi$, o que é representado por $\varphi \approx 1{,}6180$.

O número $\varphi$ é denominado de *razão áurea* (*golden ratio*). A origem desse nome será explicada na seção 11.1. São usadas outras nomenclaturas para ele, por exemplo, *número de ouro*, como no título do livro de Mauricio Zahn (v. ref. na seção 5.12).

Como os valores de duas sequências aproximam-se cada vez mais, diz-se que elas *convergem*, ou que há *convergência* das duas sequências. A fig. 6.1 mostra esse processo.

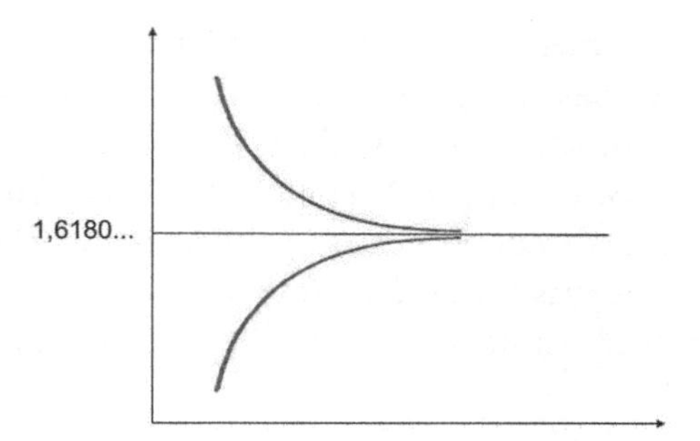


**Fig. 6.1** Convergência de duas curvas

Na verdade, se forem consideradas as duas sequências em conjunto, tem-se a seguinte sequência, que será chamada de *sequência de razões*; os termos ímpares correspondem à sequência inferior e os pares à superior da sequência mostrada na seção 6.1.

```
1 2 1,5 1,66 1,6 1,625 1,615 1,619 1,6176 1,61818 1,61798 1,61805 1,61802 1,618037
```

Note-se que agora, a partir de um certo ponto, os termos consecutivos oscilam em torno do valor aproximado 1,6180. Para essa sequência, a fig. 6.1 transforma-se na fig. 6.2, onde os pontos foram ligados, traçando uma curva contínua só para melhor visualização do processo.

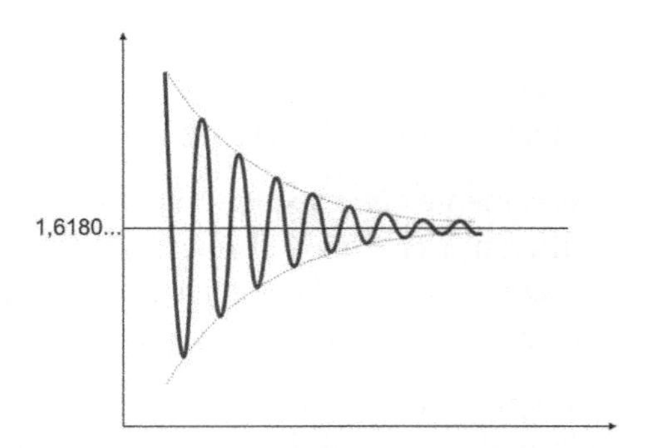


**Fig. 6.2** Amortecimento exponencial

A forma da curva da fig. 6.2 corresponde ao que se denomina de *amortecimento exponencial*. A nomenclatura 'exponencial' será justificada na seção 7.1.

A palavra 'amortecimento' lembra algo bem conhecido no setor automotivo: o amortecedor. Os amortecedores mecânicos são em geral compostos de dois cilindros justapostos, uma mola e um pistão que se move em óleo. Se um pneu de um automóvel passa em um buraco desses típicos das vias das cidades brasileiras e de muitas estradas, a mola iria absorver o choque e o carro iria começar a balançar com a oscilação da mola. O pistão amortece essa oscilação, diminuindo rapidamente a sua amplitude, de modo que quase não se sente a oscilação.

Agora deveria surgir na mente do/a leitor/a uma questão muito importante: a convergência das duas sequências, a superior e a inferior, faz com que elas acabem se encontrando em um valor fixo, que não mudaria daí para a frente? Ou será que elas nunca se encontram? No caso da fig. 6.2, a partir de um determinado ponto a oscilação em torno de número (indicado na figura aproximadamente como 1,6180...) termina e daí para a frente as curvas tornam-se uma só reta ou isso nunca acontece? O/A leitor/a deveria decidir intuitivamente por uma ou pela outra antes de prosseguir para o próximo capítulo.

Antes de resolver matematicamente essa questão, é importante observar que aparentemente as curvas convergem ou, como já foi dito, a distância (ou diferença em valor absoluto, isto é, desconsiderando os sinais e tomando sempre valores positivos) entre dois termos consecutivos considerando-se as duas sequências em conjunto vai sempre diminuindo. Mas na matemática o que é aparente pode enganar, o que é evitado por meio de uma prova formal. Na seção seguinte, de formalismo matemático, é provado que as distâncias diminuem, isto é, pode-se dizer que matematicamente as sequências vão convergindo (ou a oscilação da fig. 6.2 vai diminuindo).

## 6.3 Formalismos matemáticos

(Esta seção pode ser pulada por leitoras/es não interessadas/os em formulações matemáticas.)

### 6.3.1 Convergência da sequência de razões

Pode-se provar matematicamente que a sequência das razões (cf. seção 6.2) converge, isto é, a distância ou diferença em valor absoluto (desconsiderando-se o sinal e sempre tomando o valor positivo) entre cada dois termos consecutivos diminui constantemente, ou seja, quando mais e mais termos da sequência de razões são calculados.

Para isso, deve-se considerar a diferença de cada termo dessa sequência em relação ao anterior em valor absoluto, pois o sinal da diferença vai alternando. De fato, por exemplo, tem-se o trecho

```
1,615 1,619 1,6176 1,61818 1,61798
```

e as diferenças consecutivas são, respectivamente, 0,004, –0,0014, 0,00058, –0,00020.

As diferenças em valores absolutos são, portanto, 0,004, 0,0014, 0,00058, 0,00020. Note-se como elas vão diminuindo, indicando a convergência das diferenças em valores absolutos.

Para provar matematicamente essa convergência, serão tomados 4 termos quaisquer da sequência de Fibonacci, $F_{n-2}$, $F_{n-1}$, $F_n$, $F_{n+1}$.

A razão de 2 termos consecutivos será chamada de

$$\varphi_n = F_n/F_{n-1}$$

A escolha do símbolo φ, a letra grega *Fi*, também escrita como *Phi*, ficará clara na seção 7.1 e no cap. 8. Tenho uma teoria do porquê de se escrever normalmente o nome dessa letra grega com 'ph' e não com 'f': para distinguir o 'f' do latim, por exemplo, *floris* nessa última língua, e a transliteração da letra grega φ, que tem o som de 'f'; por exemplo, em inglês, usa-se *pharmacy*, que vem do grego. No entanto, em português não temos mais o 'ph' e em grego é uma só letra, o 'φ', como também não há 'th' para a letra teta (θ), usada, por exemplo, em *thermometer*, que provém do grego.

Portanto

$$\varphi_{n+1} = F_{n+1}/F_{\mathrm{n}}$$

Mas, pela regra de Fibonacci (v. seção 2.3),

$$\varphi_n = F_n/F_{n-1} = (F_{n-1} + F_{n-2})/F_{n-1} = 1 + F_{n-2}/F_{n-1} = 1 + 1/(F_{n-1}/F_{n-2}) = 1 + 1/\varphi_{n-1}$$

Analogamente,

$$\varphi_{n+1} = 1 + 1/\varphi_n$$

Portanto a diferença de duas razões consecutivas será

$$\varphi_{n+1} - \varphi_n = 1 + 1/\varphi_n - (1 + 1/\varphi_{n-1}) = 1/\varphi_n - 1/\varphi_{n-1} = (\varphi_{n-1} - \varphi_n)/(\varphi_n\varphi_{n-1})$$

As diferenças vão trocando de sinal, como fica claro pela fig. 6.2, portanto é necessário tomar o valor absoluto dessa diferença, denotado por |...| (por exemplo, |2| = |–2| = 2):

$$|\varphi_{n+1} - \varphi_n| = |(\varphi_{n-1} - \varphi_n)/(\varphi_n\varphi_{n-1})|$$

Observando-se a sequência de razões da seção 6.2 vê-se que, a partir de um determinado ponto, $\varphi_i > 1$. Pela propriedade 7 da seção 6.2, tem-se então $\varphi_n\varphi_{n-1} > 1$. Portanto

$$|(\varphi_{n+1} - \varphi_n)/(\varphi_n\varphi_{n-1})| < |\varphi_{n-1} - \varphi_n| = |\varphi_n - \varphi_{n-1}|$$

Assim,

$$|\varphi_{n+1} - \varphi_n| < |\varphi_n - \varphi_{n-1}|$$

Portanto, depois de um certo elemento da sequência a diferença entre razões consecutivas decresce em valor absoluto com o *n*, isto é, as diferenças convergem com o aumento de *n*, c.q.d.

A prova de que $F_{\mathrm{n}}/F_{\mathrm{n-1}}$ converge com o aumento do *n* foi demonstrada pelo matemático escocês Robert Simpson (1687-1768) em 1753.

### 6.3.2 Critério de convergência de Cauchy

O grande matemático francês Augustin-Louis Cauchy (1789-1857) publicou em 1821 o que se chamou de *critério de convergência de Cauchy*, que, de maneira simplificada, é o seguinte: uma sequência de números reais $a_1$, $a_2$, $a_3$, ... converge se e somente se para qualquer número real ε (letra grega *épsilon*; o conjunto dos números reais é a união dos conjuntos dos racionais com os irracionais; v. seção 7.1) existe um número natural $m$ tal que $|a_n - a_{n-1}| < \varepsilon$ para todo $n > m$. Assim, pode-se escolher um número ε 'tão pequeno quanto se queira' (um jargão matemático) que é possível achar dois termos consecutivos da sequência que se aproximam mais do que o valor de ε, e daí em diante todos os seguintes se aproximam mais do que ε. Como o ε pode ser diminuído consecutivamente, os termos se aproximam cada vez mais.

Note-se que a convergência pode ser para um valor fixo da sequência, de modo que, a partir de um determinado $n$, $a_n = a_{n-1}$ ou $a_n - a_{n-1} = 0$.

Na seção 6.3.1 foi demonstrado que os termos da sequência de $\varphi_n$ vão se aproximando cada vez mais, de modo que a diferença de dois consecutivos vai diminuindo; assim, a partir de um determinado $n$ ela necessariamente fica menor do que qualquer número real ε, por menor que seja, como no critério de Cauchy. Ele introduziu a notação ε juntamente com outra, a δ (*delta*), que não será usada aqui. Cauchy foi fundamental para o desenvolvimento do cálculo diferencial e integral.

## 6.4 Referências


- Cauchy, A.-L. Acesso em 1/4/19: https://en.wikipedia.org/wiki/Augustin-Louis_Cauchy
- Teste de convergência de Cauchy. Acesso em 7/1/19: https://en.wikipedia.org/wiki/Cauchy%27s_convergence_test

# CAPÍTULO 7
# Aparece o φ

## 7.1 Convergência da sequência de razões

No penúltimo parágrafo da seção 6.2, foi formulada a seguinte questão: será que a sequência de razões de termos consecutivos da sequência de Fibonacci converge para um número fixo, isto é, atinge esse número e daí em diante esse número sempre se repete? Na seção 6.3.1 provou-se que essa sequência de razões converge, isto é, vai se aproximando continuamente. Mas será que ela atinge um valor fixo, e daí em diante não muda mais de valor?

Para provar que isso é verdadeiro ou falso, será usada uma técnica matemática importantíssima, cujo nome será dado mais adiante. A técnica é a seguinte: suponha-se que a conjetura é verdadeira, isto é, a partir de algum termo da sequência, a razão entre qualquer termo e o seu anterior fica sempre a mesma.

Vamos tomar 3 termos consecutivos quaisquer da sequência de Fibonacci. Usando a regra de Fibonacci (cf. seção 2.3) eles podem ser representados como

$$a, b, a+b$$

As razões dos termos consecutivos serão então

$$\frac{b}{a} \text{ e } \frac{a+b}{b}$$

Suponha-se que a partir do termo *a* as razões comecem a se repetir indefinidamente; denominando de φ (a letra grega Fi) o valor que se repete, tem-se

$$\varphi = \frac{b}{a} = \frac{a+b}{b}$$

ou

$$\varphi = \frac{b}{a} = \frac{a}{b} + \frac{b}{b} = \frac{a}{b} + 1 = \frac{1}{\frac{b}{a}} + 1 = \frac{1}{\varphi} + 1$$

Portanto a razão φ teria a propriedade fundamental

$$\varphi = \frac{1}{\varphi} + 1 \quad [7.1:1]$$

Multiplicando ambos os membros dessa equação por φ, tem-se

$$\varphi^2 = 1 + \varphi \quad [7.1:2]$$

ou

$$\varphi^2 - \varphi - 1 = 0 \quad [7.1:3]$$

que é uma equação do 2º grau em φ. Lembrando que dada uma equação do segundo grau, ou *equação quadrática*

$$a\,x^2 + b\,x + c = 0$$

com $a \neq 0$, as suas raízes são

$$x = \frac{-b \pm \sqrt{b^2 - 4ac}}{2a}$$

Para uma dedução dessa fórmula veja-se a seção 7.4.7. Ela é conhecida no Brasil como *fórmula de Bhaskara*, mas parece que ela não foi descoberta pelo matemático e astrônomo hindu Bhaskara (1114-1185), também conhecido como Bhaskaracharia ('mestre Bhaskara'), e como Bhaskara II, para não confundir com o matemático homônimo Bhaskara I (v. seção 3.1). Bhaskara é considerado o maior matemático da Índia medieval. Ele nem mesmo é mencionado na parte histórica da referência da Wikipedia em inglês sobre a equação de 2º grau. A formulação algébrica dessa equação é devida ao matemático francês François Viète (1540-1603), que foi o primeiro a usar letras como variáveis em equações, estabelecendo assim a base para a álgebra moderna.

As raízes da equação [7.1:3] serão então

$$\varphi=\frac{-(-1)\pm\sqrt{(-1)^2-4\times1\times(-1)}}{2\times1}=\frac{1\pm\sqrt{1+4}}{2}$$

portanto

$$\varphi=\frac{1\pm\sqrt{5}}{2}$$

Deve-se tomar + ou o –? Sabendo-se que $\sqrt{5}>2$, se for tomado o sinal –, φ será negativo. Mas, na sequência de Fibonacci, todos os termos dela são positivos, portanto a razão de qualquer termo pelo seu anterior será positiva. Deve-se então tomar a raiz positiva, obtendo-se

$$\varphi=\frac{1+\sqrt{5}}{2} \quad [7.1:4]$$

Ora, $\sqrt{5}$ é um *número irracional*, isto é, não pode ser expresso como uma fração de dois inteiros, como é o caso dos números *racionais*. Estes últimos, obviamente, incluem todos os inteiros, mais dízimas como 1/3. Isso significa que não é possível calcular o valor de $\sqrt{5}$ com um número finito de algarismos, e também não é uma dízima. De fato,

$$\sqrt{5}=2{,}2360679774997896964091736687313...$$

obtida usando a calculadora científica do Windows 7. Outros números irracionais são $\sqrt{2}$, π etc. É interessante notar que, calculando qualquer número irracional com um número suficiente de algarismos, qualquer número com um número finito de algarismos acaba aparecendo, por exemplo o número do celular do/a leitor/a. De fato, nesse valor de $\sqrt{5}$ já aparecem os telefones 9-7789-6964 e 9-6964-0917.

Inserindo o valor de $\sqrt{5}$ em [7.1:4], tem-se

$$\varphi = 1{,}6180339887498948482045868343656...$$

que também é um número irracional, pois foi calculado usando-se $\sqrt{5}$ (a soma de um irracional com um inteiro, no caso o 1, é irracional; idem para a divisão por um inteiro, no caso o 2). Note-se que os primeiros algarismos de φ são 1,6180, justamente o que foi calculado na sequência de razões da seção 6.1. Na seção 7.4.1 de formalismo matemático será provado que $\sqrt{5}$ e, portanto, φ são irracionais; uma outra prova encontra-se na seção 7.4.2, e em 14.4 há a menção de ainda outra prova geométrica para a irracionalidade do φ. Mario Livio, em seu excelente livro (v. ref. na seção 5.12, pp. 81-82), traz o φ com 5.001 algarismos significativos!

Na seção 6.1, foi mostrado um método para calcular o valor aproximado de φ. Estendendo-se a sequência de Fibonacci, calculando as razões de cada termo dela pelo seu anterior, e aplicando a propriedade 7 da seção 6.2, pode-se calcular o φ com quantos algarismos se queira! E a partir do φ pode-se calcular $\sqrt{5}$, pois de [7.1:4] tem-se

$$\sqrt{5} = 2\varphi - 1$$

Note-se a técnica matemática que foi usada: no fundo, desejava-se provar que φ é irracional, isto é, os valores da sequência de razões aproximam-se cada vez mais, indicando uma sequência convergente, mas ela não atinge um número único que daí em diante se repete. Então foi feita a suposição de que esse número único existisse, e se provou formalmente que na realidade ele não existe. Esse tipo de prova é denominado de *prova por absurdo* ou *por contradição* (*proof by contradiction*), em que se nega a tese e se chega a uma contradição lógica, portanto a negação é falsa. Na seção 7.4.1, há outro exemplo de uma prova por absurdo. Em 7.4.4 é apresentado outro exemplo simples de sequência convergente que nunca chega a um número constante.

Como o φ é um número irracional, a sequência de razões de termos consecutivos da sequência de Fibonacci converge para ele, *mas nunca o atinge*. Matematicamente, diz-se que o φ é o *limite da convergência* daquelas razões, e escreve-se

$$\lim_{n \to \infty} \frac{F_n}{F_{n-1}} = \varphi$$

Ver um pouco mais sobre convergência de sequências e limites na seção 7.4.4.

Note-se que, se a razão de dois termos consecutivos da sequência de Fibonacci tende para o φ, isso significa que cada termo é aproximadamente igual (indicado por ≈) à multiplicação do anterior por φ, isto é,

$$F_n \approx \varphi F_{n-1}$$

Isso significa que a sequência de Fibonacci é aproximadamente uma progressão geométrica (P.G.; v. seção 2.3); essa aproximação é cada vez maior com o crescimento de $n$. Como foi visto na seção 2.3, uma P.G. cresce exponencialmente, portanto a sequência de Fibonacci cresce aproximadamente exponencialmente.

Ninguém menos do que Johannes Kepler (a ser citado na seção 10.1), em seu livreto *De Nive Sexangula* (*Sobre a neve hexangular*, de 1611), notou que as razões de elementos consecutivos da sequência de Fibonacci aproximam-se da razão áurea. O livro de Mario Livio (v. ref. na seção 5.12, pp. 142-158) traz um histórico de Kepler em relação à razão áurea.

Sobre a razão áurea, ver nas referências a dissertação de mestrado de Alexandre Ramon de Souza, em que ele, além de discorrer sobre vários aspectos daquela razão, descreve com detalhes interessantes atividades com alunos, inclusive sobre espirais. Note-se que a sua figura 39 mostra espirais de Fibonacci, e não espirais áureas, como está no texto, e como serão vistas na seção 23.2. A dissertação de mestrado de Marcelo Manechine Belini (v. ref.), dedicada à razão áurea e à sequência de Fibonacci, tem uma interessante introdução aos conjuntos de números, incluindo os racionais, os irracionais e os reais, bem como atividades práticas com alunos.

## 7.2 Outros cálculos do valor de φ

A equação [7.1:1] foi

$$\varphi = \frac{1}{\varphi} + 1$$

Essa equação pode ser usada como uma fórmula de recorrência (v. seção 4.1), fazendo

$$\varphi_{n+1} = \frac{1}{\varphi_n} + 1$$

para $n = 1, 2, 3, ...$ e se tomando $\varphi_1 = 1$. Obtém-se (o/a leitor/a poderia refazer os cálculos; aqui foi usada uma calculadora com 16 dígitos significativos, truncando-se os resultados apenas para a transcrição abaixo):

$\varphi_2 = 2$; $\varphi_3 = 1{,}5$; $\varphi_4 = 1{,}666...$; $\varphi_5 = 1{,}6$; $\varphi_6 = 1{,}625$; $\varphi_7 = 1{,}6153...$; $\varphi_8 = 1{,}6190...$;

$\varphi_9 = 1{,}61764...$; $\varphi_{10} = 1{,}618181...$; $\varphi_{11} = 1{,}\ 617977...$; $\varphi_{12} = 1{,}6180555...$;

$\varphi_{13} = 1{,}618025...$; $\varphi_{14} = 1{,}618037...$ etc.

Chega-se ao valor de 1,6180. Pode-se notar a mesma propriedade 7 da seção 6.2, de que, ao aparecerem em dois termos consecutivos um mesmo dígito na mesma posição, ele não muda mais.

Ainda outro método para calcular o φ baseia-se na equação

$$\varphi^2 = 1 + \varphi$$

portanto

$$\varphi = \sqrt{1+\varphi} \quad [1]$$

e transformando-a também em uma fórmula de recorrência (cf. seção 4.1):

$$\varphi_{n+1} = \sqrt{1+\varphi_n} \quad [2]$$

para $n = 1, 2, 3, ...$ Fazendo-se $\varphi_1 = 1$, tem-se a sequência (usando-se 16 algarismos significativos para os cálculos e truncando-se os resultados):

$\varphi_2 = 1{,}4142...$; $\varphi_3 = 1{,}5537...$; $\varphi_4 = 1{,}59805...$; $\varphi_5 = 1{,}61184...$; $\varphi_6 = 1{,}616121...$;
$\varphi_7 = 1{,}617442...$; $\varphi_8 = 1{,}617851...$; $\varphi_9 = 1{,}617977...$; $\varphi_{10} = 1{,}618016...$; $\varphi_{11} = 1{,}618028...$

Vê-se que a fórmula de recorrência converge para o valor de $\varphi$.

Da fórmula [1] pode-se derivar uma outra expressão para o $\varphi$. De fato, substituindo-se consecutivamente o $\varphi$ de [1] obtém-se

$$\varphi = \sqrt{1+\varphi} = \sqrt{1+\sqrt{1+\varphi}} = \sqrt{1+\sqrt{1+\varphi}} = \sqrt{1+\sqrt{1+\sqrt{1+\varphi}}} \quad [3]$$

e assim por diante, indefinidamente. Isso pode ser representado por

$$\varphi = \sqrt{1+\sqrt{1+\sqrt{1+\ldots}}}$$

Note-se que na aplicação da fórmula [2] de recorrência supusemos o valor inicial $\varphi = 1$, e fomos caminhando para trás na fórmula [3], com mais raízes.

Na seção 7.4.2 veremos ainda outra expressão para o $\varphi$.

## 7.3 Algumas propriedades simples do $\varphi$

Há quatro interessantes e simples propriedades do $\varphi$:

**Propr. 1.**

$$\frac{1}{\varphi} = \varphi - 1 \quad [7.3:1]$$

Isso deriva diretamente de [7.1:1],

$$\varphi = \frac{1}{\varphi} + 1$$

Uma aproximação razoável para o $\varphi$ é 1,6180. Portanto uma aproximação razoável para o $\frac{1}{\varphi}$ é 0,6180. Outra formulação dessa propriedade é

$$\varphi - \frac{1}{\varphi} = 1$$

**Propr. 2.**

$$\varphi^2 = 1 + \varphi \quad [7.1:2]$$

Que já foi vista na equação [7.1:2]. Portanto uma aproximação razoável para o $\varphi^2$ é 2,6180.

Assim, para calcular o inverso de φ basta subtrair 1 dele, e para calcular seu quadrado basta somar 1 a ele, propriedades que já indicam ser o φ um número muito especial – o único que tem essas propriedades.

Tem-se então mais uma propriedade: o φ é o único número que, elevado ao quadrado, é igual a ele mesmo mais 1, e cujo inverso é ele mesmo menos 1.

**Propr. 3.**

$$\varphi+\frac{1}{\varphi}=\sqrt{5} \quad [7.3:3]$$

De fato, de [7.1:4], $\varphi=\frac{1+\sqrt{5}}{2}$, portanto

$$\frac{1}{\varphi}=\frac{2}{1+\sqrt{5}}=\frac{2(1-\sqrt{5})}{(1+\sqrt{5})(1-\sqrt{5})}$$

Como $(a+b)(a-b) = a^2-b^2$

$$\frac{1}{\varphi}=\frac{2\left(1-\sqrt{5}\right)}{1-5}=-\frac{2\left(1-\sqrt{5}\right)}{4}=-\frac{1-\sqrt{5}}{2}$$

Portanto

$$\varphi+\frac{1}{\varphi}=\frac{1+\sqrt{5}}{2}-\frac{1-\sqrt{5}}{2}=\sqrt{5} \quad \text{c.q.d.}$$

Essa propriedade completa aquela vista no fim da propriedade 1, isto é, a soma de φ com seu inverso é $\sqrt{5}$ e a diferença dos dois é 1.

**Propr. 4.**

$$\varphi^n = \varphi^{n-1} + \varphi^{n-2}$$

De fato, de [7.1:2],

$$\varphi^2 = \varphi + 1 = \varphi^1 + \varphi^0$$

$$\varphi^3 = \varphi\varphi^2 = \varphi^2 + \varphi^1$$

$$\varphi^4 = \varphi\varphi^3 = \varphi^3 + \varphi^2$$

e assim por diante. Portanto, pelos exemplos, cada potência de φ é a soma das duas potências anteriores, o que lembra a regra de Fibonacci $F_n = F_{n-1} + F_{n-2}$. Mas exemplos não constituem uma prova matemática; é necessário provar para um caso qualquer, isto é, um *n* qualquer.

Vamos aproveitar e provar essa propriedade para um $n$ qualquer, introduzindo aqui num exemplo muito simples (por isso não está na seção de formalismos matemáticos) uma técnica matemática muito importante, denominada *prova por indução finita* (*mathematical induction*). Essa técnica pode ser usada quando se quer provar alguma propriedade baseada nos números naturais (inteiros não negativos) associados a alguma ordem, no caso as potências 0, 1, 2 etc. Essa prova baseia-se no seguinte:
1. deve-se provar que a tese é válida para algum número natural $m$, a *base* da indução;
2. supõe-se por hipótese que a tese seja válida para $n - 1 > m$. Deve-se então provar que a tese é válida para $n$.

A *base* da indução é a propriedade provada na seção 7.2:

$$\varphi^2 = \varphi + 1 = \varphi^1 + \varphi^0$$

Nesse caso, foi tomado $m = 2$. Suponha-se que a propriedade

$$\varphi^{n-1} = \varphi^{n-2} + \varphi^{n-3} \quad [1]$$

seja válida para $n - 1 > 2$, e se quer provar que ela é válida para $\varphi^n$. De fato

$$\varphi^n = \varphi\varphi^{n-1}$$

Então, por [1],

$$\varphi^n = \varphi(\varphi^{n-2} + \varphi^{n-3}) = \varphi^{n-1} + \varphi^{n-2} \quad \text{c.q.d.}$$

Vamos aproveitar essa primeira aplicação da prova por indução finita para explicar por que é uma prova válida. A propriedade [1] é válida para $\varphi^3$ e $\varphi^4$, como foi demonstrado no início desta seção, sempre usando as potências anteriores, isto é, $\varphi^2$ e $\varphi^3$, respectivamente. Poderíamos continuar com $\varphi^5$ e assim por diante. Então, se admitirmos que a tese é válida para algum elemento genérico da sequência, no caso $\varphi^{n-1}$, e conseguirmos provar usando apenas a base válida da indução (no caso, $\varphi^2$), que ela é válida para o próximo elemento, no caso $\varphi^n$ (isto é, provamos para $\varphi^n$ usando o anterior $\varphi^{n-1}$ que é assumido válido por hipótese), essa mesma prova valeria para $n = 3$, 4, 5 etc., isto é, para todos os elementos da sequência. Em outras palavras, para $n = 3$, o caso $n = 2$ não é uma hipótese, é um fato verdadeiro como mostrado no início. Prosseguindo, para $n = 4$ o caso $n = 3$ já foi provado como verdadeiro, e assim por diante. A prova para um $n$ qualquer baseado no caso $n - 1$ prova para toda a sequência.

## 7.4 Formalismos matemáticos

(Esta seção pode ser pulada por leitoras/es não interessadas/os em formulações matemáticas. No entanto, as seções 7.4.5 e 7.4.6 contêm várias considerações filosóficas, sem matemática.)

### 7.4.1 Uma prova de que $\sqrt{5}$ é irracional

Suponha-se que $\sqrt{5}$ seja racional. Nesse caso, pode-se escrever

$$\sqrt{5} = \frac{a}{b}$$

onde $a$ e $b$ são números inteiros. Façamos agora uma hipótese fundamental: que $\frac{a}{b}$ seja uma fração *irredutível*, isto é, que não pode ser simplificada dividindo-se o numerador $a$ e o denominador $b$ pelo mesmo número inteiro. Se ela for redutível, pode ser simplificada até se obter uma fração irredutível.

Elevando ambos os membros ao quadrado:

$$5 = \frac{a^2}{b^2} \rightarrow 5b^2 = a^2 \quad [1]$$

Portanto, $a^2$ é um múltiplo de 5. Então, para $a^2$ ser um quadrado perfeito, terá que conter 5×5 como múltiplo. Isso pode ser facilmente ilustrado por exemplos, independentemente do $b$: tome-se $a^2$ múltiplo de 5 e também um quadrado perfeito, por exemplo, $a^2 = 25$, 100, 225, ou 625 etc.; todos contêm 5×5. Já $a^2 = 15$ ou 50 não funcionam, pois, apesar de serem divisíveis por 5, não são quadrados perfeitos. Portanto, $a^2 = 5^2y$ para algum $y$. Formalmente, extraindo a raiz quadrada dos dois membros, obtém-se $a = 5\sqrt{y}$ ou $a = 5c$ para algum $c$ inteiro; assim, $a$ é um múltiplo de 5. Então em [1]:

$$5b^2 = 25c^2 \rightarrow b^2 = 5c^2$$

Comparando com [1], pode-se aplicar o mesmo raciocínio para $b$, concluindo-se que $b$ também tem de ser múltiplo de 5. Mas se $a$ e $b$ são ambos múltiplos de 5, $\frac{a}{b}$ pode ser simplificada, o que é uma contradição com a hipótese fundamental da irredutibilidade dessa fração. Portanto, a hipótese inicial de que $\sqrt{5}$ é um número racional é falsa. Esse foi mais um exemplo de uma prova por absurdo ou por contradição, além da vista na seção 7.1.

É interessante notar que a equação $5b^2 = a^2$ já mostra que algo anda errado, pois não é possível achar um $b$ que satisfaça essa equação: $b^2$ teria que ser múltiplo de 5 para dar o quadrado perfeito $a^2$, e a divisão de $b^2$ por 5 teria que ser um quadrado perfeito $c^2$, mas aí a multiplicação de $c^2$ por 5 não daria um quadrado perfeito ($b^2$); isso só ocorreria se 5 fosse um quadrado perfeito.

**Exr. 7.4.1** Usando a mesma técnica, provar que $\sqrt{2}$ é irracional. Quando se quer mostrar que existem números irracionais (o que deveria ser feito no ensino médio), usa-se comumente $\sqrt{2}$.

Observe-se que a raiz quadrada de qualquer número racional que não seja um quadrado perfeito – como o são $16 = 2^4$, $625 = 25^2$, $25/16 = (5/4)^2$ – resulta sempre em um número irracional. Para provar isso, basta substituir o 5 da $\sqrt{5}$ acima por $m$, onde $m$ não é um quadrado perfeito, e mostrar analogamente que em $\sqrt{m} = \frac{a}{b}$, com $a$ e $b$ inteiros e $\frac{a}{b}$ irredutível, $a$ e $b$ são múltiplos de $m$.

## 7.4.2 Frações contínuas

De [7.1:1]:

$$\varphi = \frac{1}{\varphi} + 1 \quad \text{ou} \quad \varphi = 1 + \frac{1}{\varphi}$$

Nesse caso, pode-se substituir o $\varphi$ do $\frac{1}{\varphi}$ por $1+\frac{1}{\varphi}$, obtendo-se

$$\varphi = 1 + \cfrac{1}{1+\cfrac{1}{\varphi}}$$

Novamente a mesma substituição:

$$\varphi = 1 + \cfrac{1}{1+\cfrac{1}{1+\cfrac{1}{\varphi}}}$$

comumente expressa pela notação

$$\varphi = 1 + \cfrac{1}{1+\cfrac{1}{1+\ldots}}$$

que sugere bem mais claramente a progressividade do processo.

Obtém-se assim uma *fração contínua*. Ela é infinita, isto é, na penúltima fórmula pode-se substituir o $\varphi$ indefinidamente ou, na última, continuar colocando as frações. Isso prova que $\varphi$ não é um número racional. Se, por absurdo, o fosse, cada substituição dele na fração faria o seu valor diminuir, pois, como foi visto na seção 7.1, $\varphi \approx 1{,}6180$, isto é, $\varphi > 1$, assim $1+\frac{1}{\varphi}$ também será maior do que 1. Essa diminuição não tem fim.

Note-se que a fórmula de recorrência da seção 7.2 corresponde a se calcular sucessivamente a fração contínua, naquele caso começando com um valor 1 para $1/\varphi$.

Outro exemplo interessante de fração contínua infinita é

$$\sqrt{2}=1+\cfrac{1}{2+\cfrac{1}{2+\cfrac{1}{2+\dots}}}$$

Para provar essa igualdade, analogamente ao φ é preciso chegar em

$$\sqrt{2}=1+\frac{1}{1+\sqrt{2}}$$

pois então se pode substituir o $\sqrt{2}$ do denominador indefinidamente pelo lado direito dessa igualdade, como foi feito com o φ acima. O objetivo da prova seguinte foi chegar ao denominador da fração. Tem-se

$$\sqrt{2}=1+\sqrt{2}-1=1+\frac{\sqrt{2}-1}{1}=1+\frac{\sqrt{2}-1}{2-1}=1+\frac{\sqrt{2}-1}{(\sqrt{2}+1)(\sqrt{2}-1)}$$

pois $(a+b)(a-b)=a^2-b^2$. Portanto, cancelando $\sqrt{2}-1$ em ambos os membros da fração, obtém-se

$$\sqrt{2}=1+\frac{1}{\sqrt{2}+1}=1+\frac{1}{1+\sqrt{2}}\quad \text{c.q.d.}$$

Um exemplo de fração contínua finita é o seguinte:

$$\frac{14}{9}=1+\frac{5}{9}=1+\cfrac{1}{\cfrac{9}{5}}=1+\cfrac{1}{1+\cfrac{4}{5}}=1+\cfrac{1}{1+\cfrac{1}{\cfrac{5}{4}}}=1+\cfrac{1}{1+\cfrac{1}{1+\cfrac{1}{4}}}$$

É interessante notar que, se forem tomados consecutivamente os componentes da fração, eles convergem para o valor que ela deve ter:

$$1,\ 1+1=2;\ 1+\frac{1}{1+1}=1,5;\ 1+\cfrac{1}{1+\cfrac{1}{1+1}}=1+\frac{1}{1,5}\approx 1,67;$$

$$1+\cfrac{1}{1+\cfrac{1}{1+\cfrac{1}{4}}}=1+\cfrac{1}{1+\cfrac{1}{1,25}}=1+\frac{1}{1,8}=1,555...=\frac{14}{9}$$

**Exr. 7.4.2** Desenvolver uma fração contínua finita para $\frac{17}{11}$.

### 7.4.3 Uma fórmula para $F_n$

Claramente, há uma relação entre os termos da sequência de Fibonacci e o $\varphi$, pois este último é o limite das razões de cada termo da sequência pelo termo anterior, como foi visto na seção 7.1. Para obter um termo $F_n$ da sequência para um $n$ qualquer, não é necessário gerar a sequência até $F_n$, pois existe uma fórmula que dá esse termo em função do $\varphi$:

$$F_n = \frac{\varphi^n - (1-\varphi)^n}{\sqrt{5}} \quad [1]$$

Essa fórmula é surpreendente, pois $\varphi$ é um número irracional, e $F_n$ é um número inteiro; o numerador acaba sempre sendo um múltiplo de $\sqrt{5}$. A fórmula foi publicada em 1843 pelo matemático francês Jacques-Philippe-Marie Binet (1786-1856), e é conhecida como 'fórmula de Binet', se bem que há controvérsias se não era já conhecida antes por outros matemáticos, inclusive pelos famosos Abraham de Moivre (1667-1754) em 1730 e Leonhard Paul Euler (1707-1783) em 1765; esse último será citado na seção 19.5.2.

**Exr. 7.4.3:1** Desenvolva essa fórmula para $n = 1$, 2 e 3 para ver como ela funciona nesses exemplos, dando 1, 1 e 2, respectivamente. Sugestões: para simplificar, lembre que $\varphi^2 = \varphi + 1$ (cf. fórmula [7.3:2]), e para $n = 3$ use o triângulo de Pascal (cf. seção 5.1).

Outra forma da fórmula de Binet é a seguinte:

$$F_n = \frac{\varphi^n - (-\frac{1}{\varphi})^n}{\varphi + \frac{1}{\varphi}} \quad [2]$$

**Exr. 7.4.3:2** Demostre a equivalência das fórmulas [1] e [2] anteriores.

Vamos apresentar aqui uma prova relativamente simples para a fórmula de Binet na forma [1], usando indução finita (cf. seção 7.3, propr. 4). Cada termo da sequência de Fibonacci é dado pela soma dos dois anteriores. Assim, a indução será baseada na prova de que a fórmula de Binet vale para os dois primeiros termos da sequência, a base da indução (cf. seção 7.3, propr. 4), em seguida supõe-se que seja válida para dois termos consecutivos quaisquer $F_{n-1}$ e $F_{n-2}$, e será provado que vale para $F_n$.

Para $n = 1$, tem-se

$$F_1 = \frac{\varphi - (1-\varphi)}{\sqrt{5}} = \frac{2\varphi - 1}{\sqrt{5}}$$

Como, por [7.1:4], $\varphi = \dfrac{1+\sqrt{5}}{2}$,

$$F_1 = \frac{2\left(\dfrac{1+\sqrt{5}}{2}\right) - 1}{\sqrt{5}} = \frac{1+\sqrt{5}-1}{\sqrt{5}} = 1$$

Do mesmo modo, por [1],

$$F_2 = \frac{\varphi^2 - (1-\varphi)^2}{\sqrt{5}} = \frac{\varphi^2 - 1 + 2\varphi - \varphi^2}{\sqrt{5}} = \frac{2\varphi - 1}{\sqrt{5}} = F_1 = 1$$

Portanto, a fórmula [1] é válida para $n = 1$ e $n = 2$. Precisamos mostrar que ela é válida para qualquer $n > 2$. Para isso supomos, por hipótese, que [1] seja válida para $F_{n-1}$ e para $F_{n-2}$, e vamos provar que ela é válida também para $F_n$, isto é, usando [1] para $F_{n-1}$ e para $F_{n-2}$ obtém-se a regra de Fibonacci $F_n = F_{n-1} + F_{n-2}$, o que significa que $F_n$ expresso por [1] é o $n$-ésimo elemento da sequência de Fibonacci. No que se segue, será usada a relação $\varphi + 1 = \varphi^2$ (cf. [7.1:2]), e a propriedade das potências $a^p = aa^{p-1}$.

$$F_{n-1} + F_{n-2} = \frac{\varphi^{n-1} - (1-\varphi)^{n-1}}{\sqrt{5}} + \frac{\varphi^{n-2} - (1-\varphi)^{n-2}}{\sqrt{5}} =$$

$$= \frac{1}{\sqrt{5}}[\varphi\varphi^{n-2} - (1-\varphi)(1-\varphi)^{n-2} + \varphi^{n-2} - (1-\varphi)^{n-2}] =$$

$$= \frac{1}{\sqrt{5}}[(\varphi+1)\varphi^{n-2} - (1-\varphi+1)(1-\varphi)^{n-2}] =$$

$$= \frac{1}{\sqrt{5}}[\varphi^2\varphi^{n-2} - (1-2\varphi+\varphi+1)(1-\varphi)^{n-2}] =$$

$$= \frac{1}{\sqrt{5}}\left[\varphi^n - (1-2\varphi+\varphi^2)(1-\varphi)^{n-2}\right] =$$

$$= \frac{1}{\sqrt{5}}\left[\varphi^n - (1-\varphi)^2(1-\varphi)^{n-2}\right] = \frac{1}{\sqrt{5}}\left[\varphi^n - (1-\varphi)^n\right] = F_n \quad \text{c.q.d.}$$

Talvez seja interessante mostrar como cheguei a essa demonstração. Parti de $F_n = F_{n-1} + F_{n-2}$, substituí os termos usando a fórmula [1], e aí reduzi as potências dos dois membros a $n - 2$, para poder compará-los. Fui desenvolvendo ambos os membros até que eles ficaram iguais. Em seguida, completei o desenvolvimento do segundo membro da igualdade percorrendo o caminho inverso do desenvolvimento do primeiro membro até chegar em $F_n$.

O capítulo 9 do livro de Posamentier e Lehman citado na seção 5.1 traz uma prova da fórmula de Binet, partindo das propriedades $\varphi + \frac{1}{\varphi} = \sqrt{5}$ e $\varphi - \frac{1}{\varphi} = 1$, como visto no fim da propr. 3 da seção 7.3, elevando-se cada um deles a potências seguidas. Também trazem outras provas da fórmula de Binet o artigo de Arlem Atanazio dos Santos e Francisco Regis Vieira Alves, a dissertação de Marcelo Manechine Belini, bem como as referências da Datagenetics e da sequência de Fibonacci na Wikipedia (v. ref.).

### 7.4.4 Exemplo de sequência convergente

Seja a sequência gerada por

$$\frac{n+1}{n}$$

para $n = 1, 2, 3, ...$, isto é,

```
2; 1,5; 1,333...; 1,25; 1,2; 1,1666...; 1,14285...; 1,125; 1,111...;
1,1; 1,090909...; 1,08333...; 1,0769...; 1,0714...; ...
```

É fácil de ver e prever que os termos da sequência aproximam-se cada vez mais do valor 1, pois no numerador o 1 torna-se cada vez relativamente menor do que o $n$, com o crescimento deste. Mas, por maior que seja o $n$, os termos da sequência nunca serão exatamente 1. Cada termo da sequência é diferente do anterior, e as diferenças entre termos consecutivos vão diminuindo, tendendo a zero, mas nunca atingindo esse valor. Portanto, a sequência converge para o valor 1, mas nunca chega lá. Tecnicamente, isso é representado pelo seguinte simbolismo:

$$\lim_{n \to \infty} \frac{n+1}{n} = 1$$

que se lê "O limite de $\frac{n+1}{n}$ para $n$ tendendo ao infinito é 1." De fato, quando $n$ é muito grande, infinito, $n + 1$ reduz-se a $n$, ou $\infty + 1 = \infty$.

Aproveitando, ouvi mais ou menos o seguinte do saudoso Dr. Walter Leser (1909-2004): "Uma boa caracterização do infinito é o limite da estupidez humana." Ele foi um grande professor, introdutor da carreira de sanitarista, duas vezes secretário da Saúde do governo do estado de São Paulo, tendo introduzido em 1965 no Brasil os exames vestibulares unificados para a área da saúde da USP e várias faculdades, quando eu coordenei o processamento dos dados. Foi a primeira vez que provas e dados de vestibulares foram processados com computador no Brasil.

### 7.4.5 Um pouco sobre o infinito na matemática

Já que o infinito foi mencionado, será examinada uma caracterização geométrica dele. Na fig. 7.1 tem-se uma reta *r* que intercepta uma outra reta *r*' em um ponto *P*', essa última passando pelo ponto *P* que está fora de *r*, formando um ângulo α' com *r* (estão sendo mostrados apenas segmentos das duas).

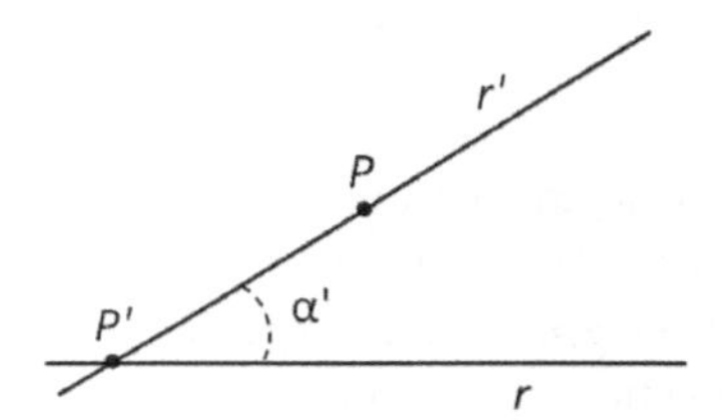


**Fig. 7.1** Retas convergentes

Imagine-se que na fig. 7.1 faça-se uma rotação de *r*' progressivamente em torno no ponto *P* no sentido horário (isto é, dos movimentos dos ponteiros de um relógio). O ponto *P*' vai se afastando cada vez mais para a esquerda da figura e o ângulo α' vai diminuindo progressivamente. Por menor que seja o ângulo α', se ele for diferente de zero, a reta *r*' vai interceptar a *r* em algum ponto *P*', talvez muito distante. No momento em que α' se torna zero, as retas tornam-se paralelas e não se encontram mais, como representado na fig. 7.2. Onde está o ponto *P*'? Já que a distância a ele foi aumentando, pode-se imaginar que ele esteja infinitamente distante, isto é, no infinito; tornou-se um ponto virtual. Qualquer valor de α' diferente de zero, mesmo com um valor infinitesimal, isto é, tão pequeno quanto se queira, faz com que o ponto *P*' apareça. Pode-se, portanto, considerar que, se α' = 0°, ele está no infinito.

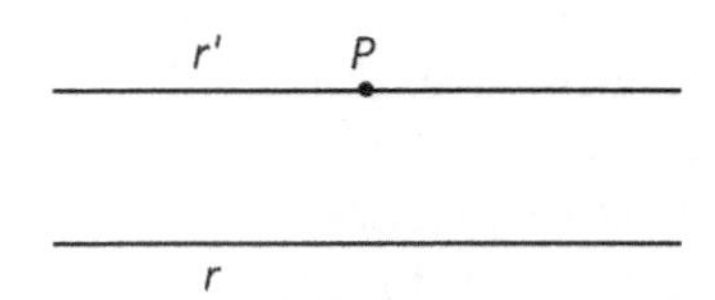


**Fig. 7.2** Retas paralelas

Agora, observe-se a fig. 7.3. A reta *r*' continuou a ser girada em torno de *P* no sentido horário, interceptando *r* no ponto *P*", formando o ângulo α" com *r*. Se α" for infinitesimal, muito próximo de 0, *P*" existe, mas está muito distante para a direita. Na posição da fig. 7.3, diminuindo-se continuamente o ângulo α", fazendo-se a rotação de *r*' no sentido anti-horário (isto é, contrário ao movimento dos ponteiros de um relógio), o ponto *P*" vai se afastando para a direita da figura. Para um valor infinitesimal de $\alpha''$, o ponto $P''$ está muito distante, mas ainda existe. No momento em que $\alpha''$ torna-se zero, as retas ficam paralelas, e o ponto $P''$ desaparece, podendo-se supor que ele agora também está no infinito, tornou-se virtual.

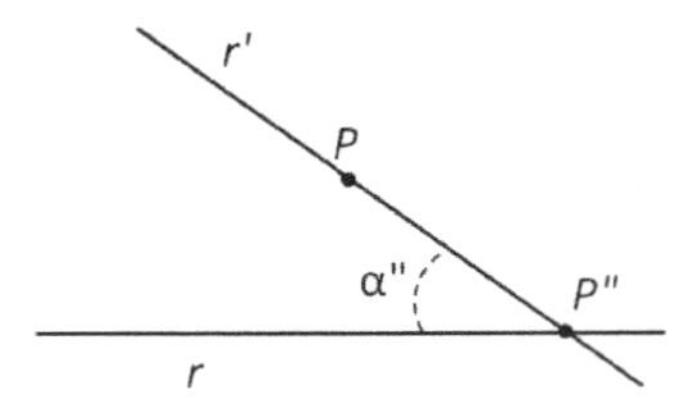


**Fig. 7.3** Retas convergentes

Voltando à fig. 7.2, uma rotação infinitesimal de *r'* no sentido anti-horário (isto é, contrário ao movimento dos ponteiros de um relógio) faz com que *P'* 'saia' do infinito e apareça em *r* muito distante à esquerda. O mesmo se passa com uma pequena rotação no sentido horário, como na fig. 7.3, onde $P''$ apareceria muito distante, à direita. Portanto, pode-se considerar que os dois 'infinitos' são o mesmo ponto virtual! Isto é, há somente um infinito geométrico determinado por retas paralelas, e ele é o mesmo para quaisquer duas retas paralelas. Aliás, pode-se considerar que nesse infinito todas as retas paralelas se encontram.

Também é possível considerar que qualquer reta estende-se até o infinito, mas, já que existe para as retas apenas um infinito, caminhando-se, por exemplo, para a direita por uma reta qualquer horizontal, ao chegar-se ao infinito começa-se a voltar pela esquerda, como vimos para o ponto $P''$, voltando como o ponto *P'*. Há outra maneira de se imaginar esse processo. Tome-se uma circunferência de raio qualquer, e um ponto *P* nela. Caminhando-se ao longo da circunferência sempre no mesmo sentido, obviamente depois de uma volta completa retorna-se a *P*. Aumentando progressivamente o raio da circunferência, afastando-se o seu centro de *P*, mas fazendo-a passar por esse ponto, a curvatura da circunferência, em qualquer ponto dela, vai diminuindo. No momento em que o raio se torna infinito, ou o centro está no infinito, a circunferência torna-se uma reta, não há mais curvatura em torno de *P*. No entanto, um pouquinho antes ainda era possível dar a volta completa na circunferência, de modo que é possível imaginar, por continuidade, que isso também é possível quando o raio é infinitamente grande, isto é, percorrendo-se uma reta (à qual a circunferência foi reduzida) partindo de *P* num sentido, chega-se ao infinito e volta-se pelo outro lado, percorrendo-a no mesmo sentido até atingir *P*. Isto é, o infinito é o mesmo nos dois sentidos da reta.

Saiamos da geometria. Na matemática, especialmente na teoria dos conjuntos, consideram-se vários infinitos diferentes. Por exemplo, há um conjunto infinito que é o dos números naturais, representado por {0, 1, 2, 3, ...}; há textos em que não se conta o 0 entre os naturais. Há um conjunto infinito 'maior' (isto é, com mais elementos) que esse, o do número de números reais, comportando os racionais, que podem ser expressos pela divisão de dois inteiros, mais os irracionais, que não podem ser expressos dessa maneira (v. seção 7.1). Os números reais formam um contínuo, pois, dados quaisquer dois números reais, sempre se pode encontrar outro número real de valor intermediário entre os dois primeiros, o que não ocorre com dois números inteiros consecutivos. Geometricamente, pode-se imaginar um sistema de coordenadas linear, isto é, apenas com o eixo horizontal das abcissas. Podem-se marcar nesse eixo os pontos correspondentes à distância da origem 0: –3, –2, –1, 0, 1, 2, 3 etc. e, portanto, aos números inteiros (os naturais mais os inteiros negativos). Os números reais corresponderiam às distâncias de todos os pontos do eixo à origem 0, o que dá uma representação geométrica para o conjunto dos reais. Dados dois pontos quaisquer, sempre se pode encontrar outro ponto entre esses dois. Intuitivamente, os números inteiros marcam um número infinito de pontos, mas os reais, que incluem os pontos correspondentes aos números inteiros, marcam mais pontos, pois há infinitos deles entre dois inteiros. Outra maneira de expressar isso é considerar que entre dois inteiros quaisquer há sempre um número finito (eventualmente 0) de números inteiros, isto é, maiores do que o menor e menores do que o maior. Mas, dados dois números reais, há sempre um número infinito de números reais entre os dois. Assim, não é difícil admitir que esse infinito dos reais é 'maior' do que o infinito dos inteiros. Na matemática, diz-se que os números inteiros formam um conjunto *enumerável* (*countable*); quer dizer, podem-se contar os seus elementos. O conjunto dos reais é *não enumerável* ou *inumerável* (*uncountable*); não é possível contar os seus elementos.

O número de elementos de um conjunto é denominado a *cardinalidade* desse conjunto. Portanto, a cardinalidade do conjunto dos inteiros é menor do que a cardinalidade do conjunto dos reais. Mas ambos são infinitos, de modo que se tem dois infinitos diferentes. Eles são representados na matemática pela primeira letra do alfabeto hebraico, a letra *alef*, escrita em letra de imprensa como $\aleph_0$ (a cardinalidade dos números inteiros), denominada de *alef zero* (*aleph zero* ou *aleph naught*) e $\aleph_1$ (a cardinalidade dos números reais), *alef um* (*aleph one*), respectivamente, denominados de *números transfinitos*. Essa denominação bem como o conceito de cardinalidade e a notação *alef* foram devidos ao matemático Georg Cantor (1845-1919), um dos matemáticos mais famosos de todos os tempos. Curiosamente, no início sua teoria, apesar de absolutamente correta, não foi aceita por grandes matemáticos, o que redundou em uma grande depressão por parte de Cantor.

A condição para dois conjuntos terem o mesmo número de elementos, isto é, terem a mesma cardinalidade, é poder associar-se cada elemento de um conjunto a um só elemento do outro, e vice-versa, o que na matemática tem o nome de *bijeção*. Dois conjuntos têm a mesma cardinalidade quando existe uma bijeção dos elementos de cada um deles para os do outro. Essa regra vale mesmo quando os conjuntos tenham um número infinito de elementos. Por exemplo, há o mesmo número infinito de números ímpares do que pares, o que não é nenhuma surpresa, pois a cada número ímpar corresponde um único par e vice-versa, por exemplo, ao 1 corresponde o 2 e vice-versa, ao 3 corresponde o 4 etc.

A noção de infinito matemático é muito curiosa, podendo ser contraintuitiva e, às vezes, surpreendente. Por exemplo, a cardinalidade do conjunto dos números naturais ímpares é a mesma que o conjunto dos naturais, apesar de os ímpares formarem um subconjunto próprio dos naturais (isto é, cada número par está no conjunto dos naturais, mas nem todos os naturais estão no conjunto dos pares) – basta mostrar que existe uma bijeção entre eles. Para isso, é suficiente numerar os ímpares e associar um natural ordinal a cada numeração, por exemplo, o ímpar 1 será o primeiro (o 1 dos naturais), o 3 será o segundo (2), o 5 o terceiro (3) etc. Para qualquer ímpar, haverá um e apenas um natural associado a ele, e vice-versa, pois, dado um natural $n$, pode-se determinar univocamente o ímpar $i$ correspondente com a fórmula $i = 2n - 1$; dado um ímpar $i$, pode-se determinar univocamente o seu número de ordem $n$ com a fórmula $n = (i + 1)/2$. Portanto, existe a bijeção entre os dois conjuntos e a sua cardinalidade é a mesma.

Cantor provou que qualquer subconjunto infinito do conjunto dos naturais tem a mesma cardinalidade que este último.

Outra propriedade contraintuitiva é que o conjunto dos inteiros (incluindo os negativos) tem a mesma cardinalidade infinita do que os naturais.

**Exr. 7.4.5:1** Como foi feito no caso dos ímpares, achar funções que levem um inteiro a um só natural e o inverso, isto é, um inteiro a um só natural.

Uma propriedade ainda menos intuitiva é que o conjunto dos números naturais tem a mesma cardinalidade que o conjunto dos números racionais, isto é, os representados por uma fração $a/b$, com $a$, $b$ inteiros e $a, b > 0$, o que dá um número decimal (eventualmente menor do que 1) com um número finito de algarismos, como $13/8 = 1{,}625$, ou uma dízima que se repete indefinidamente, por exemplo, $13/7 = 1{,}857142857142...$ A prova de que ambos têm a mesma cardinalidade usa um truque muito interessante de dispor os números racionais sistematicamente em forma de matriz infinita, como na fig. 7.4.

```
1/1  1/2→1/3  1/4→1/5  1/6→1/7  1/8→ ...
 ↓  ↗    ↙    ↗    ↙    ↗    ↙    ↗
2/1  2/2  2/3  2/4  2/5  2/6  2/7  2/8  ...
    ↙    ↗    ↙    ↗    ↙    ↗
3/1  3/2  3/3  3/4  3/5  3/6  3/7  3/8  ...
 ↓  ↗    ↙    ↗    ↙    ↗
4/1  4/2  4/3  4/4  4/5  4/6  4/7  4/8  ...
    ↙    ↗    ↙    ↗
5/1  5/2  5/3  5/4  5/5  5/6  5/7  5/8  ...
 ↓  ↗    ↙    ↗
6/1  6/2  6/3  6/4  6/5  6/6  6/7  6/8  ...
    ↙    ↗
7/1  7/2  7/3  7/4  7/5  7/6  7/7  7/8  ...
 ↓  ↗
8/1  8/2  8/3  8/4  8/5  8/6  8/7  8/8  ...
 ⋮    ⋮    ⋮    ⋮    ⋮    ⋮    ⋮    ⋮    ⋱
```

**Fig. 7.4** Ordenação dos números racionais

A primeira linha contém todas as frações que têm numerador 1, sendo que os denominadores varrem todos os naturais; a segunda linha, todas as que têm numerador 2 etc. A primeira coluna contém todas as frações com denominador 1; a segunda coluna, as com denominador 2 etc. Assim, qualquer número racional pode ser representado nessa matriz. As setas indicam uma possível ordenação das frações, isto é, uma bijeção para os naturais ordinais. A correspondência é 1/1 ↔ 1; 2/1 ↔ 2; 1/2 ↔ 3; 1/3 ↔ 4; 2/2 ↔ 5; 3/1 ↔ 6; 4/1 ↔ 7; 3/2 ↔ 8 etc. Portanto, o número infinito de naturais é o mesmo infinito dos racionais. Esse processo, introduzido por Cantor, mostra que o conjunto dos racionais é enumerável.

É interessante notar que entre dois números racionais existem infinitos números racionais. Por exemplo, entre 1/3 e 1/4 existem 1/3,1, 1/3,2, 1/3,01, 1/3,001 etc. Expressos em racionais seriam 10/31, 10/32, 100/301, 1000/3001 etc. Então a intuição mencionada anteriormente sobre o infinito dos reais ser maior do que o dos inteiros não é suficiente para demonstrar esse fato. Cantor demonstrou isso usando uma técnica que ele denominou *diagonalização*, que foge do escopo deste livro. Há várias descrições dela na internet.

Outro exemplo da noção contraintuitiva de infinito é a de existir em um quadrado, por exemplo, de lados de tamanho 1, o mesmo número infinito de pontos que existem em um segmento de reta de tamanho 1. Basta mostrar que existe uma bijeção, isto é, a cada ponto do quadrado corresponde um único ponto do segmento de reta, e vice-versa. Para isso, pode-se representar um ponto do segmento pela sua coordenada, supondo-se que a extremidade esquerda do segmento coincida com a origem 0 do sistema de coordenadas (cf. seção 2.4.1) e colocando-se o vértice inferior esquerdo do quadrado na origem desse sistema de coordenadas e um lado dele coincidindo com o segmento de reta. Assim, o segmento vai do ponto (0,0) ao (0,1), e o quadrado tem como vértices, no sentido horário, (0,0), (1,0), (1,1) e (0,1). Dado um número real, pode-se localizar o ponto correspondente no segmento de reta, e vice-versa. Para isso, tome-se um ponto qualquer do segmento de reta, por exemplo, o correspondente a 0,123456789. Correspondendo a esse número, pode-se determinar no quadrado o ponto de coordenadas (0,13579, 0,2468), que é único. Ao contrário, em um processo inverso, dadas as coordenadas de qualquer ponto do quadrado, pode-se ajuntar alternadamente os algarismos das suas duas coordenadas formando a coordenada de um único ponto do segmento de reta. Os algarismos da primeira coordenada do ponto do quadrado formam os algarismos de ordem ímpar da coordenada do ponto da reta, e os algarismos da outra coordenada do quadrado formam os algarismos de ordem par. Isso vale também para números reais com infinitos algarismos. No exemplo, o ponto do quadrado de coordenadas (0,13579, 0,2468) leva ao ponto 0,123456789 do segmento de reta. O mesmo raciocínio vale para um cubo de lado unitário em um espaço de 3 dimensões: dado um número real, basta tomar os algarismos de ordem 1, 4, 7 etc. como a primeira coordenada; os de ordem 2, 5, 8 etc. como a segunda coordenada; 3, 6, 9 etc. como a terceira coordenada. Cantor demonstrou isso para um cubo de $n$ dimensões, onde $n$ é um número natural.

Os exercícios seguintes, que lidam com o infinito geométrico, talvez também sejam contraintuitivos.

## Exercícios

**Exr. 7.4.5:2** Seja uma reta *r* sobre um plano (estendido até o infinito; o mesmo para os planos dos próximos exercícios); em quantas partes essa reta divide o plano, sem contar os pontos da própria reta?

**Exr. 7.4.5:3** Na fig. 7.2, em quantas partes as retas *r* e *r'* dividem o plano em que elas estão, sem contar os pontos das próprias retas?

**Exr. 7.4.5:4** Na fig. 7.1, em quantas partes as retas *r* e *r'* dividem o plano em que elas estão, sem contar os pontos das próprias retas?

**Exr. 7.4.5:5** Dado um triângulo com seus lados estendidos para as retas correspondentes, em quantas partes ele divide o plano?

Finalmente, uma observação filosófica. Nessas considerações sobre o infinito na matemática, nota-se uma característica fundamental desta última: com ela pode-se exercer um tipo muito especial de pensamento, que expande o normal, baseado exclusivamente na nossa percepção sensorial e na nossa memória baseada no que foi percebido, indo até contra esse tipo de pensamento. Na verdade, isso já se passa com toda a geometria: ninguém jamais viu um ponto, uma reta ou uma circunferência ideais. Nossa percepção visual é a de objetos ou desenhos que são aproximações desses conceitos geométricos, por exemplo, a boca aparentemente circular de um copo, que é cheia de imperfeições microscópicas. Isso chega ao ponto de não se poder definir o que é um ponto e uma reta, por exemplo – são tomados como princípios indefiníveis na geometria. No entanto, apesar de não se ter a vivência sensorial dessas figuras ideais, pode-se trabalhar mentalmente com elas na matemática, e também com o infinito. Esses conceitos são totalmente objetivos, pois todas as pessoas que os dominam pensam sobre eles da mesma maneira. Aliás, toda a matemática é universal e objetiva, não depende da individualidade e da opinião de cada pessoa (com a exceção de interpretações filosóficas). Tudo isso mostra como são importantes o estudo e algum domínio da matemática: com ela, ultrapassam-se os limites de percepção sensorial, entrando em um universo puramente conceitual universal e objetivo. Barukh (Benedictus, 'kh' pronunciado como o 'j' em espanhol, o 'ch' em alemão e o 'x' em russo) Spinoza (1632-1677) escreveu (v. ref., prop. 3, p. 356), em tradução livre: "Se duas coisas não têm nada em comum uma com a outra, uma não pode ser a causa da outra." Isto é, se é possível pensar sobre algo universal e objetivo, esse algo deve ter algo da natureza do pensar, e vice-versa. Um conceito, sendo universal e objetivo, é algo que existe, mas está fora de cada ser humano; assim, o pensamento pode ser considerado um órgão de percepção de conceitos. É com ele que conceitos e ideias são incorporados. O exercício da matemática pode servir para se desenvolver um pensamento que é independente de nossa percepção sensorial. Para um tratamento detalhado do pensar, nesse sentido e em outros mais, ver a referência de Rudolf Steiner (1861-1925), o criador da pedagogia Waldorf, a mais conhecida de suas realizações. Em 2018, havia 278 escolas e jardins de infância Waldorf no Brasil, segundo a Federação das Escolas Waldorf no Brasil (FEW), sendo 80 delas afiliadas a esta última; houve um crescimento exponencial dessas escolas nos últimos anos.

Há pessoas, entre elas muitos cientistas, que acham que os conceitos estão armazenados em nossos cérebros. No entanto, essas pessoas não conseguem mostrar onde eles estão armazenados, como se dá esse armazenamento e como é feito o acesso a ele. Esse é o caso de algo tão simples quanto a seguinte representação simbólica do número dois: 2. Aproveitando o exemplo do 2, considerem-se todas as possíveis representações simbólicas desse número: 2, II, ii, :, .., dois, *dos*, *due*, *deux* (francês), *two*, *zwei* (alemão), два (russo, pronunciado 'dva'), שְׁתַּיִם (hebraico, pronunciado 'chtaim') etc. Considere-se agora o que há de comum entre essas e todas as possíveis representações simbólicas do dois: é o conceito puro do dois, que não coincide com nenhuma dessas e de outras representações simbólicas, pois estas constituem possíveis representações dele, todas diferentes. Assim, ele não tem representação simbólica. Quando vemos uma dessas representações, logo a associamos com o conceito puro do 2, e podemos trabalhar com ele mentalmente, independentemente da representação que se use. Ora, se esse conceito não tem representação simbólica, não tem consistência física, portanto não pode estar gravado em nenhum lugar físico, inclusive no cérebro. Assim, pode-se perfeitamente fazer a hipótese (não se trata de crença!) de que conceitos, em particular os matemáticos, existem fora de nós de maneira imaterial. Obviamente, o cérebro participa do processo, mas nessa hipótese o cérebro não gera ou armazena conceitos; o nosso pensamento é capaz de 'observá-los' de uma maneira puramente mental. Pode-se, portanto, como já citado, dizer que o pensamento é um órgão de percepção de conceitos, que não são materiais; eles estão em um 'mundo platônico de ideias', sendo realidades não físicas. Uma lesão no cérebro pode impedir a participação dele em certas funções mentais, que podem ser prejudicadas, mas daí não se pode concluir que essas funções eram geradas por ele antes da lesão. É um fato que, com exercícios, como fisioterápicos, as funções podem ser recuperadas, pois outras áreas do cérebro entram em funcionamento, o que é uma indicação de que não é uma determinada área a geratriz das funções. O correto é afirmar que o cérebro *participa* das funções mentais.

### 7.4.6 O infinito no mundo físico

Já que na seção anterior foi falado sobre alguns aspectos do infinito na matemática, será abordado algo sobre ele no mundo físico.

Será que o universo é infinito? Durante mais de um milênio a concepção dirigida pela Igreja Católica era de que universo físico era finito. Havia esferas delimitadas pela Lua, Sol e os planetas e, finalmente, uma esfera onde estavam as estrelas 'fixas'. Não há nenhuma estrela realmente fixa; isso é só na aparência, devido às imensas distâncias, que fazem seu movimento parecer imperceptível. No modelo geocêntrico ou ptolomaico, detalhado por Aristóteles (384-322 a.C.), a Terra era considerada uma esfera ao redor da qual as outras esferas giravam. Isto é, a tradição adotada era de que o universo físico era finito, terminando na esfera das estrelas. Nicolaus Copernicus (1473-1543) mudou parcialmente essa concepção, colocando o Sol no centro das esferas planetárias, mas conservando a esfera das estrelas fixas (Copérnico retornará na seção 26.3). O primeiro a contestar em grande estilo essa ideia do universo finito foi Giordano Bruno (1540-1600), lançando a ideia de que as estrelas eram sóis com seus próprios planetas e se estendiam infinitamente a várias distâncias da Terra; assim, para ele o universo não tinha um centro e era infinito. Suas considerações foram meramente filosóficas, não eram baseadas em observações do universo. Elas foram consideradas uma heresia; Giordano, que havia fugido da Itália e de outros países por onde passara, aceitou em 1592 um convite de um nobre para retornar à Itália. Esse nobre acabou por denunciá-lo à Inquisição romana em 1593, e Giordano foi condenado por heresia contra vários dogmas da Igreja, sendo queimado em praça pública – por isso ele é considerado o primeiro mártir da ciência.

Segundo a teoria do *Big Bang*, no início o universo estava concentrado em um ponto ideal que explodiu, expelindo matéria que foi se concentrando devido ao resfriamento e à atração gravitacional e formando estrelas, galáxias e nebulosas. Curiosamente, pouca gente se conscientiza do paradoxo de que, se toda a matéria estava inicialmente concentrada, ela teria formado um 'super-hiper-duperburaco' negro que não permitiria nenhuma explosão, pois a atração gravitacional de um buraco negro é tão grande que nem mesmo a luz escapa dele, daí o nome 'negro'. Astrofísicos então formularam uma teoria, a do *universo inflacionário*, segundo a qual houve no início uma expansão exponencial do espaço (v. ref. Guth). Aliás, o fato de se medir que o universo está em expansão acelerada, e não retardada, como deveria ser o caso devido à atração gravitacional, levou à teoria da existência da *energia escura*, que seria repelente, em lugar da normal, atrativa, e que constituiria cerca de 70% da energia total do universo. Ninguém sabe o que seria essa energia. A propósito, além dela, supõe-se a existência de uma obscura *matéria escura*, que constituiria 25% da matéria do universo, responsável pela atração gravitacional em certas galáxias em alta rotação, e que fazem com que as suas estrelas não se desgarrem. Mediu-se que a velocidade de estrelas perto do centro de galáxias em rotação é a mesma do que na periferia das últimas, em lugar de girarem mais lentamente quanto mais distantes daquele centro. Há dúvidas se a matéria escura é devida à existência de partículas desconhecidas que não emitem luz ou não interagem com ela e, portanto, são invisíveis, ou a deformações na gravitação. A energia e a matéria escuras seriam responsáveis por 95% do universo; vê-se como há muito mais ignorância do que conhecimentos físicos...

Admitindo-se a teoria do *Big Bang*, o universo físico expandiu-se até certas distâncias, que determinariam seu limite em todas as direções. Então o que haveria atrás desse limite? O nada? E até onde vai esse nada? Como é que a matéria do universo vai expandindo e penetrando nesse nada? Giordano Bruno formulou o seguinte exercício mental: suponha-se que uma pessoa esteja no limite do universo, se ele fosse limitado; se ela atirasse uma flecha para fora dele, o que aconteceria: a flecha deixaria o universo ou ele se expandiria?

Tenho a impressão de que os limites do universo físico não fazem sentido do ponto de vista físico, isto é, não se pode falar de um infinito físico; a partir de certa região a matéria deixa de fazer sentido. Muito menos sentido faz a teoria dos universos múltiplos: segundo ela, haveria um número infinito de universos, incomunicáveis, cada um com suas próprias constantes físicas. Num desses universos, alguém igualzinho a mim, com o meu passado, neste momento foi nadar em lugar de continuar a escrever este livro (já nadei hoje de manhã, um de meus exercícios diários...).

Minha impressão é de que o mesmo se passa com o infinitesimal na matéria: ela deixa de fazer sentido físico. Por isso, nos modelos matemáticos da física quântica há tantos elementos incompreensíveis e, quanto mais potente se constrói um acelerador de partículas, mais partículas são descobertas - até parece que elas são fabricadas pelos aceleradores... A seção 22.4 abordará algo mais sobre a física atômica.

### 7.4.7 Dedução das raízes de uma equação de 2° grau

Qualquer uma dessas equações pode ser escrita como

$$a\,x^2 + b\,x + c = 0 \quad [1]$$

com $a \neq 0$, pois se $a = 0$ a equação seria linear, reduzida a $bx + c = 0$.

Se [1] for transformada na forma

$$(x + d)^2 = e \quad [2]$$

é possível extrair a raiz dos dois membros, obtendo-se

$$x + d = \pm\sqrt{e}$$

$$x = -d \pm \sqrt{e} \quad [3]$$

Antes de continuar, tente reduzir [1] à forma [2] (basta expandir [2] e igualar os coeficientes de $x^2$ e de $x$).

Para transformar [1] para a forma [2], e lembrando que

$$(f + g)^2 = f^2 + 2fg + g^2 \quad [4]$$

pode-se fazer os seguintes passos em [1], recordando que $a \neq 0$:

$$x^2 + \frac{b}{a}x + \frac{c}{a} = 0$$

$$x^2 + 2\frac{b}{2a}x = -\frac{c}{a}$$

$$x^2 + 2\frac{b}{2a}x + \left(\frac{b}{2a}\right)^2 = -\frac{c}{a} + \left(\frac{b}{2a}\right)^2 = -\frac{c}{a} + \frac{b^2}{4a^2} = -\frac{4ac}{4a^2} + \frac{b^2}{4a^2} = \frac{b^2 - 4ac}{4a^2} \quad [5]$$

Comparando com [4],

$$f = x \text{ e } g = \frac{b}{2a}$$

Portanto [5] pode ser reescrita como

$$\left(x+\frac{b}{2a}\right)^2 = \frac{b^2-4ac}{4a^2}$$

Assim, chegou-se à forma [2] procurada. Daí, para se chegar à forma [3]

$$x+\frac{b}{2a} = \pm\sqrt{\frac{b^2-4ac}{4a^2}} = \pm\frac{\sqrt{b^2-4ac}}{2a}$$

$$x = -\frac{b}{2a} \pm \frac{\sqrt{b^2-4ac}}{2a}$$

Finalmente,

$$x = \frac{-b \pm \sqrt{b^2-4ac}}{2a}$$

**Exr. 7.4.7** Há outra maneira de se derivar essa fórmula. Parta da equação [1], divida ambos os membros por $a$, expanda a equação [2] e iguale os coeficientes das duas, obtendo os valores para $d$ e $e$ em [2].

### 7.4.8 Prova de que a multiplicação dos coelhos gera uma sequência de Fibonacci

Na seção 3.3 foi introduzida uma numeração binária para representar os casais de coelhos citados por Fibonacci em seu livro. Vamos introduzir as seguintes nomenclaturas e condições referentes à tabela daquela seção:

- As linhas da tabela serão representadas por $i = 1, 2, 3, ...$
- Seja $N_1, N_2, N_3, ...$ a sequência de números binários da coluna $N$ das linhas 1, 2, 3, ... respectivamente.
- Sejam $Z_i$ e $U_i$ os números de dígitos 0 e 1, respectivamente, que ocorrem em $N_i$.
- Seja $T_i$ o número total de 0s e 1s que ocorrem no elemento $N_i$, isto é, $T_i = Z_i + U_i$ [1].
- Seja $N_1 = 0$.

- Cada elemento $N_i$ da sequência $N_1$, $N_2$, $N_3$, ... será gerado a partir do anterior $N_{i-1}$ substituindo-se os 0s e 1s de $N_{i-1}$ com a aplicação das regras de substituição 0 → 1 e 1 → 10.

Portanto, como todos os 0s do elemento $N_{i-1}$ transformam-se em 1s no elemento $N_i$ e cada 1 de $N_{i-1}$ gera um único 0 e um único 1 em $N_i$, tem-se

$$Z_i = U_{i-1} \text{ e } U_i = Z_{i-1} + U_{i-1} \quad [2]$$

Queremos provar que $T_1$, $T_2$, $T_3$, ... é uma sequência de Fibonacci, isto é,

$$T_1 = 1,\ T_2 = 1 \text{ e } T_i = T_{i-1} + T_{i-2}$$

Como $N_1 = 0$, $T_1 = Z_1 + U_1 = 1 + 0 = 1$, para provar que a sequência segue a regra de Fibonacci (cada elemento é a soma dos dois anteriores), vamos usar uma indução finita (cf. seção 7.3, propr. 4). Aplicando-se as regras de transformação, tem-se $N_2 = 1$ e $N_3 = 10$, de modo que $T_2 = 1$ e $T_3 = 2$. Portanto

$$T_3 = T_2 + T_1$$

será a base da indução. Vamos admitir, por hipótese, que

$$T_{n-1} = T_{n-2} + T_{n-3}$$

e vamos provar que

$$T_n = T_{n-1} + T_{n-2}$$

Tem-se, aplicando as relações [1] e [2]:

$$T_{n-1} + T_{n-2} = Z_{n-1} + U_{n-1} + Z_{n-2} + U_{n-2} = U_n + U_{n-1} = U_n + Z_n = T_n \quad \text{c.q.d.}$$

Note-se que, como foi citado na seção 3.3, a ordem de 10 em 1 → 10 não influi na prova, portanto, se essa regra fosse 1 → 01, a nova sequência $T_1$, $T_2$, $T_3$, ... também seria de Fibonacci. O mesmo ocorreria se em lugar de 0 → 1 se tivesse 1 → 0, e também se em lugar de 0 e 1 fossem usados quaisquer dois símbolos distintos, inclusive, como na fig. 3.7, figuras distintas de casais de coelhos recém-nascidos e maduros, respectivamente. Finalmente, o mesmo resultado seria obtido começando-se com um $N_1$ qualquer, por exemplo, 0110. Portanto, considerando-se 'palavras' escritas apenas com os símbolos quaisquer $x$ e $y$, a aplicação das regras de transformação $x \rightarrow y$ e $y \rightarrow yx$ é que determina que a sequência de 'palavras' siga a regra de Fibonacci quanto ao número de símbolos de cada palavra. Finalmente, note-se como a prova disso, como apresentada acima, sugeriu uma porção de propriedades que não eram evidentes na historinha dos coelhos do livro do Fibonacci ou na fig. 3.7, mostrando como o formalismo matemático pode ser muito útil, pois pode mostrar generalizações que não são aparentes em exemplos particulares.

### 7.4.9 Prova da propr. 10 do φ (seção 5.10)

Queremos provar que a soma dos *n* primeiros números da sequência de Fibonacci é igual ao elemento de número *n* +2 menos 1. A prova por indução finita (cf. a propr. 4 da seção 7.3) é extremamente simples.

Seja a sequência de Fibonacci $F_1, F_2, ..., F_n$. Queremos provar que

$$\sum_{i=1}^{n} F_i = F_{n+2} - 1 \quad [1]$$

A base da indução será o fato de que

$$F_1 + F_2 = 1 + 1 = 2 = 3 - 1 = F_4 - 1$$

Suponhamos que a tese é válida para $n - 1$, isto é,

$$\sum_{i=1}^{n-1} F_i = F_{n+1} - 1 \quad [2]$$

e vamos provar que [1] é verdadeira. De fato, usando [2] e a regra de Fibonacci ($F_{n+2} = F_{n+1} + F_n$) tem-se

$$\sum_{i=1}^{n} F_i = F_n + \sum_{i=1}^{n-1} F_i = F_n + F_{n+1} - 1 = F_{n+2} - 1 \quad \text{c.q.d}$$

## 7.5 Referências


- Belini, M.M. *A razão áurea e a sequência de Fibonacci.* Dissertação de mestrado. – ICMC-USP, São Carlos: ICMC-USP, 2015. Acesso em 7/12/18: www.teses.usp.br/teses/disponiveis/55/55136/tde-06012016-161056/publico/MarceloManechineBelini_dissertacao_revisada.pdf
- Guth, A.H. *The Inflationary Universe: The quest for a new theory of cosmic origins.* Reading: Perseus Books, 1997.
- Santos, A.A. dos, e Alves, F.R.V. A fórmula de Binet como modelo de generalização e extensão da sequência de Fibonacci a outros conceitos matemáticos. *Revista Paulista Eletrônica de Matemática*, v. 9, 2017. Acesso em 18/2/19: www.fc.unesp.br/Home/Departamentos/Matematica/revistacqd2228/v09a01-a-formula-de-binet-como-modelo.pdf
- Souza, A.R. de. *Razão áurea e aplicações: contribuições para a aprendizagem de proporcionalidade de alunos do 9º ano do ensino fundamental.* Dissertação de Mestrado. Departamento de Matemática, Universidade Federal de Ouro Preto, Ouro Preto, 2013. Acesso em 17/1/19:

www.ppgedmat.ufop.br/arquivos/dissertacoes_2013/Alexandre%20Ramon%20de%20Souza.pdf

- Spinoza, B. Ethics. In *Descartes, Spinoza*. Great Books of the Western World, v. 31, R.M.Hutchins, Ed., Chicago: Encyclopaedia Britannica, 1952.
- Steiner, R. *A filosofia da liberdade: elementos de uma cosmovisão moderna*. 2. ed. Trad. A. Grandisoli. São Paulo: Editora Antroposófica, 1988. (*Gesamtausgabe*, obra completa, 4). Atenção, há uma edição com tradução de M. da Veiga Greuel. Recomendo a primeira, bem mais fiel ao original. Há traduções completas na internet em inglês, com os títulos *Philosophy of Freedom* e *Philosophy of Spiritual Activity*, e também em espanhol, ver (acesso em 4/8/18): www.rsarchive.org/GA/index.php?ga=GA0004

- Bhaskara. Idem: www.ebiografia.com/bhaskara/
- Bruno, G. Acesso em 4/8/18: https://en.wikipedia.org/wiki/Giordano_Bruno
- Copernicus, N. Idem: https://en.wikipedia.org/wiki/Nicolaus_Copernicus
- Cantor, G. Acesso em 7/1/19: https://en.wikipedia.org/wiki/Georg_Cantor
- Datagenetics: Uma prova da sua fórmula de Binet. http://datagenetics.com/blog/october22015
- Equação do 2° grau. Acesso em 7/1/19: https://pt.wikipedia.org/wiki/Equa%C3%A7%C3%A3o_quadr%C3%A1tica ComQuadratic_equation – com muito mais detalhes, inclusive seu histórico (em que Bhaskara não é mencionado!), acesso em 7/1/19: https://en.wikipedia.org/wiki/Quadratic_equation
- Indução finita. Acesso em 10/6/18: https://pt.wikipedia.org/wiki/Indu%C3%A7%C3%A3o_matem%C3%A1tica
- Leser, W. Acesso em 27/5/18: www.obore.com.br/utilitarios/editor2.0/UserFiles/File/Texto-WalterSidney.pdf
- Raiz quadrada e seu histórico. Idem: https://en.wikipedia.org/wiki/Square_root
- Sistema geocêntrico. Acesso em 6/12/18: https://en.wikipedia.org/wiki/Geocentric_model

## 7.6 Resolução dos exercícios

**Exr. 7.4.2**

$$\frac{17}{11}=1+\frac{6}{11}=1+\frac{1}{\frac{11}{6}}=1+\frac{1}{1+\frac{5}{6}}=1+\frac{1}{1+\frac{1}{\frac{6}{5}}}=1+\frac{1}{1+\frac{1}{1+\frac{1}{5}}}$$

**Exr. 7.4.3:2** Para provar a igualdade das fórmulas [1] e [2] da seção 7.4.3, vamos provar separadamente a igualdade dos numeradores e denominadores delas.

Lembrando que $\varphi = \frac{1}{\varphi} + 1$ (cf. [7.1:1]), o numerador de [1] é

$$\varphi^n - (1-\varphi)^n = \varphi^n - \left(1 - 1 - \frac{1}{\varphi}\right)^n = \varphi^n - \left(-\frac{1}{\varphi}\right)^n$$

que é o numerador de [2] de 7.4.3.

Lembrando que $\varphi = \frac{1+\sqrt{5}}{2}$ (cf. [7.1:4]), o denominador de [1] de 7.4.3 é

$$\sqrt{5} = 2\varphi - 1 = 2 + \frac{2}{\varphi} - 1 = 1 + \frac{2}{\varphi} = 1 + \frac{1}{\varphi} + \frac{1}{\varphi} = \varphi + \frac{1}{\varphi}$$

que é o denominador de [2], c.q.d.

**Exr. 7.4.5:1** Para mostrar que a cardinalidade dos inteiros é a mesma que a dos naturais, basta numerar e ordenar os inteiros da seguinte maneira:

| n | 0 | 1 | 2 | 3 | 4 | 5 | 6 | 7 | 8 | ... |
|---|---|---|---|---|---|---|---|---|---|---|
| i | 0 | 1 | -1 | 2 | -2 | 3 | -3 | 4 | -4 | ... |

de modo que se tem os dois conjuntos infinitos dos naturais e inteiros. Dado um natural $n$, obtém-se um único inteiro empregando a seguinte função:

Se $n = 0$, $i = 0$; se $n > 0$ é impar, $i = (n + 1)/2$; se $n$ é par, $i = -n/2$

Dado um inteiro $i$, obtém-se um único natural $n$ da seguinte maneira:

Se $i = 0$, $n = 0$; se $i > 0$, $n = 2i - 1$; se $i < 0$, $n = -2i$

Com isso tem-se uma bijeção de cada conjunto para o outro, portanto a cardinalidade deles é a mesma.

**Exr. 7.4.5:2** O/a leitor/a provavelmente terá dito: "Sem considerar os pontos de uma reta, ela divide o plano em duas partes." Suponhamos uma reta $r$ desenhada na horizontal. Traçando-se uma reta $r'$ vertical a $r$ por algum ponto desta última, pode-se percorrê-la para cima; com a noção de infinito geométrico apresentada na seção 7.4.5, atinge-se o infinito, voltando-se a percorrê-la pela sua parte de baixo. Assim, a parte do plano correspondente à parte de cima de $r$ atinge o infinito e continua na parte de baixo de $r$, isto é, $r$ não divide o plano! (Atenção, neste e nos outros exercícios desta seção não estão sendo considerados os pontos das retas como se formassem partes dos planos.)

**Exr. 7.4.5:3** As retas $r$ e $r'$ da fig. 7.2 dividem o plano em duas partes: uma entre as duas, envolvendo a parte do plano acima de $r$ e abaixo de $r'$, e outra entre as duas, mas passando pelo infinito, isto é, começando acima de $r'$ e continuando abaixo de $r$.

**Exr. 7.4.5:4** Talvez o/a leitor/a tenha pensado que, na fig. 7.1, as retas *r* e *r'* dividem o plano em quatro partes. Novamente, deve-se considerar a noção geométrica de infinito. Nesse caso, partindo de *P'* e percorrendo *r'* no sentido de *P*, e continuando depois de *P*, chega-se ao infinito e retorna-se pelo outro lado de *r'* até se atingir *P'* novamente. O mesmo com *r*. Portanto, a região mostrada na fig. 7.1 entre *r* e *r'* vai para a direita da figura e retorna pela esquerda na região entre *r'* e *r*, formando um ângulo oposto a $\alpha'$ pelo vértice *P'*, e igual a esse $\alpha'$. Isto é, a região formada por $\alpha'$ na direita da fig. 7.1 acima de *r* é a mesma região formada pelo ângulo oposto a $\alpha'$ na esquerda da figura abaixo de *r*. O mesmo se passa com a região formada pelo ângulo suplementar a $\alpha'$ ($180° - \alpha'$), quer dizer, a região na parte superior a *r* e à esquerda de *r'*, continuando na região abaixo de *r* e à direita de *r'*. Assim, *r* e *r'* dividem o plano em apenas duas partes. Portanto, ajuntando-se os resultados deste exercício com o anterior em que *r* e *r'* eram paralelas, pode-se dizer que quaisquer duas retas delimitam apenas duas regiões do plano.

**Exr. 7.4.5:5** Desenhe-se um triângulo, e estendam-se seus lados em retas. Usando-se o raciocínio do Exr. 7.4.5:3, constata-se que ele divide o plano em 4 partes, incluindo a interior ao triângulo.

**Exr. 7.4.7** Da equação [1] de 7.4.7, tem-se

$$x^2 + \frac{b}{a}x + \frac{c}{a} = 0 \quad [3]$$

Da [2] de 7.4.7,

$$x^2 + 2dx + d^2 = e \;\rightarrow\; x^2 + 2dx + d^2 - e = 0$$

Igualando os coeficientes com os de [3], tem-se

$$2d = \frac{b}{a} \quad \text{e} \quad d^2 - e = \frac{c}{a}$$

De onde se obtém

$$d = \frac{b}{2a} \;\rightarrow\; \frac{b^2}{4a^2} - e = \frac{c}{a} \;\rightarrow\; e = \frac{b^2}{4a^2} - \frac{c}{a}$$

Substituindo em [2] da seção 7.4.7 resulta

$$\left(x + \frac{b}{2a}\right)^2 = \frac{b^2 - 4ac}{4a^2}$$

Podendo-se então extrair as raízes para *x* como em 7.4.7.

# CAPÍTULO 8
# Por que φ?

## 8.1 Quem introduziu o símbolo φ?

Por que se usa a letra grega φ para indicar o limite da sequência de razões da sequência de Fibonacci? Tente adivinhar! (Foi deixado a seguir um espaço em branco para não influenciar esse palpite.)

A letra grega φ (*Fi*) não foi usada em homenagem a Fibonacci, como talvez o/a leitor/a tenha imaginado com muita razão, mas ao grande pintor, escultor e arquiteto grego Fídias (ca. 480-430 a.C), em grego antigo Φειδιας (Feidias), considerado por muitos como um dos maiores artistas gregos da Antiguidade. Ele supervisionou a construção do Partenon (Παρθενων), que fica numa colina, sobressaindo-se sobre Atenas, e foi o responsável pela sua decoração. O Partenon, construído entre 447 e 438 a.C. e originalmente um templo dedicado à deusa Atena, é parte principal de um conjunto de edificações, a Acrópole (do grego ακρον, *acron*, 'ponto mais alto, extremidade') e πολις (*polis*, 'cidade'), erigidas por Péricles (ca. 495/492-429 a.C.). Na sua inauguração, em 438 a.C., foi desvelada uma enorme estátua da deusa Atena (esculpida com ouro e marfim por Fídias), a *Atena Partenos* ('A virgem Atena'). A decoração do templo continuou até 432 a.C. Apesar de vários ataques à sua estrutura, ainda resta uma boa parte dele (fig. 8.1).

**Fig. 8.1** Partenon, Atenas

No conjunto da Acrópole, ele é bem visível (fig. 8.2).

**Fig. 8.2** Acrópole, Atenas

Uma maquete de como deveria ser a Acrópole com o Partenon está na fig. 8.3.

**Fig. 8.3** Maquete da Acrópole

A estátua da Atena Partenos teve várias réplicas, entre elas uma em mármore do séc. II (fig. 8.4).

**Fig. 8.4** *Atena Partenos*, de Fídias

Quem introduziu a letra grega $\varphi$, em homenagem a Fídias, para o limite da convergência da sequência de razões de termos consecutivos da sequência de Fibonacci, mas provavelmente sem pensar nessa última, e sim na razão áurea, foi o matemático americano Mark Barr (1871-1950), que também foi engenheiro eletricista, físico e inventor. No cap. 16 veremos um possível motivo para Barr ter associado Fídias à razão áurea. Além da homenagem a Fídias, Barr usou a letra $\varphi$ em contraposição ao $\pi$, devido à importância que a primeira acabou tendo.

O valor de $\varphi$, além dessa letra grega, recebeu outro nome que se tornou famosíssimo. Mas, antes de introduzi-lo, no próximo capítulo será visto como o $\varphi$ aparece também em outras sequências.

## 8.2 Referências


- Acrópole, maquete: Acesso em 2/11/19: https://www.dkfindout.com/uk/history/ancient-greece/acropolis/
- Atena Partenos: a estátua. Acesso em 27/5/18: https://en.wikipedia.org/wiki/Athena_Parthenos#/media/File:NAMA_Ath%C3%A9na_Varvakeion.jpg
  - O *link* da referência 'Partenon' no cap. 16 contém uma ilustração de como a estátua estava dentro do templo.
  - Fazer busca na Internet com 'imagens de athena parthenos'.
- Fídias. Acesso em 17/2/19: https://en.wikipedia.org/wiki/Phidias
- Fig. 8.1 e fig. 8.2. iStockphoto.
- Grécia antiga: Acesso em 25/5/18: www.history.com/topics/ancient-history/ancient-greece
- Partenon e Acrópole, fotos (acionar os indicadores < e > para outras fotos, acesso em 17/2/19): www.history.com/topics/ancient-history/ancient-greece/pictures/greek-architecture/the-parthenon-at-dusk-3

CAPÍTULO 9

# O φ em outras sequências

O/a leitor/a deveria agora escolher dois números inteiros quaisquer, um ou ambos podendo ser negativos, desde que um deles seja diferente de zero; seria bom que não sejam muito grandes, para simplificar os cálculos. Em seguida, aplique a regra de Fibonacci (cf. seção 2.3.), gerando uma sequência em que cada termo a partir do terceiro deve ser a soma dos dois anteriores. Depois, calcule as razões de cada dois consecutivos, como foi feito na seção 6.1, e observe atentamente o que se passa com os resultados dessas divisões.

Serão usados aqui como exemplo dois números sugeridos por um aluno de uma das palestras sobre esse assunto: 7 e 3. A sequência será:

```
7  3  10  13  23  36  59  95  154  249  403  652  1055  1707
```

Agora serão calculadas as razões entre cada dois números consecutivos; novamente foi usada uma calculadora com 16 dígitos significativos, com truncamento:

```
     3,333    1,769    1,638    1,6210    1,61847    1,61809     1,61804
7   3   10  13  23  36  59  95  154  249  403  652  1055  1707  2762
0,428     1,3     1,565    1,610    1,6168    1,61786    1,61800
```

O que está ocorrendo? Exatamente as mesmas 8 propriedades da sequência de razões da sequência de Fibonacci, como expostas na seção 6.2! Especialmente, as sequências inferior e superior parecem convergir para o mesmo número aproximado, o 1,6180.

O/a leitor/a certamente escolheu outros dois números quaisquer como iniciais da sua sequência, e verificou as mesmas propriedades. Como isso pode ser compreendido? A matemática explica!

De fato, observando a dedução do φ na seção 7.1, vê-se que foram tomados 3 termos quaisquer da sequência de Fibonacci, seguindo a regra de Fibonacci

$$a, b, a+b$$

e foi imposto, por absurdo, que as razões de cada dois consecutivos fossem iguais (para depois verificar que nunca seriam iguais):

$$\varphi = \frac{b}{a} = \frac{a+b}{b}$$

Só que não foi imposta nenhuma restrição sobre $a$ e $b$! Na verdade, eles não precisam ser termos consecutivos da sequência de Fibonacci; podem representar dois números quaisquer, desde que o próximo elemento siga a regra de Fibonacci, isto é, seja $a+b$. Da mesma maneira, na seção 6.3.1 foi provado que a sequência das razões de termos consecutivos da sequência de Fibonacci converge, isto é, a diferença de cada duas razões consecutivas vai sempre diminuindo, mas nunca chega a zero. O mesmo raciocínio vale para qualquer sequência gerada a partir da regra de Fibonacci. Assim, não é a sequência de Fibonacci que se relaciona com o φ, mas a sua regra.

Portanto, conclui-se que, em qualquer sequência usando a regra de Fibonacci, independentemente dos dois números iniciais, a razão entre um elemento e o anterior converge para o $\varphi \approx 1{,}6180...$ mas nunca chega a ele.

O φ é realmente extraordinário!

Finalmente, chegou a hora de introduzir o nome pelo qual o φ é conhecidíssimo.

# CAPÍTULO 10

# O nome do φ

## 10.1 Representação gráfica do φ

Seja um segmento de reta, dividido em duas partes $a$ e $b$, de tal modo que $b/a = (a + b)/b$, como na fig. 10.1.

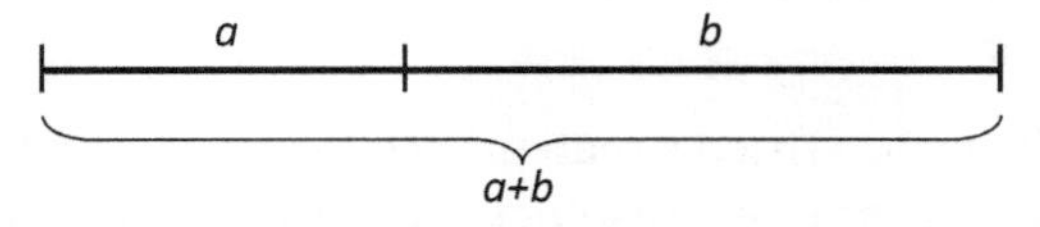


**Fig. 10.1** Secção áurea

Note-se que o nome de cada segmento (por exemplo, $a$) indica também o seu comprimento. Mas nesse caso, como já foi visto, $b/a = (a + b)/b = \varphi \approx 1{,}6180$. Seria interessante o/a leitor/a medir $a$ e $b$ na fig. 10.1 e verificar que realmente a proporção é mais ou menos essa.

Quando um segmento de reta é dividido em duas partes dessa maneira, diz-se que ele foi dividido na *razão áurea*. Mais adiante será visto o porquê desse nome.

Quem primeiro mencionou essa divisão foi Euclides (325-265 a.C.), em grego Ευκλειδης 'Eucleides'), em seu famoso livro *Os Elementos* (em grego Στοιχεια, 'Stoikheia', kh como o 'j' em espanhol, o 'ch' em alemão ou o 'x' em russo; *The Elements* em inglês), de fato principalmente *Elementos de geometria*, escrito ao redor de 300 a.C. Ele usou as seguintes palavras: "Uma linha reta é dita ter sido seccionada na *razão extrema e média* quando a linha toda está para o segmento maior assim como o maior para o menor."

A fig. 10.2 mostra um fragmento de um papiro datado ao redor do ano 100 d.C. com um trecho do livro de Euclides.

**Fig. 10.2** Fragmento de *Os Elementos*, de Euclides

Assim, Euclides não usou a expressão 'razão áurea'. Quem aparentemente primeiro a usou foi o matemático alemão Martin Ohm (1789-1854), em 1835, no seu original em alemão *goldener Schnitt* ('secção dourada' ou 'secção de ouro'). Em inglês usa-se *golden ratio*, também *golden mean*, *golden section*, *divine proportion* etc.

Outra expressão também usada para 'razão áurea' é 'secção áurea'; o *c* foi usado nessas grafias, pois se trata de um corte do segmento, isto é, ele foi seccionado aproximadamente na razão φ.

Martin Ohm foi irmão do físico e matemático Georg Simon Ohm (1787-1854), que introduziu um novo conceito de resistência elétrica. Após a morte do segundo, na reunião do Congresso Internacional de Engenheiros Eletricistas em Paris, em 1881, seu nome foi dado à unidade Ohm, usada para medir a resistência de um fio ou circuito elétrico. É também a ele que se deve a famosa Lei de Ohm, $V = RI$, onde $V$ é a tensão elétrica ('voltagem') em extremidades de um circuito elétrico, medida em Volts, $R$ é a resistência do circuito, medida em Ohms, e $I$ é a corrente que passa por ela, medida em Ampères. A fórmula de Ohm mostra o porquê da denominação 'resistência' de um circuito elétrico. Para uma dada voltagem, se se aumenta a resistência, a corrente diminui, isto é, o circuito impõe uma 'resistência' à passagem da corrente. Dado um fio metálico, quanto menor o seu diâmetro, maior sua resistência, já que a corrente passa principalmente na superfície do fio.

A expressão *golden ratio* aparece na *Enciclopaedia Britannica* em sua 9ª edição, de 1875.

O grande Johannes Kepler (1571-1630) escreveu que a geometria tem dois grandes tesouros: o teorema de Pitágoras (em um triângulo retângulo, o quadrado da hipotenusa é igual à soma dos quadrados dos catetos – ver nas seções 10.2.1 e 12.6.5 provas desse teorema), e a divisão de um segmento de reta (isto é, um trecho de reta com duas extremidades) em razões extrema e média (a razão áurea segundo a denominação de Euclides, cf. seção 10.1 –, ainda usada naquela época). Para uma história de Kepler, veja-se o livro de Mario Livio (cf. ref. na seção 5.12, pp. 142-158).

A divisão áurea do segmento da fig. 10.1 foi feita medindo-se o comprimento total, calculando e medindo uma de suas partes. O cap. 17 aborda como construir divisões áureas geometricamente.

O interessante livro de Tom Marar (mas que não é de matemática elementar), apresenta várias transcrições de *Os Elementos*, de Euclides (v. ref.), e outros tópicos históricos, além de tratar da sequência de Fibonacci.

## 10.2 Formalismos matemáticos

(Esta seção pode ser pulada por leitoras/es não interessadas/os em formulações matemáticas; aliás, nesta seção elas são muito simples.)

### 10.2.1 Uma prova geométrica do teorema de Pitágoras

Já que o teorema de Pitágoras foi citado na seção anterior, uma prova geométrica muito simples dele é a seguinte.

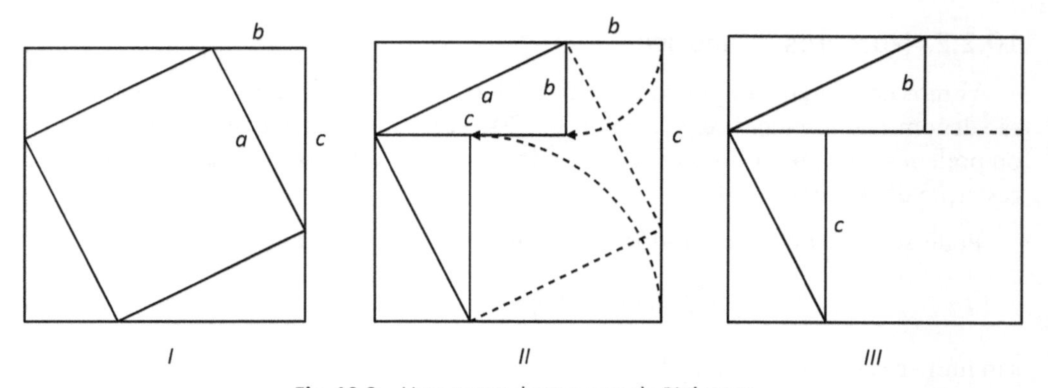


**Fig. 10.3** Uma prova do teorema de Pitágoras

Na fig. 10.3-I tem-se 4 triângulos retângulos iguais, sendo que cada um tem a hipotenusa de tamanho *a* e os dois catetos de tamanhos *b* e *c*. Eles estão inscritos em um quadrado exterior de lado $b + c$. Será provado geometricamente que a área do quadrado construído sobre a hipotenusa *a é* igual à soma das áreas dos quadrados dos catetos *b* e *c*, isto é, $a^2 = b^2 + c^2$.

As hipotenusas formam um quadrado interior de lado $a$, inscrito no quadrado exterior. A fig. 10.3-II mostra a rotação no sentido horário de 90° do triângulo com o vértice do seu ângulo reto (isto é, de 90°) no vértice superior direito do quadrado exterior, e a rotação no sentido anti-horário de 90° do triângulo com o vértice do seu ângulo reto no vértice inferior direito do quadrado exterior. Essas rotações fazem as duas hipotenusas desses dois triângulos coincidirem, respectivamente, com as hipotenusas dos triângulos que permaneceram fixos. A fig. 10.3-III mostra que os triângulos formam agora dois retângulos de lados $b$ e $c$. Ao lado dos catetos $b$ e $c$ da figura tem-se dois quadrados com esses lados, de áreas $b^2$ e $c^2$, respectivamente. Não houve mudança na área total do quadrado externo, que permaneceu o mesmo, nem nas dimensões dos dois triângulos que foram apenas girados, permanecendo dentro daquele quadrado. Portanto, a área $a^2$ *do* quadrado interno da fig. 10.3-I é equivalente à soma das áreas $b^2$ e $c^2$, isto é, $a^2 = b^2 + c^2$, c.q.d.

Essa deve ser a demonstração puramente geométrica mais simples do teorema de Pitágoras (existe um enorme número de outras demonstrações), pois exige apenas duas rotações e nenhuma manipulação algébrica. Evidentemente, faltam certos detalhes formais, mas que são óbvios por construção, como o fato de os 4 triângulos serem realmente retos, a sua igualdade (ou melhor, congruência), o fato de que as suas hipotenusas realmente formam um quadrado (o interior), e que a rotação não muda as medidas dos triângulos que foram movidos.

Essa foi uma prova puramente geométrica do teorema de Pitágoras, a menos do cálculo algébrico das áreas, que é a tese do teorema. Na seção 12.6.5 será vista uma prova geométrico-algébrica, que usa o conceito de triângulos semelhantes, a ser abordado na seção 12.6.2.

### 10.2.2 Números pitagóricos

Vamos continuar um pouco mais com Pitágoras. Três números quaisquer $a$, $b$ e $c$ são denominados *pitagóricos* sse $a^2 = b^2 + c^2$, isto é, se satisfazem o teorema de Pitágoras, ou podem ser os tamanhos dos lados de um triângulo retângulo, mas nesse caso há a restrição de que $a, b, c > 0$.

Pode-se provar que, dados dois números $p$ e $q$, com $p > q$, então

$$p^2 + q^2,\ 2pq \text{ e } p^2 - q^2 \quad [1]$$

são números pitagóricos, isto é,

$$(p^2 + q^2)^2 = (2pq)^2 + (p^2 - q^2)^2$$

A prova disso é muito simples. Desenvolvendo os dois membros, tem-se:

$$(p^2 + q^2)^2 = p^4 + 2p^2q^2 + q^4 \quad [2]$$

e

$$(2pq)^2 + (p^2 - q^2)^2 = 4p^2q^2 + p^4 - 2p^2q^2 + q^4 = p^4 + 2p^2q^2 + q^4$$

que é idêntica a [2], c.q.d.

Note-se que não foi feita nenhuma restrição sobre $p$ e $q$: podem ser inteiros, racionais ou reais. De fato, os tamanhos dos lados de um triângulo ideal podem ser números reais.

Para achar três números pitagóricos, basta tomar valores quaisquer de $p$ e $q$ e aplicar as fórmulas de [1], p. ex.

$$p = 4, q = 3 \rightarrow p^2 + q^2 = 25, 2pq = 24, \text{ e } p^2 - q^2 = 7$$

De fato,

$$25^2 = 625 = 576 + 49 = 24^2 + 7^2$$

Portanto, 25, 24 e 7 são números pitagóricos. Ver nas referências uma página da internet com 15 números pitagóricos.

**Exr. 10.2.2** Quais são os valores de $p$ e de $q$ para se obterem os números pitagóricos 3, 4 e 5?

Note-se que a propr. 2 da sequência de Fibonacci vista em 5.2 dá uma outra regra para a dedução de números pitagóricos, bastando usar 4 números seguidos da sequência. No exemplo daquela seção, 39, 80 e 98 são números pitagóricos.

## 10.2.3 Infinitos números primos

Como Euclides foi mencionado na seção 10.1, vejamos algo de sua autoria, muito simples, mas que mostra a sua genialidade.

*Número primo* é um número natural (v. seção 2.3) que é divisível (v. seção 5.11.4) apenas por 1 ou por si próprio. Assim, 5, 13 e 67 são primos. O número 13 é primo pois é divisível apenas por 1 e por ele mesmo, o 13. Fazendo-se a divisão inteira do 13 por qualquer número (basta testar até a sua raiz quadrada tomando-se apenas a parte inteira dela), como o 3, sobra um resto que é 1. Mas 22 é divisível por 2 (e também por 11), de modo que ele não é primo.

Qualquer número que não é primo pode ser expresso como a multiplicação dos seu *fatores primos*. Assim, $22 = 2 \times 11$; $30 = 2 \times 3 \times 5$; $60 = 2 \times 2 \times 3 \times 5$.

Euclides resolveu de maneira genial a seguinte questão: existem infinitos números primos, isto é, a sequência de primos 2, 3, 5, 7, 11, 13, 19, ... é infinita? Para isso, ele usou uma prova por absurdo (cf. seção 7.1): por hipótese, tem-se uma sequência de primos; a tese que ele supôs é que a sequência de primos fosse finita, isto é, pudesse ser expressa como

$$2, 3, 5, 7, 11, 13, ..., p$$

onde $p$ seria o maior primo existente, isto é, a sequência terminaria nele. Euclides então criou o seguinte número $n$:

$$n = 2 \times 3 \times 5 \times 7 \times 11 \times 13 \times ... \times p + 1 \quad [1]$$

Como $n > p$, pela tese $n$ não pode ser primo, pois nesse caso $n$ seria talvez o último primo da sequência finita, mas pela tese $p$ é esse último. Se $n$ não é primo, pode ser decomposto em fatores primos que devem ser alguns números da sequência 2, 3, 5, 7, ... até a raiz quadrada de $n$, que, obviamente, estará antes do $p$. Mas, se $n$ for divisível por 2, por [1] a sua divisão por 2 daria um resto 1; idem se fosse divisível por 3, por 5, por 7 etc. Portanto, $n$ é primo, o que contradiz a tese, pois nesse caso $p$ não seria o maior primo existente. Portanto essa tese é falsa, isto é, há infinitos números primos.

## 10.4 Referências


- Marar, T. *Topologia Geométrica para Inquietos*. São Paulo: Editora da Universidade de São Paulo, 2019.

- Euclides. Acesso em 23/2/19: https://pt.wikipedia.org/wiki/Euclides
- *Os Elementos*, de Euclides. Idem: https://pt.wikipedia.org/wiki/Os_Elementos
- Fragmento de *Os Elementos*. Acesso em 17/4/20: https://commons.wikimedia.org/wiki/File:P._Oxy._I_29.jpg
- Kepler, J. Idem: https://pt.wikipedia.org/wiki/Johannes_Kepler
- Lei de Ohm. Idem: https://pt.wikipedia.org/wiki/Lei_de_Ohm
- Ohm, M. Idem: https://en.wikipedia.org/wiki/Martin_Ohm
- Ohm, G.S. Idem: www.ebiografia.com/georg_simon_ohm/
- Números pitagóricos: exemplos. Acesso em 1/4/19: www.somatematica.com.br/curiosidades/c14.php
- Razão áurea. Idem: https://en.wikipedia.org/wiki/Golden_ratio

## 10.5 Resolução do Exr. 10.2.2

Basta resolver o sistema de duas equações a duas variáveis

$$\begin{cases} p^2 + q^2 = 5 \\ p^2 - q^2 = 3 \end{cases}$$

Somando as duas:

$$2p^2 = 8 \rightarrow p^2 = 4 \rightarrow p = 2$$

Da segunda equação, $q^2 = p^2 - 3 = 4 - 3 = 1 \rightarrow q = 1$

Conferindo, os números pitagóricos serão

$p^2 + q^2 = 5$, $2pq = 4$, $p^2 - q^2 = 3$, como desejado.

# CAPÍTULO 11

# Por que 'razão áurea'?

## 11.1 Onde ocorrem proporções áureas?

Mas por que Martin Ohm usou a expressão '*goldener Schnitt*', resultando na nossa 'razão áurea' (que também será usada aqui como 'proporção áurea')? Minha explicação é que essa proporção aparece aproximadamente em várias partes do corpo humano.

O vídeo mencionado nas referências deste capítulo (seção 11.3) apresenta várias dessas proporções no rosto humano. Ele mostra a face de Florence Colgate, eleita *Most Beautiful Face* ('O Rosto Mais Bonito') da Inglaterra em 2012. A fig. 11.1 mostra um recorte do vídeo.

**Fig. 11.1** Florence Colgate

Para conferir as proporções áureas mostradas no vídeo verifique, por exemplo, a 4ª delas, que envolve as distâncias entre a reta horizontai que passa pelas pupilas dos olhos e a que passa pelo centro dos lábios, dando 2,7 cm na tela de edição deste texto, e a que passa na parte inferior do queixo, dando 4,4 cm. A divisão entre elas dá aproximadamente 1,629, bem próximo de φ. Sugiro que o/a leitor/a faça suas próprias medidas usando a foto. Abaixo algumas das proporções mencionadas no vídeo:

1. a diferença de alturas entre as pupilas dos olhos até a parte superior das asas nasais (laterais do nariz) e para a base do nariz;
2. idem, pupilas até a ponta do nariz (logo acima das narinas) e o centro dos lábios;
3. idem, pupilas até a base do nariz e a parte inferior do lábio inferior;
4. idem, pupilas até o centro dos lábios e a ponta do queixo;
5. idem, parte superior das asas nasais do nariz, parte inferior do lábio inferior e ponta do queixo;
6. idem, proporção entre as espessuras dos lábios superior e inferior (o superior é menor);
7. parte superior das sobrancelhas, parte superior do lábio superior e ponta do queixo.

Seria interessante o/a leitor/a adivinhar, antes de ver todo o vídeo, quantas proporções áureas foram encontradas no rosto da Florence; esse número é dado no fim da seção 11.2.

Seria também interessante o/a leitor/a conferir essas proporções no rosto de alguma pessoa (e quando se aproximar de razões áureas, diga que a pessoa é linda, como faço em minhas palestras para alunos de escolas e faculdades...).

## 11.2 Outras partes do corpo

Para fazer a seguinte medição um pouco melhor, apoie o cotovelo numa mesa e estenda o antebraço verticalmente. Meça a distância da mesa até o início da saliência, no pulso, que continua na linha externa do polegar – a minha deu 30,4 cm. Em seguida, desse início até a ponta do dedo médio – a minha deu 19 cm. A divisão das duas medidas, no meu caso, deu 1,6!

Dobre o dedo indicador, e meça o comprimento da falange próxima à mão – a minha deu 6 cm, e da falange média – deu 3,8 cm; a divisão dá 1,58.

Agora meça sua altura, descalço – a minha deu 1,765 m em uma balança clínica (já diminuí 2,35 cm em relação à minha altura na juventude...) e, em seguida, a distância do chão ao centro do umbigo – a minha deu 1,055 m, dando a razão 1,67.

Há muitas outras proporções aproximadamente áureas no corpo humano. Leonardo da Vinci usou essas proporções em seu famoso *Homem Vitruviano* (fig. 11.2).

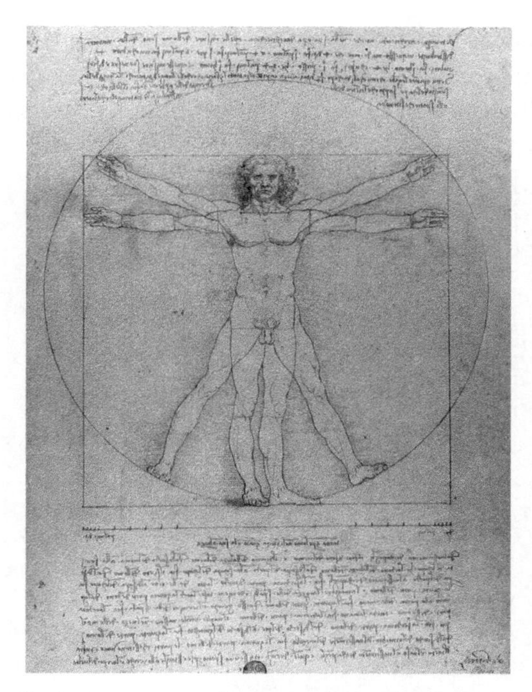

**Fig. 11.2** *Homem Vitruviano*, de Leonardo da Vinci

O nome 'vitruviano', dado por Da Vinci, vem de Marcus Vitruvius Polio (ca. 80-70 a.C.-após 15 d.C.), arquiteto e engenheiro militar romano, que declarou que o corpo humano tinha proporções perfeitas. No volume 3 de seu livro *De Architectura*, Vitruvius diz que, se uma pessoa estiver deitada de costas, com braços e pernas abertas em ângulos, pode-se traçar um círculo com centro no umbigo e tocando as pontas dos dedos e a planta dos pés; note como na fig. 11.2 o umbigo está no centro da circunferência. Agora em pé, com os braços estendidos na horizontal e com as pernas na vertical, pode-se traçar um quadrado passando pelo topo da cabeça, pelas pontas dos dedos das mãos e as plantas dos pés, como se vê na figura. Normalmente a distância entre as pontas dos dedos dos braços estendidos na horizontal ao lado do corpo é a mesma que a altura da pessoa, daí o quadrado. Com isso ele queria simbolizar que o ser humano resolvia a quadratura do círculo, isto é, traçar um quadrado que tenha a mesma área que um círculo dado. Isso é impossível de um ponto de vista exato, pois a área de um círculo de raio $r$ é $\pi r^2$, e $\pi$ é um número irracional (cf. seção 7.1). Portanto, não há uma construção geométrica ideal para traçar um quadrado com área igual à de um círculo.

Em seu excelente livro *O poder dos limites* (v. ref.), György Doczi traz, na página 93, 16 proporções áureas de partes do corpo humano baseadas no desenho *O Homem Vitruviano*, de Da Vinci. Isto é, este último estava bem ciente das proporções áureas. No meu computador, medi numa imagem dele 5,2 cm da planta do pé da perna vertical até o umbigo e 3,3 cm do umbigo até o começo do cabelo, bem em cima da testa, o que dá a proporção de 1,58.

Mas não é só no corpo humano. No livro de Doczi, em suas páginas 58 e 59, há 12 figuras de peixes com proporções áureas, entre eles o linguado e a truta, como se pode ver na fig. 11.3 (infelizmente, os números estão muito pequenos).

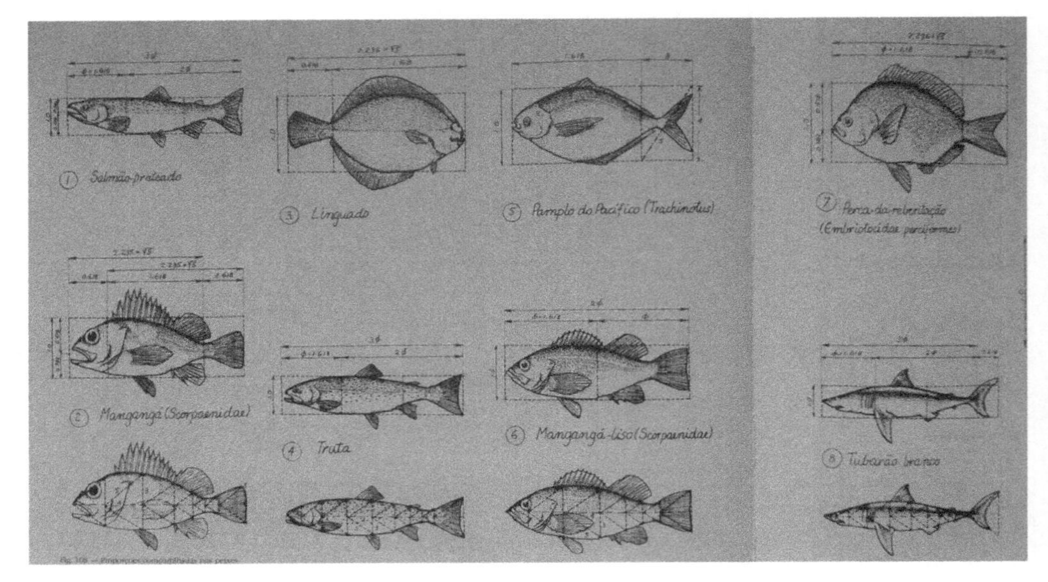


**Fig. 11.3** Proporções áureas em peixes

A fig. 11.4 mostra razões áureas em uma formiga. Essas razões estão indicadas por um aparelho que será estudado no próximo capítulo.

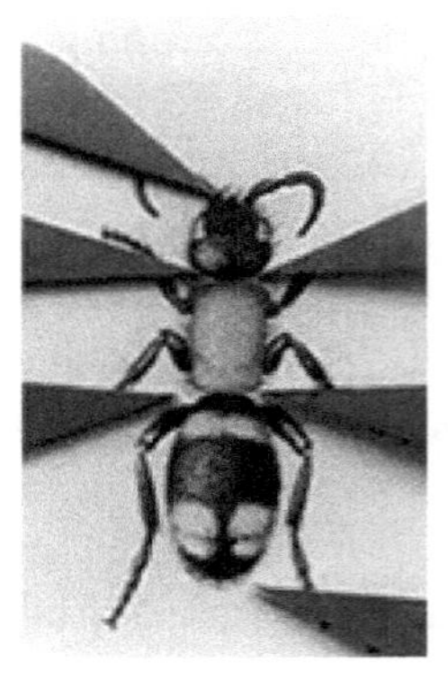

**Fig. 11.4** Proporções áureas em uma formiga

Há pessoas que objetam contra essas ocorrências da razão áurea no corpo humano e em animais. De fato, depende muito de onde se tiram as medidas. Mas nunca as proporções apresentadas dão 1,2 ou 2,0; são sempre próximas de 1,6.

Sobre a adivinhação proposta na seção 11.1, o vídeo citado apresenta 22 proporções áureas no rosto da Florence!

## 11.3 Referências


- Doczi, G. *O Poder dos Limites.* Trad. M.H. de O. Tricca e J.B. Bartolomei, 6ª ed. São Paulo: Publicações Mercuryo, 2012.

- Fig. 11.4 original. Acesso em 19/10/19 (item 11 dessa página): https://io9.gizmodo.com/5985588/15-uncanny-examples-of-the-golden-ratio-in-nature

  ou: http://www.worcester.com.au/peters-blog/the-fabulous-fibonacci-numbers-and-the-golden-mean
- Homem Vitruviano. Idem: https://pt.wikipedia.org/wiki/Ficheiro:Da_Vinci_Vitruve_Luc_Viatour.jpg
- Proporções áureas em um rosto: vídeo com a origem da fig. 11.1. Acesso em 7/1/19: www.youtube.com/watch?v=kKWV-uU_SoI
- Razão áurea e o φ em excelente artigo. Idem: http://article.sapub.org/pdf/10.5923.j.arts.20110101.01.pdf
- Vitruvius. Idem: https://en.wikipedia.org/wiki/Vitruvius

## 11.3. Referências

# CAPÍTULO 12
# Aplicações da razão áurea

## 12.1 Um aparelho simples

Na fig. 12.1 está a foto de um aparelho muito simples que construí para verificar proporções áureas nos rostos de pessoas que assistem a minhas palestras sobre esse assunto. Trata-se de duas hastes de metal (poderiam ser de madeira) de mesmo tamanho, com pontas agudas, cada uma com um furo posicionado mais ou menos na divisão áurea de cada haste; um parafuso colocado nesse furo permite que se abram as hastes em quaisquer ângulos. A distância entre as pontas de um lado do aparelho sempre estará na proporção áurea em relação à distância das pontas do outro lado, como provado na seção 12.6.3.

**Fig. 12.1** Aparelho para gerar/verificar a razão áurea

Note-se que a foto saiu um pouco distorcida, pois, medindo no aparelho a abertura maior (do lado esquerdo da fig. 12.1) com 16 cm, a do lado direito está com 10 cm, aproximadamente, *comme il faut*. Se o/a leitor/a for fazer seu próprio aparelho, recomendo que não corte as pontas do jeito que eu fiz, com um ângulo centrado na ponta de cada haste, imitando o aparelho da fig. 12.2. É melhor fazer ângulos terminando com as pontas no prolongamento dos lados internos das hastes. Dessa maneira fica mais fácil apontar para trechos do rosto de uma pessoa do público.

No formalismo matemático da seção 12.6.3 é dada uma demonstração de que a construção feita como descrito realmente preserva a razão áurea entre as distâncias das pontas de cada lado do aparelho, para qualquer abertura das hastes.

## 12.2 Na pintura

Existem aparelhos comerciais que produzem razões áureas, como o da fig. 12.2. À medida que se abrem ou encolhem as pontas dos braços do aparelho, as suas três pontas preservam a razão áurea. Ele é usado por pintores quando querem desenhar rostos com proporções harmônicas, e foi muito usado na Renascença. Esse aparelho tem uma grande vantagem em relação ao meu apresentado anteriormente: não é necessário virar o aparelho para conferir uma proporção áurea. Na seção 12.6.4 é apresentada uma prova de que essa proporção é realmente preservada.

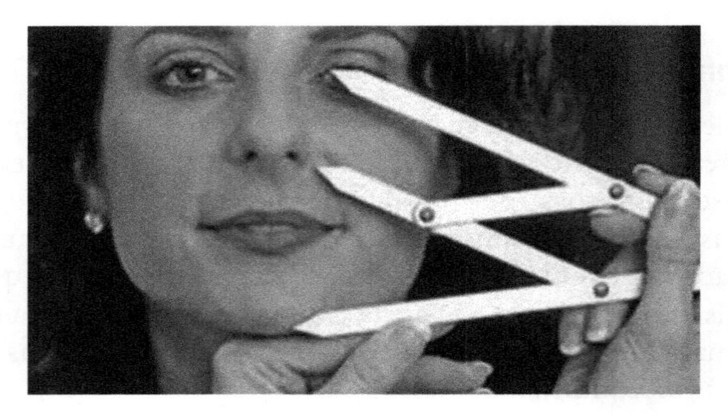

**Fig. 12.2** Aparelho para gerar/verificar a razão áurea

Note-se que as proporções indicadas na fig. 12.2 não constam das 7 listadas na seção 11.1.

**Exr. 12.2** Usando um aparelho semelhante ao da fig. 12.1, ou medindo distâncias, verificar em quadros de rostos pintados no período da Renascença e da pintura clássica (ou acadêmica, anterior ao Impressionismo) que neles as proporções descritas na seção 11.1 realmente são seguidas aproximadamente.

## 12.3 Na arquitetura

O edifício da ONU em Nova York, construído de 1947 a 1952, onde se encontra o famoso painel *Guerra e Paz*, de Cândido Torquato Portinari (1903-1962), foi projetado por Oscar Niemeyer (1907-2012) e Le Corbusier (Charles-Edouard Jeanneret-Gris, 1887-1965) com proporções áureas: cada 10 andares formam um retângulo áureo (que será estudado na seção 14.2), como salientado na fig. 12.3, isto é, a razão do lado maior pelo menor é aproximadamente $\varphi$ (cf. seção 7.1). Além disso, a razão da altura do edifício pela sua largura é aproximadamente áurea (em uma foto de frente, mostrando os jardins, e sem contar a cobertura, medi uma razão de 1,68).

**Fig. 12.3** Prédio da ONU, em Nova York

No cap. 16 será visto que a razão áurea ocorre no Partenon em Atenas.

O artigo de Krishnendra Shekhawat (v. ref.) traz vários exemplos de uso de retângulos áureos na arquitetura. A dissertação de Ennio Lamoglia Possebon (v. ref.) apresenta considerações sobre o uso da razão áurea na arquitetura. Segundo Gaurav Gangwar (v. ref.), Vitruvius (v. seção 11.2) estabeleceu três condições para um bom prédio: funcionalidade, solidez e prazer (beleza). Arquitetos têm usado a razão áurea para satisfazer o terceiro requisito. Gangwar dá em seu artigo outras proporções áureas para o prédio da ONU, bem como vários outros exemplos em arquitetura, inclusive a pirâmide de Quéops.

A grande pirâmide de Quéops (*Khufu*) em Gizé (*Great Pyramid of Giza*), construída em cerca de 2.560 a.C., hoje já dentro da Grande Cairo, ao lado da Esfinge (v. fig. 12.4), segue a razão áurea com extraordinária aproximação. De fato, sejam os dois triângulos retângulos da fig. 12.5, unidos por um dos catetos, e no qual o outro cateto tem comprimento de uma unidade e a hipotenusa o comprimento da razão áurea $\varphi$. Vamos provar que nesse caso o outro cateto tem comprimento de $\sqrt{\varphi}$, como indicado na fig. 12.5.

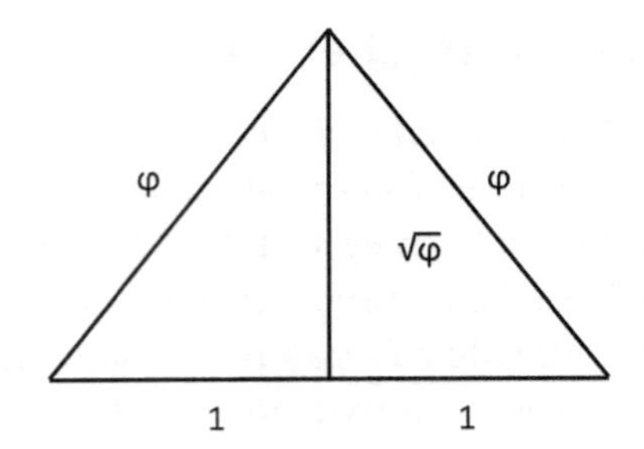


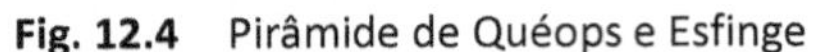

**Fig. 12.4** Pirâmide de Quéops e Esfinge

**Fig. 12.5** Projeção do pico da pirâmide

Chamando de $c$ o cateto onde está marcado o comprimento de $\sqrt{\varphi}$, pelo teorema de Pitágoras, e pela relação $\varphi^2 = \varphi + 1$ (cf. [7.3:2]),

$$\varphi^2 = c^2 + 1^2 \rightarrow c^2 = \varphi^2 - 1 = \varphi + 1 - 1 = \varphi \rightarrow c = \sqrt{\varphi} \quad \text{c.q.d.}$$

Calculando a partir de $\varphi \approx 1{,}6180$, tem-se $\sqrt{\varphi} \approx 1{,}2720$.

Imaginemos o triângulo externo da fig. 12.4 como sendo um triângulo vertical partindo do pico da pirâmide e com os vértices inferiores no meio de dois lados da base da pirâmide. Esta é, por sinal, a vista que se tem na fig. 12.5, uma projeção da pirâmide no plano da foto, apesar de nela a pirâmide estar um pouco inclinada, pois na figura a Esfinge está deslocada para o centro do lado da frente. Vale a pena examinar fotos na internet com uma busca por '*great pyramid of Giza*', em que aparecem opções de dezenas de fotos da pirâmide. Algumas dessas fotos são antigas, antes de se ter removido a areia que cobria parte da base.

Segundo a Wikipedia (v. ref.), a pirâmide tinha originalmente 146,5 m de altura e o quadrado da base tinha 230,4 m de lado. Uma secção longitudinal passando pelo pico da pirâmide e pelo meio de dois lados da base forma um triângulo como o externo da fig. 12.4, de lados 2, $\varphi$ e $\varphi$ (fig. 12.5). Por semelhança de triângulos (a ser abordada na seção 12.6.2), os catetos de comprimento 1 na fig. 12.5 corresponderiam, portanto, a 230,4/2 = 115,2 m. A altura desse triângulo corresponde aos catetos verticais da fig. 12.5 marcados com $\sqrt{\varphi}$. Nessa figura a razão entre um cateto vertical e um horizontal é, portanto, $\sqrt{\varphi/1} \approx 1{,}2720$. Na pirâmide, a razão correspondente seria $146{,}5/115{,}2 \approx 1{,}2717$. Em relação a $\sqrt{\varphi}$ a precisão é, portanto, de $(1{,}2720 - 1{,}2717)/1{,}2720 = 0{,}0003/1{,}2720 = 0{,}00024 \approx 0{,}02\%$. É muita coincidência!!! Em seu livro, Mario Livio coloca várias dúvidas nessas relações com o $\varphi$ (v. ref. na seção 5.12, pp. 51-61).

Note-se que os egípcios antigos não precisavam calcular a $\sqrt{5}$ (segundo a Wikipedia, a primeira menção da raiz quadrada está em uma tabuleta de argila babilônica gravada entre 1800 e 1600 a.C.), pois podiam construir geometricamente um segmento proporcional a $\varphi$ usando as construções geométricas que serão vistas nas seções 17.1 e 17.2. Eles poderiam obter a $\sqrt{\varphi}$ simplesmente ligando, em ângulo reto, o extremo do cateto proporcional a 1 ao extremo da hipotenusa de tamanho proporcional a $\varphi$. Note-se que, para passar de um modelo com os ângulos correspondentes e lados proporcionais a 1, $\sqrt{\varphi}$ e $\varphi$ para as dimensões da pirâmide, seria necessário usar semelhança de triângulos, como será visto na seção 12.6.2.

Segundo Frank Teichmann (v. ref., p. 23), a construção de uma pirâmide começava com a terraplanagem da base e o desenho de um quadrado que formaria a base da pirâmide. Esse desenho foi encontrado na grande pirâmide de Quéops e seus lados tinham dimensões e orientações extremamente precisas. Os lados norte, leste, sul e oeste mediam, respectivamente, 230,25, 230,39, 230,45 e 230,36 m. Esse quadrado era orientado na direção norte-sul; o lado norte desviava 0°2'28" do leste-oeste, o lado leste 0°5'30" do norte-sul, o lado sul 0°1'27" do leste-oeste, e o lado oeste 0°21'30" do norte-sul – enormes precisões. Os ângulos dos lados, começando com o do vértice nordeste em sentido horário, eram de 90°3'2", 89°56'27", 90°0'33" e de 89°59'58", um quadrado quase perfeito, uma espetacular maravilha da arquitetura primitiva para dimensões tão gigantescas!

É interessante notar na fig. 12.4 que, no topo da pirâmide, que foi o edifício mais alto da humanidade até o ano de 1311 (portanto, durante 3.800 anos!), restou uma relativamente pequena cobertura de pedra de calcário polido. Na verdade, toda a pirâmide era coberta com o mesmo material, para deixá-la bem lisa e refletir a luz solar como se fosse um gigantesco cristal; as faces triangulares não produziam sombras entre si, o que se via era cada face mais ou menos iluminada. O que se vê hoje abaixo dessa cobertura do topo são as pedras que constituem o edifício, formando degraus de grande altura. O material que cobria a pirâmide e as outras vizinhas no mesmo local foi em grande parte derrubado em um grande terremoto de 1303, e retirado para ser usado na construção de mesquitas e fortalezas. No topo da cobertura era colocada uma cobertura folheada a ouro, ou uma pedra negra, chamada em grego antigo de *Pyramidion*, que também era colocada sobre os obeliscos. Algumas tinham inscrições relacionando a pirâmide a divindades.

Teichmann chama a atenção para a profunda relação que os egípcios tinham para com a divindade que se manifestava no Sol: este, ao nascer, começava a iluminar a pirâmide, girando no decorrer do dia para as faces sul (a região está acima da linha do Equador) e oeste. Isto é, as pirâmides relacionavam-se fortemente com o Sol, que era um símbolo para a vida humana: nascimento na alvorada, maturidade no meio-dia, envelhecimento no fim da tarde e morte no poente. Durante a noite, o Sol estaria no submundo, rejuvenesceria e nasceria novamente na manhã seguinte (v. ref., p. 49).

Vale a pena mencionar que a explicação mais comum para as pirâmides é que eram túmulos para os faraós que as construíram. Mas essa teoria tem falhas gritantes, por exemplo: 1. o fato de alguns faraós não terem construído pirâmides; 2. alguns deles construíram mais de uma pirâmide (para que mais de um túmulo?); 3. dentro de várias pirâmides não se encontram as maravilhosas inscrições típicas cobrindo paredes das câmaras mortuárias, que contam a história dos faraós enterrados como as do Vale dos Reis (*Valley of the Kings*; v. ref.); 4. as pirâmides não tinham uma grande pedra obstruindo a entrada, como nas câmaras mortuárias citadas; 5. várias pirâmides têm dutos de ar que chegam à câmara central; 6. nelas não foram encontradas múmias do Velho Reino (2700-2200 a.C.); 7. várias pirâmides têm mais de uma entrada, ao contrário dos túmulos no Vale dos Reis.

Mais razoável seria supor que, em sua origem, as pirâmides fossem centros de iniciação, em que o neófito, depois de um longo preparo, ficava totalmente isolado por 3 dias e meio, num estado letárgico de quase morte, sob a ação e controle de um mestre, o hierofante, no que concordo com Teichmann (v. ref., pp. 90-93). Era um procedimento análogo ao usado nos antigos centros de mistérios iniciáticos gregos (v. seção 26.3), como os de Éfesus, Eleusis e Delfos.

Como ocorre hoje em dia com várias pessoas que têm experiências de quase morte (durante operações, ataques cardíacos ou grandes perigos de morte momentâneos), o neófito voltava ao estado normal de vigília com a lembrança de suas vivências extracorpóreas e com a certeza da existência de um mundo suprassensível. Durante o sono profundo normal não existe a gravação dessas vivências na memória; durante o sonho, uma transição entre os estados de sono profundo e vigília, pode haver essas ou outras vivências, que, no entanto, ao acordar, são interpretadas como imagens segundo as lembranças e a lógica do mundo sensorial - por isso são caóticas. As mesmas vivências podem ser interpretadas em sonhos diferentes com imagens diferentes, de modo que não se deveria prestar atenção às imagens oníricas, mas às sensações e sentimentos que as acompanham.

## 12.4 Na odontologia e no esteticismo

Alguns dentistas usam um aparelho semelhante ao da fig. 12.2 para certos tratamentos dentários. Por exemplo, se uma pessoa tem de colocar uma coroa ou um implante nos dois dentes incisivos mediais superiores, qual deve ser o comprimento dessa coroa ou implante? Para isso os dentistas podem usar a razão áurea com um aparelho semelhante ao da fig. 12.2, como ilustrado na fig. 12.6 à esquerda, tirada no consultório de meu dentista com sua assistente. Na fig. 12.6 à direita, uma outra vesão comercial desses aparelhos.

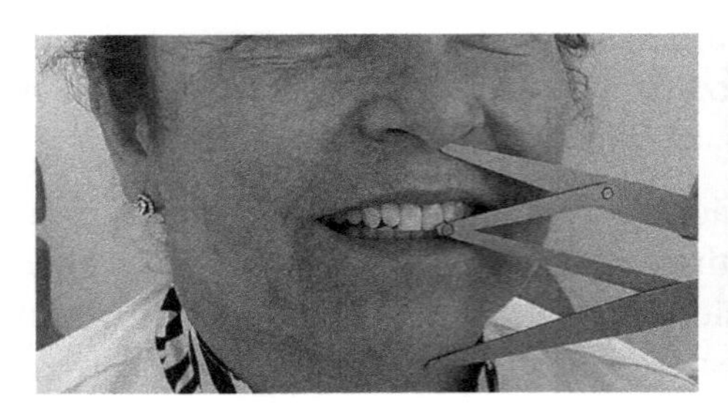
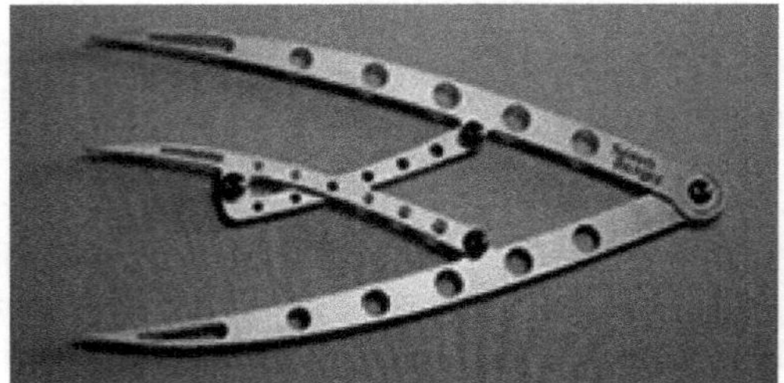

**Fig. 12.6** Aparelhos para medição da razão áurea

Em uma palestra sobre o assunto deste livro, uma participante disse que esses aparelhos são usados também por esteticistas para determinar a altura das sobrancelhas, preservando uma razão áurea com uma parte do rosto como vista no vídeo mencionado na seção 11.1.

## 12.5 Na ciência da computação

Na seção 2.4.7, foi introduzida a árvore binária completa, que, utilizada como estrutura computacional de busca de valores, acelera enormemente essa busca, pois o número de comparações varia linearmente (percorrendo os níveis da árvore) ao passo que o número de elementos descartados nas comparações varia exponencialmente. Em seguida foi introduzida na seção 2.4.8 a árvore AVL, que diminui a necessidade de rearranjar a árvore quando novos elementos são introduzidos. Foi verificado que o número mínimo de nós de uma árvore AVL com uma dada altura (o número máximo é o da árvore binária completa) cresce com a altura da árvore segundo os termos da sequência de Fibonacci subtraindo-se 1 de cada termo. Na seção 7.1, foi visto que a razão de dois termos consecutivos da sequência de Fibonacci converge para a razão áurea $\varphi$, isto é, cada termo é o anterior multiplicado por um número que se aproxima rapidamente do $\varphi$ (mas nunca o atinge!). Em outras palavras, foi visto que a sequência de Fibonacci tende a crescer exponencialmente (ou em uma progressão geométrica). Isso significa que as árvores AVL também crescem quase exponencialmente, tendendo para a razão $\varphi \approx 1{,}6180$ em relação à sua altura. O crescimento não é tão rápido quanto o das árvores binárias completas, que crescem exponencialmente na razão 2, mas não deixa de ser exponencial, o que acelera enormemente as buscas.

Outra aplicação da sequência de Fibonacci na ciência da computação é na alocação de memória ou de espaço em discos magnéticos, enquanto estes últimos existirem – como foi visto na seção 2.4.7, é uma aberração haver em um computador um dispositivo interno que não seja puramente eletrônico, com partes mecânicas como os discos.

Os sistemas operacionais alocam espaço nas unidades de armazenamento em disco em blocos de tamanho fixo ou variável. O problema é sobrar espaço nos blocos, isto é, programas e dados ou suas partes podem não ocupar um bloco inteiro, deixando de usar a parte que sobrou, o que é chamado de *fragmentação interna*. O uso de blocos de pequeno tamanho causa uma ineficiência muito grande no sistema de alocação, pois muitos arquivos são maiores do que um desses blocos e eventualmente são particionados em blocos que não são contíguos, o que aumenta o tempo de acesso para recompor um arquivo inteiro. Além disso, no caso de discos magnéticos, os blocos mínimos, denominados de *setores* (*sectors*), são em geral relativamente grandes, por exemplo, 4 ou 8 KBytes. Uma solução que foi adotada para evitar esses problemas até certo ponto foi alocar blocos de tamanho variável no que se chamou de *buddy system* ('sistema de amigos' – os amigos são os blocos de mesmo tamanho); deve ser implementada uma lista com os tamanhos dos blocos disponíveis e, para cada tamanho, uma sublista com endereços de blocos disponíveis. Ao haver a requisição de um determinado espaço de armazenamento, é alocado o *best fit* (o melhor ajuste), o bloco livre com espaço o mais próximo possível do que está sendo requerido pelo sistema operacional. Se a quantidade de espaço requerida por um programa ou dados for maior do que o maior bloco livre, vários blocos são alocados. Foi usada uma solução de divisão de blocos em tamanhos variáveis proporcionais a potências de 2, e, se o melhor bloco livre ainda fosse maior do que o dobro do espaço necessário, ele seria dividido em 2. Outra solução foi usar blocos proporcionais à sequência de Fibonacci, ou apenas usando a regra de Fibonacci (cf. seção 2.3), o que se mostrou mais eficiente, por permitir o uso de blocos de vários tamanhos diferentes, aumentando a chance de se achar um bom ajuste (*good fit*). Usando essa sequência, se for necessário, um bloco de tamanho proporcional a algum número da sequência é dividido em dois blocos com tamanho proporcional aos dois números anteriores dela. Aqui não serão dadas as referências, pois isso está sendo mencionado apenas como curiosidade e para mostrar a extensão do uso da sequência de Fibonacci.

A razão áurea ocorre em áreas surpreendentes. Por exemplo, Steven B. Hoath e D. G. Leahy (v. ref.) examinaram a estrutura da epiderme humana, isto é, a camada superficial da pele, e mostraram que múltiplos da razão áurea ocorrem nas proporções de tipos de células e suas substituições ao longo do tempo. Para várias outras aplicações, ver o artigo de Ron Knott (v. ref.), bem como as dissertações de Marcelo Manechini Belini e de Alexandre Ramon de Souza (v. ref.). Os artigos de Samuel Obara e de Akhtaruzzaman e Akramin Shafie e a dissertação de Marcos Gertrudes Oliveira Ramos (v. ref.) trazem vários exemplos da razão áurea na arte e na arquitetura.

## 12.6 Formalismos matemáticos

(Esta seção pode ser pulada por leitoras/es não interessadas/os em formulações matemáticas.)

### 12.6.1 O teorema de Tales

A demonstração de que o aparelho da fig. 12.1 preserva a razão áurea das distâncias das aberturas das pontas baseia-se em semelhança de triângulos, a ser abordada na seção 12.6.2. As demonstrações dessa semelhança são baseadas no teorema de Tales de Mileto (Θαλης ὁ Μιλσιος, 624-558 a.C.), que foi um filósofo, astrônomo e matemático grego. Conta a história que, usando seu teorema, ele conseguiu calcular a altura da grande pirâmide de Quéops, no Egito, medindo sua sombra, e comparando-a com a de um objeto em pé. Em uma formulação livre, o seu teorema é o seguinte, ilustrado na fig. 12.7: "Dadas duas retas não paralelas que se interceptam em um ponto $A$, e duas retas paralelas não coincidentes que interceptam as duas anteriores nos pontos $B$ e $C$ e $D$ e $F$, respectivamente, então $AB$ (a distância entre $A$ e $B$) está para $BD$ assim como $AC$ está para $CE$, isto é, $AB/BD = AC/CE$." Isso é demonstrado na fig. 12.7, pelo que é conhecido como 'método das áreas'.

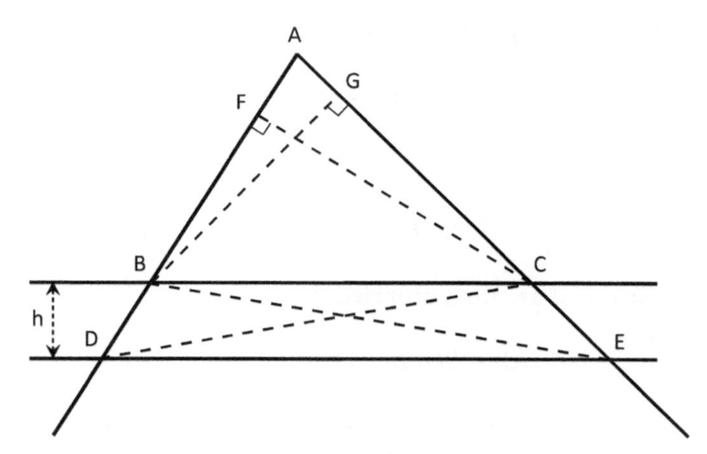


**Fig. 12.7** Prova do teorema de Tales

Na fig. 12.7, foram traçados segmentos ligando os vértices $B$ e $E$, bem como $C$ e $D$, obtendo-se os segmentos $BE$ e $CD$ e os triângulos $\Delta DBE$ e $\Delta DCE$, e também duas das alturas $BG$ e $CF$ do $\Delta ABC$. A altura de um triângulo relativa a um de seus lados é o tamanho da perpendicular a esse lado, desde este último até o vértice oposto a ele, podendo estar fora do triângulo, como é o caso de $FC$, que é a altura do $\Delta BCD$ relativa a $BD$. Seja $h$ a distância entre as duas paralelas.

Será necessário o conhecimento de que a área de um triângulo é dada pela multiplicação do comprimento de um de seus lados (chamado de *base* se é desenhado na horizontal) pela altura em relação a esse lado, dividida por 2. É fácil de demonstrar isso: é só tomar um triângulo e colocar, com uma orientação adequada, uma cópia dele coincidindo um de seus lados com o lado correspondente da cópia, obtendo-se assim um paralelogramo. A área de um paralelogramo é sua base (um lado) vezes a altura em relação a essa base (que é a altura do triângulo original), o que também é fácil de ser compreendido: é só adicionar um triângulo em um de seus lados opostos e subtraí-lo do lado oposto, formando um retângulo. Ora, a área do triângulo original será a metade da área do retângulo ou do paralelogramo.

O comprimento de um segmento de reta $PQ$ com extremos nos pontos $P$ e $Q$ será também denotado por $PQ$; o contexto mostra ao que se está se referindo. Então a área do $\Delta ABC$ é $(AB \times FC)/2$ ou $(AC \times BG)/2$; como é o mesmo triângulo e a mesma área, tem-se

$$(AB \times FC)/2 = (AC \times BG)/2 \rightarrow AB \times FC = AC \times BG \rightarrow AB/AC = BG/FC \quad [1]$$

Observando agora o $\Delta BCD$ e o $\Delta BCE$, vê-se que eles têm a mesma base $BC$ e a mesma altura (a distância $h$ entre as paralelas) relativa a essa base, isto é, têm a mesma área. Ocorre que $FC$ é também altura do $\Delta BCD$ e $BG$ é também altura do $\Delta BCE$, portanto suas áreas são, respectivamente,

$$(BD \times FC)/2 = (CE \times BG)/2 \rightarrow (BD \times FC) = (CE \times BG) \rightarrow BD/CE = BG/FC$$

Substituindo BG/FC em [1] acima, tem-se

$$AB/AC = BD/CE$$

ou

$$AB/BD = AC/CE \quad \text{c.q.d.}$$

Dessa mesma fórmula, por uma propriedade das frações,

$$(AB + BD)/BD = (AC + CE)/CE$$

Para provar isso, basta desdobrar na linha acima cada membro e lembrar que $BD/BD = CE/CE = 1$, que é adicionado a ambos os membros.

Mas

$$AB + BD = AD \;\text{ e }\; AC + CE = AE \;\rightarrow\; AD/BD = AE/CE$$

Do mesmo modo, pode-se concluir que

$$AD/AB = AE/AC$$

Assim, duas paralelas dividem os lados de um ângulo em partes proporcionais.

Pode-se demonstrar o inverso, isto é, se duas retas cortam os lados de um ângulo em partes proporcionais, elas são paralelas. Basta supor, por absurdo, que elas não são paralelas e mostrar que nesse caso não ocorre a proporcionalidade das partes.

Finalmente, se dois triângulos têm dois lados proporcionais e um ângulo igual, eles têm todos os lados proporcionais, como é o caso de $\Delta ABC$ e $\Delta ADE$, com o ângulo comum no vértice $A$.

Aproveitando, um outro teorema devido a Tales, que será usado no Exr. 12.6.6:5, é o de que em um triângulo inscrito em uma circunferência, isto é, com seus vértices sobre ela, e um de seus lados é um diâmetro dela, o ângulo oposto ao lado do diâmetro é reto (90°), como na fig. 12.8 com o $\Delta ADB$, onde $C$ é o centro da circunferência.

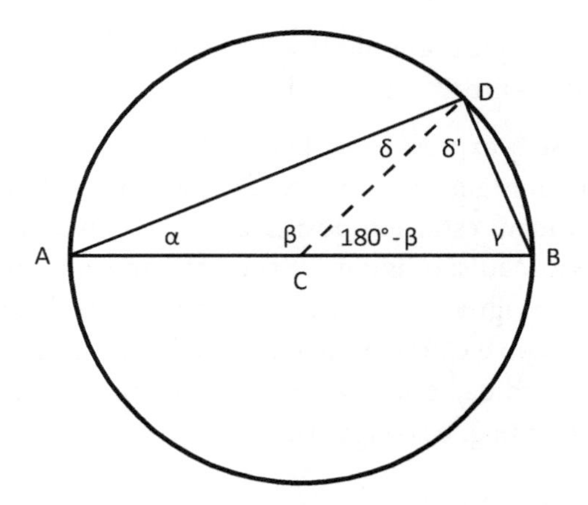


**Fig. 12.8** Triângulo inscrito com um diâmetro como lado

A demonstração disso é muito simples. Para isso, basta traçar um raio do centro *C* da circunferência até o vértice do suposto ângulo de 90°, como na fig. 12.8, e notar que se tem dois triângulos isósceles (isto é, triângulos em que cada um tem dois lados de mesmo tamanho e, portanto, dois ângulos iguais adjacentes a esses lados) $\Delta ACD$ e $\Delta BCD$, pois em cada um deles dois lados são iguais ao raio da circunferência. Isto é, $\alpha = \delta$ ($\alpha$ é a letra grega *alfa* e $\delta$ é *delta*) e $\gamma = \delta'$ ($\gamma$ é *gama*). Portanto, lembrando que a soma dos ângulos de um triângulo plano é 180°, no $\Delta ABD$ tem-se

$$\alpha + \gamma + \delta + \delta' = 180° \quad [1]$$

Mas no $\Delta ACD$ ($\beta$ é a letra grega beta),

$$\alpha + \beta + \delta = \alpha + \beta + \alpha = 2\alpha + \beta = 180° \quad [2]$$

e, no $\Delta BCD$,

$$\gamma + 180° - \beta + \delta' = \gamma + 180° - \beta + \gamma = 2\gamma + 180° - \beta = 180° \rightarrow 2\gamma - \beta = 0° \quad [3]$$

Somando [2] com [3], tem-se

$$2\alpha + \beta + 2\gamma - \beta = 180°$$

Então

$$2\alpha + 2\gamma = 180° \rightarrow \alpha + \gamma = 90°$$

De [1] segue que $\delta + \delta' = 90°$, c.q.d.

Em outra formulação, "O lugar geométrico dos vértices dos ângulos de 90° formados pelas retas que passam pelas extremidades de um segmento de reta é uma circunferência tendo esse segmento como diâmetro."

Aproveitando, note-se que o ângulo $\beta = 2\gamma$. De fato, lembrando que $\delta' = \gamma$, tem-se $2\gamma + 180° - \beta = 180°$. Portanto $2\gamma - \beta = 0$ e $\beta = 2\gamma$.

Tecnicamente, usa-se a expressão 'dois ângulos são congruentes' para dizer que têm a mesma medida em graus ou radianos. Isso se deve ao fato de que dois ângulos com mesma medida podem estar em posições (por exemplo, orientações de seus lados) diferentes, por isso não são 'iguais'. Essa notação será simplificada neste texto usando-se simplesmente 'iguais' em lugar de 'congruentes', entendendo que têm a mesma medida. Essa noção é válida para qualquer figura: duas figuras são congruentes se têm as mesmas medidas e formas, mas estão em posições diferentes, quando será aqui dito simplesmente que são iguais.

## 12.6.2 Semelhança de triângulos

Dois triângulos são ditos *semelhantes* (*homothetic triangles*) se seus lados são proporcionais dois a dois. Isso significa que, na fig. 12.9, $a'/a = b'/b = c'/c$, onde $a$, $b$ e $c$ são os comprimentos dos lados em um dos triângulos, e os correspondentes $a'$, $b'$ e $c'$ no outro. Nela ainda foram assinalados $\alpha$, $\beta$ e $\gamma$, os ângulos opostos aos lados $a$, $b$ e $c$, respectivamente.

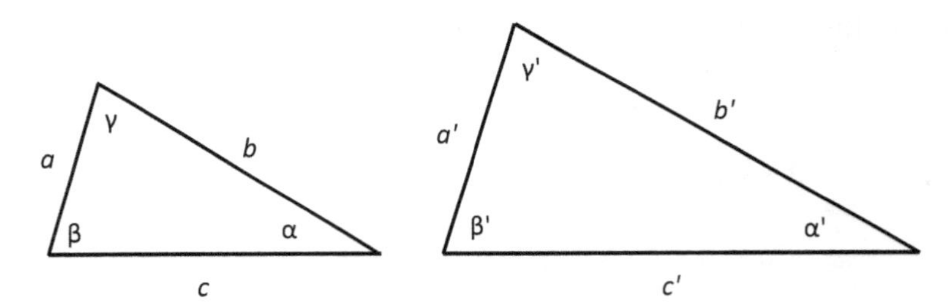


**Fig. 12.9** Triângulos semelhantes

É curioso que, na literatura de ensino de matemática e em muitos artigos na internet, define-se que dois triângulos são semelhantes se seus lados são proporcionais dois a dois *e* seus ângulos são iguais dois a dois.

Ocorre que, se os lados de dois triângulos são proporcionais, pode-se demonstrar que os seus ângulos são iguais dois a dois, isto é, na fig. 12.9, $\alpha = \alpha'$, $\beta = \beta'$ e $\gamma = \gamma'$. Basta usar a construção do teorema de Tales visto na seção 12.6.1, isto é, pelo menos um ângulo será igual nos dois triângulos. Justapondo-se os dois triângulos com esse ângulo comum, como na fig. 12.10, análoga à fig. 12.7, tem-se, também por uma consequência do teorema de Tales, que a proporcionalidade dos lados implica que os lados $a$ e $a'$ opostos ao ângulo comum são paralelos.

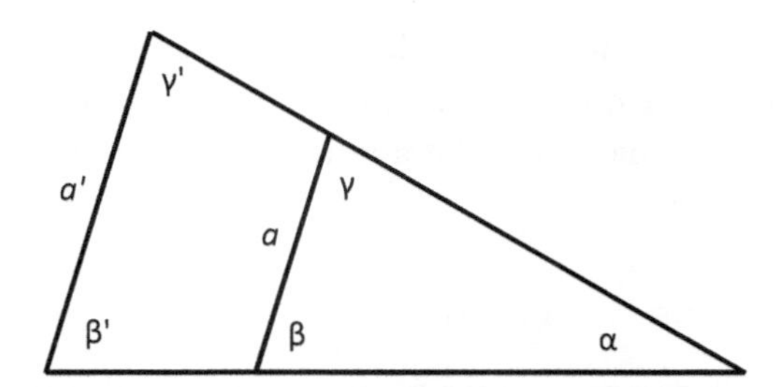


**Fig. 12.10** Superposição de triângulos semelhantes

Como os lados com *a* e *a*' são paralelos, tem-se $\beta = \beta'$ e $\gamma = \gamma'$, pois duas retas paralelas cortam uma terceira não paralela a elas formando ângulos iguais. Portanto, os ângulos dos dois triângulos são iguais dois a dois.

Na verdade, se um triângulo tem dois ângulos iguais a dois ângulos de um segundo triângulo, necessariamente o terceiro ângulo será igual nos dois triângulos, pois na geometria no plano a soma dos três ângulos tem de dar 180°. Assim, um triângulo com dois ângulos iguais a dois ângulos de um segundo triângulo é semelhante a esse último.

Se um triângulo tem um ângulo igual a um ângulo de outro triângulo, e os lados adjacentes a esse ângulo correspondentes nos dois triângulos têm a mesma proporção, os triângulos são semelhantes, isto é, os terceiros lados também terão a mesma proporção. É a própria situação da demonstração do teorema de Tales da fig. 12.7.

Finalmente, partindo-se da noção de triângulos semelhantes, pode-se provar o teorema de Tales visto na seção 12.6.1 com mais simplicidade: na fig. 12.7, basta construir um paralelogramo traçando, a partir de *C*, uma paralela a *BD*, cortando *DE* em um ponto *H* (seria interessante que o/a leitor/a fizesse essa construção). Os ângulos $\angle BAC$ (com vértice em *A*) e $\angle HCE$ (com vértice em *C*) são iguais, pois, por construção, *AD* é paralela a *CH*. Os $\angle ACB$ e $\angle CED$ são também iguais, devido às paralelas iniciais *BC* e *DE*. Portanto, tendo dois ângulos iguais, os triângulos *ABC* e *CHE* são semelhantes, portanto $AC/CE = AB/CH$, mas como $CH = BD$ por construção, então $AC/CE = AB/BD$, que é o teorema de Tales.

Ocorre que nessa demonstração foi usada a propriedade de triângulos com mesmos ângulos serem semelhantes ($\angle ABC$ e $\angle CHE$), conforme visto na seção 12.6.2. Mas para essa propriedade foi usado o teorema de Tales, que é o que se quis provar na demonstração com a construção do paralelogramo. Essa circularidade invalida a demonstração, o que não ocorre com a prova do teorema de Tales usando as áreas de triângulos, como visto na seção 12.6.1.

Observando a fig. 12.10, vê-se que os dois triângulos têm a mesma forma, no caso, dada pelos três ângulos iguais, diferindo apenas na escala. Como os lados são proporcionais, podemos dizer que houve um *crescimento proporcional* do triângulo menor para o maior. Outro exemplo de crescimento proporcional, com quadrados, será visto na fig. 13.7, em espirais na fig. 19.3 e com um quadrilátero qualquer na fig. 19.10. Mais detalhes sobre esse tipo de crescimento serão vistos na seção 19.3.

A noção de semelhança pode ser estendida para quaisquer duas figuras geométricas, isto é, se elas tiverem seus lados com comprimentos proporcionais, mesmo se forem curvos, e tiverem ângulos iguais, como será visto, por exemplo, na seção 19.2, propr. 1.

### 12.6.3 A geometria do meu aparelho

Com o que foi visto na seção anterior, pode-se entender por que meu aparelho mostrado na fig. 12.1 e esquematizado na fig. 12.11 serve para verificar razões áureas. Ele forma dois triângulos isósceles, opostos cada um por um vértice. Os ângulos dos vértices são iguais (pois têm lados em duas retas e são opostos por um vértice), ambos anotados com $\alpha$.

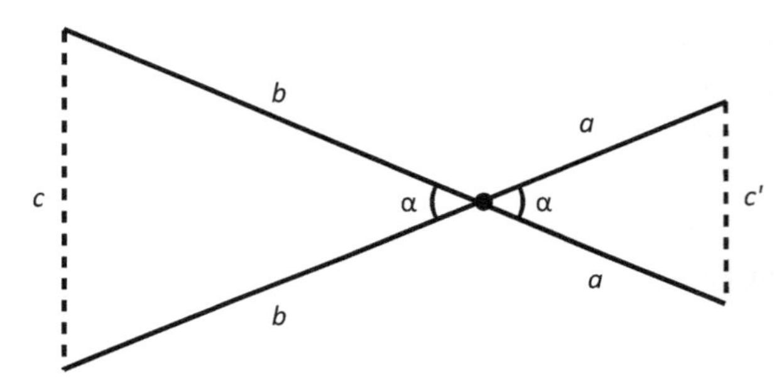


**Fig. 12.11** Geometria do aparelho da fig. 12.1

Por construção do aparelho,

$$b/a \approx 1{,}6 \approx \varphi$$

Como os triângulos têm um ângulo igual e dois lados proporcionais, eles são semelhantes e, assim,

$$c/c' \approx \varphi$$

### 12.6.4 O aparelho mais complexo

Nas figs. 12.2 e 12.6 foram apresentadas fotos de aparelhos para verificar ou gerar razões áureas, que são mais complexos que o visto na fig. 12.1 e representado na fig. 12.11. O esquema deles é o da fig. 12.12.

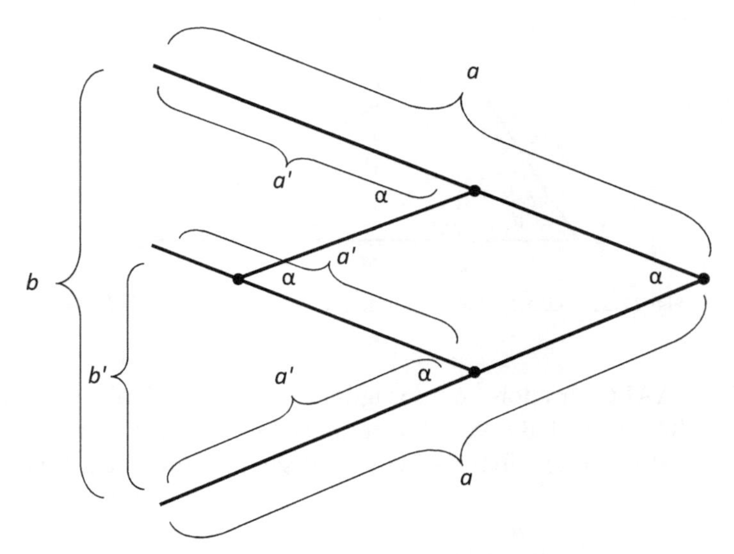


**Fig. 12.12** Geometria dos aparelhos da fig. 12.6

Ele é formado estruturalmente por dois triângulos isósceles em que faltam os lados da esquerda, indicados por $b$ e $b'$, que serão chamados de triângulos 'grande' e 'pequeno', respectivamente, e por um losango. Por construção, os ângulos agudos são todos iguais, representados por $\alpha$, pois um dos lados do triângulo pequeno está sobre um dos lados do grande, e o outro lado do pequeno é paralelo ao outro lado do grande, pois o losango é regular (lados iguais). As articulações do aparelho estão representadas como bolinhas. Ele é construído de tal modo que $a/a' \approx \varphi$. Por terem um ângulo igual e dois lados proporcionais (de tamanhos $a$ e $a'$), os triângulos grande e pequeno são semelhantes, como foi visto na seção 12.6.2. Portanto, $b/b' \approx \varphi$.

A vantagem desse aparelho em relação ao da fig. 12.1 é que não é necessário virá-lo para verificar ou gerar uma proporção áurea; basta abri-lo ou fechá-lo até o tamanho desejado. Isso é possível pois os ângulos $\alpha$ são todos iguais.

## 12.6.5 Uma prova geométrica-algébrica do teorema de Pitágoras

Seja o triângulo retângulo ABC da fig. 12.13, onde o ângulo do vértice A é reto (90°). Ele tem como hipotenusa o lado $BC$ ($a$) e catetos $AB$ ($c$) e $AC$ ($b$). Queremos provar que $a^2 = b^2 + c^2$.

O vértice $A$ foi projetado para o lado $a$ interceptando-o em $D$, formando o segmento $AD$ que faz um ângulo reto com $a$; D divide $a$ nos segmentos $d_1$ e $d_2$, isto é, $a = d_1 + d_2$ [1].

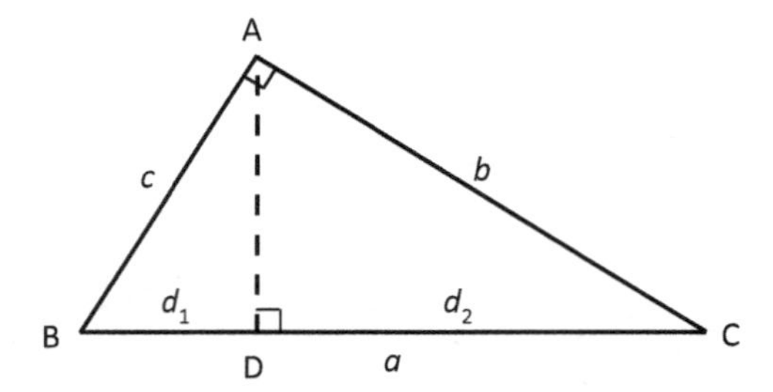


**Fig. 12.13** Construção para uma prova do teorema de Pitágoras

O ΔABD e o ΔABC têm dois ângulos iguais dois a dois: ∠ABD é comum aos dois triângulos, e ∠BAC = ∠ADB = 90°. Portanto, os dois triângulos são semelhantes (cf. seção 12.6.2). Se eles são semelhantes, seus lados são proporcionais dois a dois, isto é,

$$a/c = c/d_1 \rightarrow d_1 = c^2/a \quad [2]$$

Analogamente, o ΔACD e o ΔABC são semelhantes, de modo que

$$a/b = b/d_2 \rightarrow d_2 = b^2/a \quad [3]$$

De [2] e [3] tem-se

$$d_2 + d_1 = b^2/a + c^2/a$$

Portanto, de [1] tem-se

$$a = b^2/a + c^2/a \rightarrow a^2 = b^2 + c^2 \quad \text{c.q.d.}$$

Essa demonstração foi geométrica-algébrica, pois partiu-se de uma construção geométrica no triângulo retângulo, seguida de manipulações algébricas.

**Exr. 12.6.5** É possível ter uma demonstração puramente algébrica do teorema de Pitágoras?

Há muitas outras demonstrações desse teorema. Elisha Scott Loomis (1852-1940) publicou em 1940 a segunda edição de seu livro *The Pythagorean Proposition*, com 370 (!) diferentes provas dele (v. ref., com *links* para 7 fac-símiles de provas como estão no livro). O interessante trabalho de conclusão de curso de Ana Maria Quaresma dos Santos, Fábio Henrique da Costa Santos e Reinaldo Melo de Oliveira (v. ref.) contém dados históricos sobre o teorema e biográficos de algumas pessoas que o demonstraram, bem como 22 demonstrações dele. Além disso, contém uma demonstração de sua recíproca, isto é, se, em um triângulo de lados *a*, *b* e *c*, $a^2 = b^2 + c^2$, então ele é retângulo.

### 12.6.6 Exercícios de desenho geométrico

Usando *apenas régua e compasso, sem usar a escala da régua*, resolva os seguintes exercícios.

**Exr. 12.6.6:1** Dada uma reta *r* e um ponto *P* sobre ela, traçar uma reta perpendicular a *r* que passa por *P*.

**Exr. 12.6.6:2** Dada uma reta *r* e um ponto *P* fora dessa reta, traçar uma perpendicular a *r* passando por *P*.

**Exr. 12.6.6:3** Dada uma reta *r* e um ponto *P* fora dessa reta, traçar uma paralela a *r* passando por *P*.

**Exr. 12.6.6:4** Dada uma circunferência, desenhe um quadrado inscrito nela, isto é, os 4 vértices do quadrado devem estar sobre a circunferência. (O centro da circunferência não é conhecido.)

**Exr. 12.6.6:5** Dada uma circunferência e seu centro, e um ponto fora da circunferência, traçar as retas tangentes à circunferência que passam por esse ponto. Por definição, uma reta tangente a uma circunferência toca-a em um e apenas um ponto. Sugestão: use as propriedades de uma tangente a uma circunferência e o segundo teorema de Tales visto no fim da seção 2.6.1.

**Exr. 12.6.6:6** Dado um segmento de reta, divida-o pela metade e depois em 4 partes.

**Exr. 12.6.6:7** Dado um segmento de reta, divida-o em 3 e depois em 5 partes iguais. Sugestão: use semelhança de triângulos (cf. seção 12.6.2).

## 12.7 Referências


- Akhtaruzzaman, A. e Shafie, A. A. Geometrical Substantiation of Phi, the Golden Ratio and the Baroque of Nature, Architecture, Design and Engineering. *International Journal of Arts*, 2011; 1(1): 1-22. Acesso em 1/6/18: http://article.sapub.org/pdf/10.5923.j.arts.20110101.01.pdf
- Gangwar, G. Principles and Applications of Geometric Proportions in Architectural Design. *Journal of Civil Engineering and Environmental Technology* 4:3; April-June, 2017, pp. 171-176. Acesso em 7/1/19: www.researchgate.net/publication/317725370_Principles_and_Applications_of_Geometric_Proportions_in_Architectural_Design
- Hoath, S. B. e Leahy, D. G. The Organization of Human Epidermis: Functional Epidermal Units and Phi Proportionality. *Journal of Investigative Dermatology*

121:6, Dec. 2003, pp. 1440-1446. Acesso em 18/2/19: www.sciencedirect.com/science/article/pii/S0022202X1530556X

- Knot, R. Fibonacci Numbers and The Golden Section in Art, Architecture and Music. Acesso em 27/8/18: www.maths.surrey.ac.uk/hosted-sites/R.Knott/Fibonacci/fibInArt.html
- Obara, S. *Golden Ratio in Art and Architecture.* Dept. of Mathematics Education, University of Georgia. Acesso em 18/2/19: http://jwilson.coe.uga.edu/emt668/emat6680.2000/obara/emat6690/Golden%20Ratio/golden.html
- Possebon, E.L. *Geometria, forma e proporção áurea na arquitetura.* Dissertação de Mestrado. São Paulo: Faculdade de Arquitetura e Urbanismo (FAU) da Universidade de São Paulo, 2003.
- Ramos, M.G.O. *A Sequência de Fibonacci e o Número de Ouro.* Dissertação de Mestrado. Santa Cruz: Universidade Estadual de Santa Cruz, 2013. Acesso em 18/2/19: https://docplayer.com.br/19368717-Universidade-estadual-de-santa-cruz--a-sequencia-de-fibonacci-e-o-numero-de-ouro.html
- Santos, A.M.Q, F.H. da C. Santos e R.M. de Oliveira. *Teorema de Pitágoras: demonstrações.* TCC. Belém: Univ. Fed. do Pará, 2015. Acesso em 29/12/19: https://www2.unifap.br/matematicaead/files/2016/03/TCC-REVISADO.pdf
- Shekhawat, K. Why golden rectangle is used so often by architects: a mathematical approach. *Alexandria Engineering Journal*, 54:2, June 2015, pp. 213-222. Acesso em 17/2/19: www.sciencedirect.com/science/article/pii/S1110016815000265
- Teichmann, F. *Der Mensch und sein Tempel: Ägypten* (O ser humano e seu templo: Egito, em trad. livre). Stuttgart: Urachhaus, 1978.

- Aparelho para medir a razão áurea. Acesso em 17/4/20: https://sorenberger.co.nz/products/soren-berger-golden-ratio-caliper
- Fig. 12.4. iStockphoto.
- Loomis, E.S. Acesso em 29/12/19: https://mathlair.allfunandgames.ca/pythprop.php
- Mistérios eleusinos. Acesso em 27/8/18: https://en.wikipedia.org/wiki/Eleusinian_Mysteries
- Mural 'Guerra e Paz' de Portinari. Acesso em 7/1/19: www.portinari.org.br/#/acervo/obra/3799 e .../3398
- Pirâmide de Quéops ou Grande Pirâmide de Gizé. Acesso em 7/1/19: https://en.wikipedia.org/wiki/Great_Pyramid_of_Giza
- Razão áurea
  - na Grande Pirâmide de Gizé. Acesso em 7/1/19: www.goldennumber.net/phi-pi-great-pyramid-egypt/ www.goldennumber.net/great-pyramid-giza-complex-golden-ratio/

  - na arquitetura, inclusive na pirâmide de Quéops e no edifício da ONU. Idem: www.slideshare.net/kunalsahu9883/use-of-golden-ratio-in-architecture. Acesso em 1/9/18: https://pt.slideshare.net/kunalsahu9883/use-of-golden-ratio--in-architecture
  - no Partenon. Acesso em 2/11/19: https://www.amyma.lu/how-to-make-successful-website.html
  - no prédio da ONU. Acesso em 7/1/19: www.goldennumber.net/un-secretariat-building-golden-ratio-architecture
- Sequência de Fibonacci: vídeo sobre ela em plantas (v. cap. 13), e a razão áurea na arquitetura (em inglês). Acesso em 13/7/19: https://youtu.be/GmZlAVRKx8I
- Tales de Mileto. Acesso em 7/1/19: https://en.wikipedia.org/wiki/Thales_of_Miletus
- Vale dos Reis no Egito. Acesso em 28/7/18: https://en.wikipedia.org/wiki/Valley_of_the_Kings Para fotos, fazer busca na Internet com Valley of the Kings

## 12.8 Resolução dos exercícios

**Exr. 12.6.5** Não é possível obter uma prova puramente algébrica do teorema de Pitágoras, pois deve-se sempre partir da hipótese de um triângulo retângulo geométrico. No entanto, na seção 10.2.1 foi vista uma prova puramente geométrica do teorema (salvo o cálculo algébrico das áreas, que é a própria tese a ser provada).

Propositalmente, não serão colocadas a seguir as figuras mostrando as construções das soluções dos exercícios de desenho geométrico, para que o/a leitor/a as desenhe por si próprio/a.

**Exr. 12.6.6:1** 1. Com centro em $P$, usar o compasso com uma abertura fixa e marcar na reta $r$, desenhada na horizontal, os pontos $S$ e $T$ de cada lado de $P$. 2. Com uma abertura fixa maior do que a distância entre $P$ e $S$ (ou $P$ e $T$) e centro em $S$ e depois em $T$, traçar arcos de circunferência que se interceptam nos pontos $U$ e $V$ acima e abaixo de $r$, respectivamente. 3. A reta que passa por $U$ e $V$ é a reta procurada.

**Exr. 12.6.6:2** 1. Com centro em $P$, usar o compasso com uma abertura fixa e traçar um arco de circunferência que corte a reta $r$ nos pontos $S$ e $T$. 2. Com centro em $S$ e depois em $T$, traçar arcos de circunferência com mesmo raio, que se interceptam em um ponto $U$ distante de $P$. 3. A reta que passa por $P$ e por $U$ é a reta procurada.

**Exr. 12.6.6:3** 1. Usando o Exr. 12.6.6:2 traçar uma reta $q$ perpendicular a $r$ passando por $P$, e interceptando $r$ em um ponto $S$. 2. Com centro em $S$, traçar um arco de circunferência passando por $P$ e cortando $r$ em um ponto $T$. 3. Usando o Exr. 12.6.6:1, traçar a reta $v$ perpendicular a $r$ passando por $T$. 4. Com a mesma abertura do compasso (isto é, igual ao comprimento do segmento $PS$), cortar $v$ em um ponto $U$. 5. A reta que passa por $P$ e $U$ é a reta procurada. Note que $P$, $S$, $T$ e $U$ formam os vértices de um quadrado cujos lados estão em $r$, $q$, $v$, e o último lado é $UP$.

**Exr. 12.6.6:4** 1. Primeiramente é necessário achar o centro *C* da circunferência. Para isso, 1a. trace duas secantes (isto é, cada uma cortando a circunferência em dois pontos distintos), formando um ângulo agudo (<90°) entre si. Suponha que a primeira intercepta a circunferência nos pontos *P* e *Q*. 1b. Usando o Exr. 12.6.6:6, ache o ponto médio *M* do segmento *PQ*. 1c. Usando o Exr. 12.6.6:1, trace uma perpendicular a *PQ* pelo ponto *M*. 1d. Repita para a outra secante, achando a perpendicular pelo seu ponto médio. 1e. As duas perpendiculares interceptam-se no centro *C* da circunferência. Para traçar o quadrado desejado, é importante lembrar que as diagonais de um quadrado interceptam-se em um ângulo reto. 2. Trace uma reta qualquer passando pelo centro C, interceptando a circunferência nos pontos *A* e *B*, extremidades de um diâmetro. 3. Usando o Exr. 12.6.6:1, trace a perpendicular ao diâmetro *AB* passando pelo centro *C*, interceptando a circunferência nos pontos *D* e *E*; *DE* é também um diâmetro. 4. *AB* e *DE* serão as diagonais do quadrado procurado. 5. Una *A* a *D*, *D* a *B*, *B* a *E* e *E* a *A*; esses serão os lados do quadrado procurado.

**Exr. 12.6.6:5** Seja *C* o centro da circunferência dada, *P* o ponto externo a ela, e *t* uma tangente a essa circunferência tocando-a no ponto *T*. É fácil de compreender que o raio *CT* forma um ângulo reto (isto é, de 90°) com *t*: *CT* é a menor distância de *C* a *t*, pois qualquer outro ponto *P* em *t* está fora da circunferência e, portanto, a distância a *C* é maior do que o raio *r*. Pode-se provar que o menor segmento que une uma reta *r* a um ponto *C* fora dela é perpendicular a *r*. De fato, se o ângulo fosse agudo, poder-se ia traçar outro segmento menor passando por *C* formando um ângulo maior com *r*; se o ângulo fosse obtuso (>90°), poder-se-ia traçar outro segmento menor formando um ângulo menor com *r*; só com um ângulo reto essas duas situações não ocorrem. Agora o exercício pode ser resolvido:

1. Traçar a reta que passa por *P* e por *C*. 2. Usando o Exr. 12.6.6:6, achar o ponto médio *M* do segmento *PC*. 3. Com centro em *M*, traçar uma circunferência auxiliar que passa por *C* e por *P*. 4. Determinar os pontos $T_1$ e $T_2$ nos quais essa circunferência auxiliar corta a circunferência dada. 5. Conforme o segundo teorema de Tales apresentado no fim da seção 12.6.1 (fig. 12.8), as retas que passam por *P* e por $T_1$ e $T_2$ são as tangentes procuradas, pois formam ângulos retos com os raios da circunferência que passam por $T_1$ e $T_2$.

**Exr. 12.6.6:6** 1. Seja *r* o segmento de reta e *P* e *Q* os seus pontos extremos. 2. Com a mesma abertura do compasso, traçar dois arcos de circunferência com centro em *P* e *Q* que se interceptam nos pontos *U* e *V*. 3. A reta que passa por *U* e *V* corta *r* no ponto *X* que divide *r* na sua metade. Para divisão de *r* em 4 partes iguais, repita o procedimento para os segmentos *UX e XV*. Com isso, pode-se dividir *r* em um número de partes igual a qualquer potência de 2 (2, 4, 8, 16 etc.).

**Exr. 12.6.6:7** Note primeiramente que a solução do Exr. 12.6.6:6 só serve para divisões de *r* em um número de partes igual a uma potência de 2; não serve para outros números como 3, 5, 6 etc. Vejamos a construção da divisão de *r* em 3 partes. 1. Sejam *P* e *Q* as extremidades de *r*. 2. Traçar por *P* uma semirreta *s* (isto é, uma reta que tem *P* com extremidade) que forme um ângulo agudo qualquer com *r*, por exemplo, de mais ou menos 30°. 3. Usando o compasso, com uma abertura qualquer e centro em *P*, marcar primeiramente um ponto $T_1$ em *s*. 4. Com centro em $T_1$ com a mesma abertura do compasso, marque um ponto $T_2$ em *s*, oposto a *P* em relação a $T_1$. 5. Repita com centro em $T_2$ marcando um ponto $T_3$ em *s*; os segmentos $PT_1$, $T_1T_2$ e $T_2T_3$ têm o mesmo tamanho. 6. Una $T_3$ a *Q* determinando o segmento $T_3Q$. 7. Usando o Exr. 12.6.6:3, trace uma paralela ao segmento $T_3Q$ passando por $T_2$ e determinando o ponto $V_2$ em *r*. 8. Repita traçando uma paralela a $T_2V_2$ passando por $T_1$ e determinando o ponto $V_1$ em *r*. 9. Os segmentos $PV_1$, $V_1V_2$ e $V_1Q$ são as divisões de *r* em 3 partes iguais. A justificativa dessa construção é que estão sendo construídos triângulos semelhantes, portanto os seus lados são proporcionais e, assim, a igualdade dos tamanhos dos segmentos construídos em *s* implica a igualdade dos tamanhos dos segmentos obtidos em *r*.

Para a divisão de *r* em 5 partes, basta estender as marcas em *s* mais duas vezes. E assim com qualquer número de divisões de *r*.

CAPÍTULO 13

# Fibonacci em plantas

Os números da sequência de Fibonacci aparecem em várias plantas que apresentam formas de espirais. As imagens da fig. 13.1 são de margaridas; a da direita foi uma foto tirada por mim.

**Fig. 13.1** Espirais em margaridas

Note-se que os botões das florzinhas (denominadas flósculos ou florícolos) que compõem a flor completa da margarida formam espirais, reconhecíveis percorrendo-se com o olhar a flor em sentido anti-horário (contrário ao movimento dos ponteiros de um relógio) e horário (o sentido do movimento dos ponteiros), correspondendo à orientação das espirais a partir de seu foco, o centro da flor. Pois bem, os números de espirais são 21 e 34, respectivamente, números seguidos da sequência de Fibonacci! As pétalas também são em número de 21. Seria interessante que o/a leitor/a contasse o número de espirais e pétalas nas fotos da fig. 13.1, tomando cuidado com as pétalas sobrepostas, e também que tirasse fotos de margaridas e girassóis e depois verificasse esses números por si próprio. A ilustração da capa deste livro mostra um girassol com algumas espirais salientadas.

A próxima figura é a foto de um cacto. Contei 8 espirais no sentido horário e 13 no anti-horário. Novamente Fibonacci!

**Fig. 13.2** Cacto

Muitos cactos formam espirais. O da fig. 13.3 tem 13 inclinadas no sentido horário e 21 no sentido anti-horário (verificar). Mais Fibonacci!

**Fig. 13.3** Cacto mostrando as espirais

A fig. 13.4 mostra uma pinha de araucária colhida por mim mesmo (ela havia caído da árvore e não explodiu, pois ainda não estava madura). As espirais são claramente visíveis. Nela contei 34 e 55 espirais. Fibonacci!

**Fig. 13.4** Pinha de araucária com espirais

A fig. 13.5 mostra um brócoli romanesco, também chamado de couve-brócoli romanesco. Note-se que cada gomo tem espirais, e os gomos formam, por sua vez, espirais. Usando outra foto citada nas referências deste capítulo, contei 13 espirais de gomos inclinadas no sentido anti-horário e 13 no sentido horário, e em um gomo consegui contar também 13 espirais nos dois sentidos.

**Fig. 13.5** Brócoli romanesco com gomos em espiral

A fig. 13.6 mostra a foto que tirei de um abacaxi (*ananas*, em inglês), em que se pode notar espirais mais inclinadas, apontando de cima para baixo no sentido anti-horário, e outras quase na vertical inclinadas no sentido horário. Seria interessante o/a leitor/a verificar por si próprio que muitas vezes o número de espirais é de 5 na coroa, e de 8 e 13 no corpo da fruta. Para facilitar a contagem, pode-se marcar com tinta um gomo (*scale*) do corpo, como na figura.

**Fig. 13.6** Espirais em um abacaxi

Na fig. 13.7 vê-se uma propriedade geométrica interessante: se uma figura geométrica cresce proporcionalmente (cf. seção 12.6.2; mais detalhes serão vistos em 19.2) formando circunferências, elas geram espirais. Nessa fig. 13.7, a figura geométrica foi um quadrado, mas poderia ser outra forma qualquer. Notem-se os interstícios brancos entre os quadrados de cor cinza, em forma de trapézios, todos semelhantes (cf. seção 12.6.2); eles também formam espirais.

**Fig. 13.7** Crescimento proporcional formando espirais

Em algumas das figuras anteriores não se nota o crescimento dos gomos, como no caso do da pinha (fig. 13.4), como verifiquei na própria quando tirei a foto, e no abacaxi (fig. 13.6). Finalmente, uma pequena digressão: não se pense que as espirais são uma ilusão; elas realmente existem na fig. 13.7, pois podem ser traçadas.

Várias espécies de árvores criam ramos formando uma sequência de Fibonacci, como mostra o esquema da fig. 13.8. A lei de formação é muito simples: em um determinado nível, de cada ramo saem dois ramos, um principal, mais grosso, que é a continuação do ramo original, e outro secundário, mas fino. O secundário continua crescendo mais um nível, ao passo que o principal divide-se em dois. Note-se que nessa figura às vezes o ramo principal é o da direita, e o secundário é o da esquerda, e em outras vezes ocorre o contrário. Ao lado de cada ramo foi colocado um número; os últimos de cima receberam o número 1. Se eles saem de um ramo, este último recebe a soma dos números daqueles dois. No lado direito da árvore estão anotados os números de ramos em cada nível da árvore. Em ambos os casos, tem-se sequências de Fibonacci. O desenho poderia ser chamado de *árvore de Fibonacci*, que pode ter algumas variações, como a não repetição dos ramos com mesmo número.

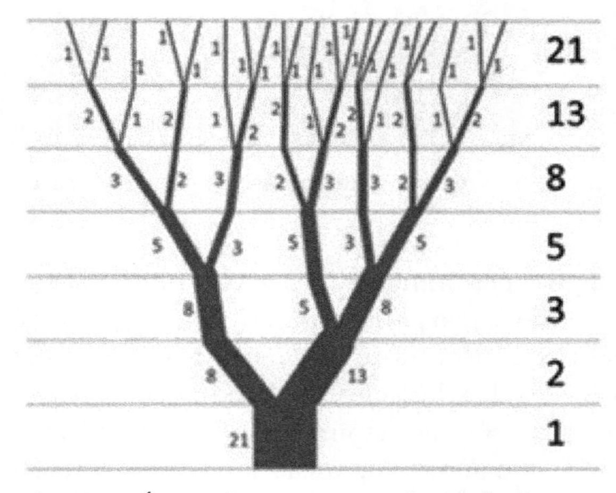


**Fig. 13.8** Árvore abstrata com sequências de Fibonacci

Comparando-se com a fig. 3.7, da multiplicação dos coelhos, segundo as restrições de Fibonacci, vê-se que no fundo se trata da mesma coisa: um tronco principal (correspondendo ao primeiro casal de coelhos) que continua existindo à medida que produz galhos (um casal de coelhos a cada gestação), cada um continuando a existir, mas também produzindo derivações (novos casais) com a mesma regra. Quando há a formação de um novo ramo, ele continua como está até o nível seguinte, o que corresponde ao tempo de maturação sexual de um novo casal de coelhos. O correto teria sido prolongar o tronco principal mais um nível abaixo, correspondendo à maturação do primeiro casal de coelhos. Várias árvores seguem essa regra de formação, mas, obviamente, em uma árvore real, os níveis dos ramos não se dispõem nas regularidades de altura do desenho da fig. 13.8. O interessante livro de Peter S. Stevens (v. ref.) traz em sua p. 126 a fig. 13.9, na qual se vê como se devem contar os ramos de uma árvore que seguem a sequência de Fibonacci. Ele chama atenção ao fato de que os ramos longos levaram duas vezes mais tempo para crescer (correspondendo ao nascimento, maturação e período de gestação dos coelhos) do que os ramos curtos (correspondendo somente ao período de gestação). Em cada divisão em dois ramos, um deles é longo e o outro é curto.

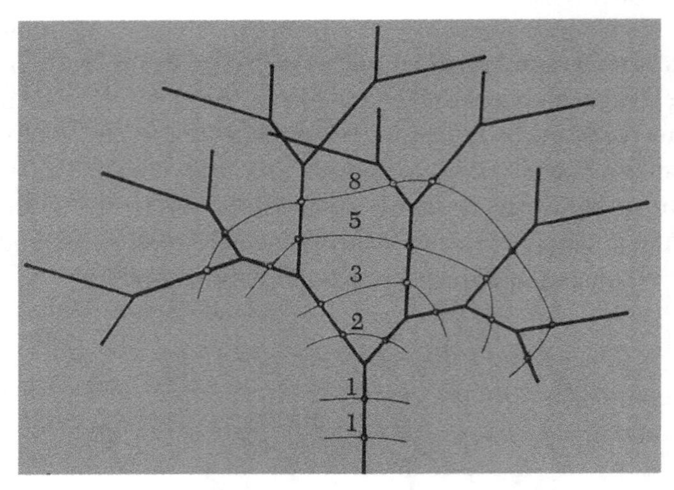


**Fig. 13.9** Árvore abstrata com sequências de Fibonacci

A disposição de folhas nos ramos de uma árvore ou planta é denominada de *filotaxia* (*phyllotaxis*, do grego antigo *phýllon* φύλλον, 'folha', *e táxis* τάξις – de fato, tázis –, 'disposição'). Na literatura encontra-se essa denominação também para a disposição dos galhos de uma árvore, dos florícolos em uma flor composta (como a margarida), de sementes (como o girassol) e dos espinhos em um ramo. Uma forma de expressar a filotaxia é $m/n$, onde $m$ é o número de voltas que se deve dar em torno do tronco (ou dos galhos, ou dos caules), durante as quais são contadas $n$ folhas (ou galhos, ou espinhos). Em muitas plantas, $m$ e $n$ são números da sequência de Fibonacci. Por exemplo, encontram-se citações de filotaxia, não verificadas por mim, das seguintes relações para diversas árvores: olmo (*elm*) com 1/2, faia (*beech*) 1/3, carvalho (*oak*) 2/5, salgueiro (*willow*) 3/8 e amendoeira (*almond*) 5/13. Peter S. Stevens (v. ref., p. 159) dá as seguintes filotaxias ainda não citadas (as já citadas coincidem): macieira (*apple*) e abricô (*apricot*) 2/5; ciperáceas (*sedge*) e aveleira (*hazel*) 1/3; bananeira-de-são-tomé (*plantain*), choupo (*poplar*) e pereira (*pear*) 3/8; alho-poró (*leeks*) 5/13.

Aidan Dwyer ganhou em 2011, quando tinha 13 anos, um concurso de jovens cientistas do American Museum of Natural History, com um artigo (v. ref.) relatando uma pesquisa sua em que compara pequenas células fotovoltaicas dispostas como se faz normalmente, formando um retângulo em um plano inclinado fixo e orientado de modo a coletar o máximo possível de luz solar, com uma montagem de células em placas iguais dispostas em espiral como se fossem as folhas de uma árvore seguindo números de Fibonacci como descrito acima. Com a segunda disposição ele obteve resultados bem melhores, isto é, maior produção de energia elétrica, especialmente no inverno. Sua teoria é de que essa disposição é a melhor para coletar a luz solar, pois as 'folhas' têm várias disposições. Mesmo com sombra ou falta de iluminação em algumas 'folhas', outras continuam a receber a luz do Sol. Infelizmente, ele não testou várias espirais e vários números de Fibonacci para verificar qual dava o melhor resultado.

Andei observando as árvores. A disposição da fig. 13.9 parece ser comum nos primeiros galhos.

Há inúmeros trabalhos sobre filotaxia. Supõe-se que os antigos egípcios, que eram grandes admiradores das flores e observadores minuciosos, como atestam os textos dos túmulos dos faraós, provavelmente conheciam mais sobre números e filotaxia do que foi relatado posteriormente, por exemplo, pelo grego Teofrasto (*Theophrastus*, 370-285 a.C.), considerado o pai da botânica, sucessor de Aristóteles em sua escola, e pelo escritor e naturalista romano Plínio (*Pliny*, 23-79 d.C.), autor do livro enciclopédico *Naturalis Historia*, que se tornou um modelo para as enciclopédias. Plínio morreu ao tentar salvar um amigo e sua família da erupção do Vesúvio, que já tinha destruído as cidades de Pompeia e Herculano. Infelizmente seria necessário estender muito este livro se a história da filotaxia e seus desenvolvimentos, especialmente os matemáticos, fossem descritos. O artigo de Adler, Barabé e Jean (v. ref.) é uma excelente referência sobre esse tema.

O cap. 4 do livro de Przemyslaw Prusinkiewicz e Aristid Lindenmayer (v. ref.; disponível na internet) é dedicado exclusivamente à filotaxia, e traz inúmeras fotos coloridas de plantas, inclusive a fig. 4.4, de um girassol, onde se vê muito bem, à distância de 2/3 do centro, 34 espirais desenrolando-se no sentido horário e 21 no sentido anti-horário, ambos números da sequência de Fibonacci. Mario Livio, em seu interessantíssimo livro, que aborda inúmeros assuntos relacionados com a razão áurea, com relativamente pouca matemática e muitos dados históricos, traz um capítulo sobre filotaxia (v. ref., na seção 5.12, p. 109). O trabalho de conclusão de curso de Giorgio Wilberstaedt, *As formas e os números da natureza*, traz inúmeros exemplos e considerações sobre filotaxia, além da razão áurea, espirais e um capítulo sobre colmeias.

Este livro estaria incompleto se não fosse mencionada a obra monumental de D'Arcy W. Thompson, *On Growth and Form*, que em sua primeira edição de 1917 tinha 793 páginas, e a segunda, aumentada, de 1942, tinha 1.116 páginas. Nele, D'Arcy Thompson trata de formas em muitos elementos da flora e da fauna. A forma reduzida do livro é a mais conhecida (v. ref.); nela há um capítulo sobre espirais equiangulares (logarítmicas, v. 19.2, propr. 2), e também outros muito interessantes, como um sobre variações nas formas de seres vivos obtidas por transformações geométricas. Outro livro que não pode deixar de ser citado é o de Theodore Andrea Cook, *The Curves of Life*, cuja versão original data de 1914 e tem nada menos do que 415 ilustrações de seres vivos (por exemplo, chifres em espiral), arquitetura etc. Ele aborda vários exemplos de espirais na natureza, como plantas que se enrolam em outras, no ser humano, em escadas e até nas complexas tatuagens *Ta moko* dos nativos maoris da Nova Zelândia.

Vários artigos e livros mencionam o 'ângulo áureo', que não foi abordado aqui. Trata-se da divisão de 360° pelo quadrado da razão áurea $\varphi^2 = \varphi + 1 \approx 2{,}6180$ (cf. [7.1:2]), obtendo-se o ângulo de 137,5°. Várias plantas seguem esse ângulo de rotação entre um galho, folha ou espinho e o seguinte. O $\varphi^2$ é o limite da razão entre dois elementos seguintes não consecutivos da sequência de Fibonacci, $F_{n+1}/F_{n-1}$ (v. 4.1 ), quando $n$ cresce.

**Exr. 13.1** Procure plantas cujos frutos, flores, folhas ou galhos formam espirais; conte quantas elas são. No caso de uma flor composta de florícolos é melhor fotografá-la, para poder ampliá-la no computador e poder contar o número de espirais nos sentidos horário e anti-horário. No caso de abacaxis, pinhas etc. é interessante marcar um gomo com um marcador permanente para poder contar mais facilmente as espirais.

## Referências


- Adler, I., Barabé, D., e Jean, R. V. A history of the study of phyllotaxis. *Annals of Botany,* v. 80, p. 231-244, 1997.
- Cook, T. A. *The Curves of Life.* New York: Dover Publications, 1979.
- Douady, S., e Couder, Y. Phyllotaxis as a physical self-organized growth process. *Phys. Rev. Lett.*, v. 68, p. 2098, 1992.
- Dwyer, A. The secret of the Fibonacci Sequence in trees. Acesso em 17/7/18: www.amnh.org/learn-teach/young-naturalist-awards/winning-essays2/2011--winning-essays/the-secret-of-the-fibonacci-sequence-in-trees/

  – Vídeo descrevendo suas experiências e planos para o futuro. Acesso em 17/7/18: www.youtube.com/watch?v=LHYCJKWjgtE
- Newell, A. C., e Shipman, P.D. Plants and Fibonacci. *Journal of Statistical Physics*, 121: 5/6, Dec. 2005. Acesso em 18/6/18): http://math.arizona.edu/~anewell/publications/Plants_and_Fibonacci.pdf
- Prusinkiewicz, P., e Lindenmayer, A. *The algorithmic beauty of plants.* New York: Springer, original de 1996 e ed. eletrônica de 2004. Acesso do cap. 4 em 18/2/19: http://algorithmicbotany.org/papers/abop/abop-ch4.pdf
  Todo o livro (idem): http://algorithmicbotany.org/papers/#abop
- Stevens, P. S. Patterns in Nature. Middlesex: Penguin Books, 1977.
  Acesso em 18/4/20: https://www.youtube.com/watch?v=sQx-aEQ0egk
- Thompson, D'Arcy W. *On Growth and Form.* Ed. reduzida por J. T. Bonner. Cambridge: Cambridge University Press, 1961.
- Wilberstaedt, G. *As formas e os números da natureza.* Trabalho de Conclusão de Curso de Licenciatura em Matemática. Florianópolis: Universidade Federal de

Santa Catarina, 2004. Acesso em 16/2/19:
https://repositorio.ufsc.br/bitstream/handle/123456789/97052/Giorgio.pdf?sequence=1&isAllowed=y

- Brócoli romanesco. Acesso em 28/10/19:
https://www.seedsforafrica.co.za/products/romanesco-broccoli-fractal-head--cauliflower-brassica-oleracea-exotic-vegetable-100-seeds
- Cactos com espirais: fazer uma busca na internet por 'cactus spirals'.
- Espirais e números de Fibonacci e de Lucas, vídeo com uma teoria por que as plantas seguem esses padrões (infelizmente, rápido demais, acesso em 7/1/19): www.youtube.com/watch?v=ahXIMUkSXX0&feature=youtu.be
- Fig. 13.1 (espirais em margaridas). Acesso em 6/7/20:
http://mathtourist.blogspot.com/2015/12/daisy-spirals.html e https://www.cnet.com/pictures/natures-patterns-golden-spirals-and-branching-fractals/5/
- Fig. 13.2 (cacto com espirais). Acesso em 28/10/19: https://www.flickr.com/photos/dgphilli/62924384
- Fig. 13.3 (cacto com espinhos e espirais). Acesso em 7/1/19: https://i.pinimg.com/originals/f9/97/8c/f9978cf32ee74e5321562552ca7b8118.jpg
- Fig. 13.5 (brócoli romanesco). Acesso em 28/10/19: www.seedsforafrica.co.za/products/romanesco-broccoli-fractal-head-cauliflower-brassica-oleracea-exotic--vegetable-100-seeds
- Fig. 13.8 (árvore de Fibonacci). Idem:
https://botanicamathematica.wordpress.com/2014/04/01/fibonacci-tree
- Tatuagens Ta moko dos nativos maoris:
https://en.wikipedia.org/wiki/T%C4%81_moko

CAPÍTULO 14

# Figuras geométricas áureas

## 14.1 A razão áurea na carteira

A fig. 14.1 mostra um cartão magnético (a tarja magnética está na face de trás), semelhante aos cartões bancários. O/a leitor/a deveria medir os comprimentos dos dois lados do retângulo da foto do cartão e dividir o maior pelo menor. No cartão original, medido com um paquímetro (um instrumento com uma escala móvel que mede comprimentos com escala de décimos de milímetro), obtive 8,60 cm por 5,35 cm. A sua divisão dá 1,607, bem próxima da razão áurea!

**Fig. 14.1** Cartão magnético de identificação

Seria interessante o/a leitor/a medir algum cartão semelhante e calcular a razão dos lados, para ver que dá algo próximo de φ. Confirmando as proporções dos retângulos desses cartões, o leitor deve concluir que anda com a razão áurea na carteira...

## 14.2 Retângulos áureos

Um retângulo cujos lados seguem a proporção áurea, como foi aproximadamente o caso da fig. 14.1, é denominado de *retângulo áureo*, representado na fig. 14.2. Nela, foram anotados os tamanhos dos lados com proporções φ:1 e outras que se aproximam muito dela (1,618...), como 8:5 (1,6) e 13:8 (1,625), que são razões de números do começo da sequência de Fibonacci (cf. seção 2.3). Se o/a leitor/a desejar construir um retângulo quase áureo, pode usar essas proporções, por exemplo, 8 cm por 5 cm, 13 cm por 8 cm, ou seus múltiplos, como 16 cm por 10 cm, 39 cm por 24 cm etc.

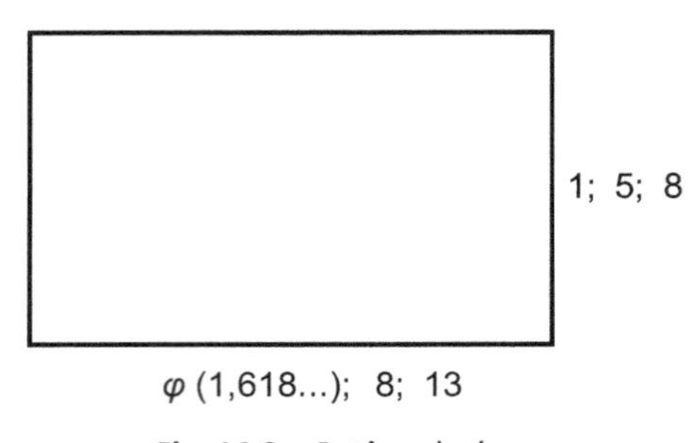


**Fig. 14.2** Retângulo áureo

O filósofo, físico e um dos fundadores da psicologia experimental Gustav Theodor Fechner (1801-1887) fez um estudo psicológico em 1876, perguntando a pessoas qual retângulo elas preferiam, entre 10 proporções diferentes, incluindo um retângulo áureo. 35% das pessoas preferiram o retângulo áureo, 20,6% preferiram um de proporções 1,5:1, e 20% escolheram um com 1,77:1. Note-se que esses dois últimos aproximam-se do retângulo áureo. Nenhuma das pessoas indicou o retângulo áureo como o menos preferido. Fechner concluiu que o retângulo áureo era o mais preferido (v. ref. e também a de M. Livio na seção 5.12, pp. 179-182).

Mas por que essa preferência, e que talvez tenha sido o motivo para ser usada aproximadamente a razão áurea para os cartões magnéticos? Aparentemente, a proporção áurea é agradável à vista, talvez, na minha explicação, porque inconscientemente se associam a ela proporções do rosto humano e de outras partes do corpo, como visto nas seções 11.1 e 11.2.

Assim, se se deseja desenhar um retângulo agradável à vista, use-se aproximadamente uma proporção áurea. Se se desejar construir uma caixa com proporções áureas, a face da frente poderia ter essa proporção, e a profundidade poderia ser uma qualquer, ou usar novamente a razão áurea entre a profundidade e a altura ou a largura.

O artigo de Krishnendra Shekhawat (v. seção 12.3 e ref. em 12.7) traz várias considerações sobre retângulos áureos, e também sobre sequências de retângulos cujos lados têm as medidas de dois elementos consecutivos da sequência de Fibonacci. O artigo de Akhter Akhtaruzanan e Amir Akramin Shafie (idem) mostra como construir um retângulo áureo a partir da construção consecutiva de retângulos com lados de tamanho $\sqrt{2}$, $\sqrt{3}$ e $\sqrt{5}$.

## 14.3 Triângulos áureos

Não existem apenas retângulos áureos como figuras geométricas planas apresentando essa proporção. Na fig. 14.3 há um *triângulo áureo*, isósceles, em que os lados iguais têm comprimento que, dividido pelo comprimento da base, dá aproximadamente o φ.

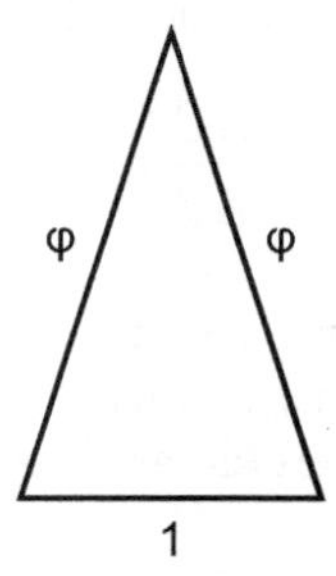


**Fig. 14.3** Triângulo isósceles áureo

No cap. 18 será exposta uma aplicação dos retângulos e triângulos áureos na construção de espirais aproximadamente áureas.

## 14.4 Pentágonos e pentagramas

Há duas outras figuras geométricas com várias proporções áureas: o pentágono e o pentagrama regulares, como os da fig. 14.4, que mostra um pentagrama inscrito em um pentágono regular. O pentagrama é determinado unindo-se com segmentos de retas todos os vértices do pentágono, ou seja, pelas suas diagonais. Um polígono regular é aquele que tem todos os lados de mesmo tamanho e todos os seus ângulos iguais.

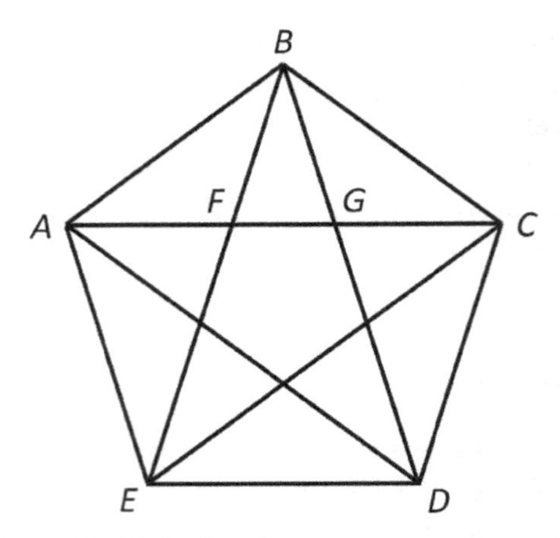


**Fig. 14.4** Pentágono e pentagrama

No pentágono ocorre a seguinte propriedade:

$$\frac{AC}{AB} = \varphi$$

isto é, a relação entre a diagonal do pentágono e seu lado é a razão áurea. Seria interessante o/a leitor/a medir esses segmentos e verificar essa proporção aproximada; obviamente, haverá um pequeno desvio devido às distorções da figura.

No pentagrama,

$$\frac{AC}{ED} = \frac{AC}{FC} = \frac{FC}{GC} = \varphi$$

Na seção 14.5, de formalismos matemáticos, essas relações serão provadas formalmente. Note-se que elas envolvem os tamanhos de todos os segmentos e distâncias determinadas pelo pentagrama.

Talvez essas proporções áureas sejam a causa de um pentagrama parecer tão atraente e ser tão desenhado por participantes de reuniões ou aulas monótonas... Além, obviamente, do fato de ele poder ser desenhado sem se levantar o lápis do papel. Um heptagrama (estrela regular de 7 pontas) também tem essa última propriedade.

As diagonais do pentágono da fig. 14.4 determinam não só o pentagrama, mas também um novo pentágono; um de seus lados está assinalado, o do segmento *FG*. As diagonais desse novo pentágono determinariam um novo pentagrama e mais um pentágono, e assim indefinidamente. Segundo o livro de Mario Livio (v. ref. na seção 5.12, p. 35), essa é uma prova de que φ é irracional (cf. seção 7.1).

Se os tamanhos de todos os segmentos de tamanhos diferentes determinados por um pentagrama forem ordenados em ordem decrescente, tem-se uma sequência em que cada elemento dividido pelo seguinte é a razão áurea, isto é, uma P.G. (v. seção 2.3) cujo quociente é a razão áurea, que será examinada na seção 15.1.

## 14.5 Formalismos matemáticos

(Esta seção pode ser pulada por leitoras/es não interessadas/os em formulações matemáticas.)

### 14.5.1 A razão áurea no pentágono

Seja o pentágono regular ABCDE da fig. 14.5, onde foram traçadas as diagonais, *AC* e *BE*, que se interceptam no ponto *F*, e *CE*. Para simplificar a notação do que segue, o lado *AB* foi denominado de *d*, o segmento *AF* de *a* etc. Houve um pouco de distorção ao desenhar a figura.

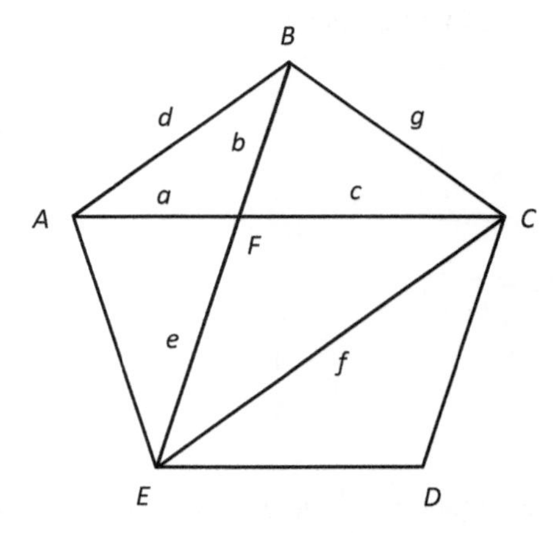


**Fig. 14.5** Razões áureas

Deseja-se demonstrar que $f/d = \varphi$, isto é, a razão entre qualquer diagonal do pentágono e um lado dele é áurea. Além disso, $c/a = e/b = \varphi$. Para isso, será necessário verificar as seguintes propriedades:

1. Todos os lados do pentágono têm o mesmo comprimento, isto é, $d = g$ etc. Isso deriva do fato de ele ser regular.
2. Todos os ângulos dos vértices são iguais (a rigor, são congruentes, isto é, têm a mesma medida, mas, para simplificar, será usada a nomenclatura 'iguais' cf. seção 12.6.1).
3. Cada diagonal é paralela ao seu lado oposto, isto é, $f//d$ etc. De fato, *ABCE* é um trapézio isósceles (aquele em que os lados não paralelos têm o mesmo comprimento), em que $AE = BC$ (dois lados do pentágono) e $EAB = \angle ABC$ (todos os ângulos internos do pentágono são iguais).
4. Os triângulos *ABF* e *CEF* são semelhantes (cf. seção 12.6.2). De fato, $\angle AFB = \angle CFE$, pois são opostos pelo vértice comum. Além disso, como $f$ e $d$ são segmentos paralelos, $\angle FAB = \angle FCE$, e $\angle ABF = \angle FEC$, determinados por uma reta que corta duas

retas paralelas. Assim, os dois triângulos têm os 3 ângulos iguais e, portanto, são semelhantes (cf. seção 12.6.2). Então seus lados são proporcionais:

$$\frac{f}{d}=\frac{c}{a}=\frac{e}{b} \quad [1]$$

5. *CDEF* é um losango regular, isto é, com todos os lados de igual tamanho. De fato, pela propriedade 3 acima, *CD//EF* e *DE//CF* e $CD = DE$. Portanto, como $c = CD$, e *CD* e *d* são lados do pentágono, $c = d$. Portanto, de [1],

$$\frac{f}{d}=\frac{d}{a}$$

Mas $f = AC$ (pois são diagonais do pentágono), portanto $f = a + c = a + d$, de modo que $a = f - d$ e, assim,

$$\frac{f}{d}=\frac{d}{f-d} \rightarrow \frac{d}{f}=\frac{f-d}{d} \rightarrow \frac{d}{f}=\frac{f}{d}-1 \rightarrow \frac{f}{d}=\frac{d}{f}+1$$

Fazendo $\frac{f}{d} = y$, chega-se a

$$y=\frac{1}{y}+1$$

que é exatamente uma das equações do φ (cf. seção 7.3.1), então $y = \varphi$, isto é, $\frac{f}{d} = \varphi$. Portanto, a razão entre a diagonal e o lado de um pentágono regular é a razão áurea.

De [1] tem-se ainda que $\frac{c}{a} = \frac{e}{b} = \varphi$, c.q.d.

## 14.5.2 A razão áurea no pentagrama

Comparando as figs. 14.4 e 14.5, vê-se que na segunda foi traçada parte do pentagrama. Comparando as duas, $\frac{AC}{FC} = \frac{c}{a} = \varphi$, que é uma das relações de 14.4.

**Exr. 14.5.2** Provar as relações $\frac{AC}{ED} = \frac{FC}{GC} = \varphi$ da fig. 14.4.

O livro de Maurício Zahn (v. ref. na seção 5.12) traz propriedades dos ângulos do pentagrama e propriedades trigonométricas relacionadas com o φ.

## 14.6 Referências


- Akhtaruzzaman, A. et al. Golden Ratio, the *Phi*, and Its Geometrical Substantiation. A Study on the Golden Ratio, Dynamic Rectangles and Equation of *Phi*. *2011 IEEE Student Conference on Research and Development* (SCOReD), pp. 326-331. Acesso em 2/4/19: www.academia.edu/1782138/Golden_Ratio_the_Phi_and_Its_Geometrical_Substantiation

- Fechner, G.T. Acesso em 14/7/19: https://en.wikipedia.org/wiki/Gustav_Fechner


## 14.7 Resolução do Exr. 14.5.2

Na fig. 14.4, como visto na seção 14.5.1, $\frac{AC}{AB} = \varphi$ como $AB = ED$ (lados do pentágono regular), $\frac{AC}{ED} = \varphi$, de modo que resta provar $\frac{FC}{GC} = \varphi$. De fato, como $BC = ED$ (lados do pentágono regular), $BC = FC$; além disso, $EF = FC$ (lados do losango regular). Mas também, como visto na seção 14.5.1, $\frac{EF}{FB} = \varphi$, portanto $\frac{FC}{BF} = \varphi$. Como $BF = BG$, $\frac{BC}{BG} = \varphi$. Assim, os triângulos *BFG* e *BFC* têm dois lados proporcionais; como ainda têm o ângulo $\angle$BFG em comum, eles são semelhantes (cf. seção 12.6.2). Portanto $\frac{BF}{FG} = \varphi$. Como $BF = GC$ (todos os triângulos são iguais), então $\frac{FC}{GC} = \varphi$, c.q.d.

# CAPÍTULO 15

# A regra de Fibonacci e figuras geométricas

## 15.1 Segmentos de reta

O segmento de reta da fig. 10.1, com sua divisão, foi transcrito para a parte esquerda da fig. 15.1; essa parte está, portanto, dividida segundo a razão áurea em $a$ e $b$. Aplicando a regra de Fibonacci (cf. seção 2.3), foi adicionada a essa parte a soma $a + b$ dos segmentos $a$ e $b$. Isso equivale a duplicar o segmento $a + b$ em seu comprimento total, obtendo-se um novo segmento de comprimento $2a + 2b$ representado na fig. 15.1

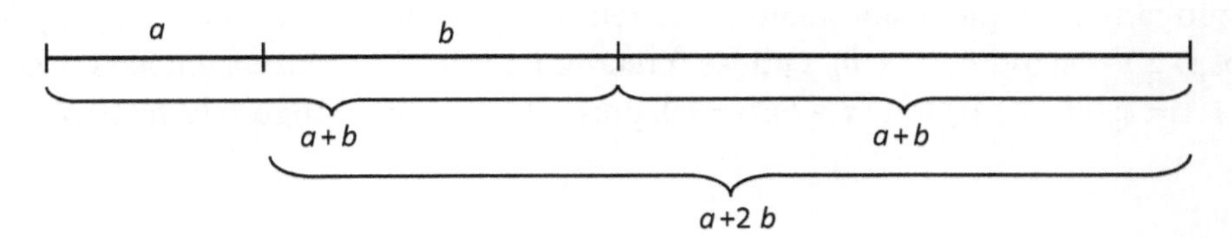


**Fig. 15.1** Duplicação de segmento com razão áurea

Por construção,

$$b/a = (a + b)/b = \varphi$$

O novo segmento $a + b$ à direita preserva a razão áurea com a parte $b$ do anterior, já que $(a + b)/b = \varphi$. Nesse caso, o novo segmento $a + 2b$ também preserva a razão áurea com o novo $a + b$:

$$(a + 2b)/(a + b) = \varphi$$

Isso é provado na seção 15.4, de formalismos matemáticos, na qual é feita a extensão para a adição de mais segmentos.

Portanto, dobrando-se o segmento original com $a + b$, aparece novamente a razão áurea entre a nova parte $a + b$ e a última do original, $b$, e o total de $a + 2b$ em relação à nova parte $a + b$.

No fundo, ao se dobrar o segmento original, está-se adicionando a soma dos dois segmentos anteriores, que é a regra de Fibonacci. Isto é, aplicando-se a regra de Fibonacci a um segmento dividido na razão áurea, conserva-se essa razão entre os dois últimos segmentos.

Isso vale para qualquer sequência de segmentos construída com a regra de Fibonacci (cada novo segmento é a soma dos dois anteriores). Se no início do processo a razão do segundo termo pelo primeiro for a razão áurea, todos os termos consecutivos assim construídos preservarão essa razão.

**Exr. 15.1** Adicionar ao segmento total da fig. 15.1 mais dois segmentos preservando as razões áureas.

## 15.2 Retângulos áureos

Na fig. 15.2 partiu-se de um retângulo áureo (cf. fig. 14.2), com lados $\varphi$ e 1 (ou $b$ e $a$, com $b/a = \varphi$), e adicionou-se um quadrado embaixo do retângulo, com lado com o mesmo tamanho que o lado maior $b$ do retângulo. Obtém-se um novo retângulo de lados $\varphi$ e $1 + \varphi$ (ou $b$ e $a + b$). Ora, se o retângulo inicial era áureo, então $(1 + \varphi)/\varphi = 1/\varphi + 1 = \varphi$ (cf. [7.1:1]) (ou $(a + b)/\text{b} = \varphi$), portanto o novo retângulo também é áureo.

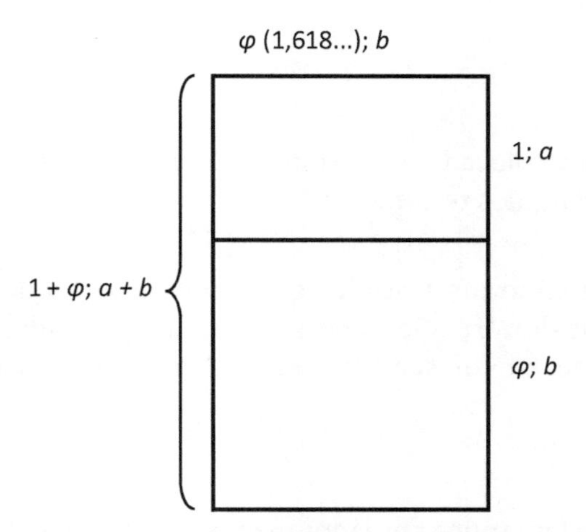


**Fig. 15.2** Retângulo áureo expandido com um quadrado

Do mesmo modo, pode-se adicionar mais um quadrado à direita no novo retângulo, com lado de tamanho igual ao tamanho do lado maior do retângulo anterior, obtendo-se um novo retângulo de lados $a + b$ e $a + 2b$, que, como o segundo retângulo, também será áureo. E assim pode-se ir adicionando quadrados, exatamente como foi feito nas figs. 2.6 e 2.9, obtendo-se a fig. 15.3.

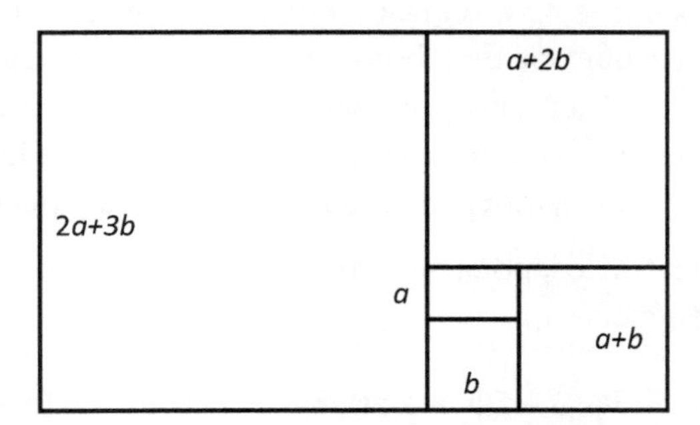


**Fig. 15.3** Sequência de retângulos áureos expandidos com quadrados

Na fig. 15.3 foram assinalados os lados menores de cada retângulo. Note-se que os quadrados foram adicionados em um sentido anti-horário, e que sempre é possível adicionar mais quadrados, como no caso da fig. 2.6, gerando retângulos áureos indefinidamente.

## Exercícios

**Exr. 15.2:1** Onde seria colocado o próximo quadrado e o seguinte a esse? Quais seriam os lados dos retângulos resultantes?

**Exr. 15.2:2** Na fig. 15.3 foram traçados quadrados a partir do primeiro retângulo áureo, no sentido anti-horário. Seria possível traçar quadrados para dentro do primeiro retângulo áureo, em um sentido horário? Qual seria a regra de formação desses quadrados?

Observe-se que os tamanhos dos lados menores formam a sequência

$$a, b, a + b, a + 2b, 2a + 3b, 3a + 5b, 5a + 8b, 8a + 13b, 13a + 21b, 21a + 34b, 34a + 55b, ...$$

Os coeficientes de $a$ e de $b$ seguem a sequência de Fibonacci, com os de $a$ um número anterior da sequência em relação a $b$, ou cada coeficiente de $a$ é igual ao coeficiente de $b$ no termo anterior, isto é, aquela sequência aparece defasada nos coeficientes de $a$ e de $b$. Isso é fácil de compreender, pois cada lado menor a partir do 3° retângulo é o resultado da soma dos dois lados menores dos dois retângulos áureos anteriores, o que é exatamente a regra de Fibonacci aplicada a cada coeficiente (cf. seção 2.3). O fato de a sequência de Fibonacci aparecer nos coeficientes é também facilmente compreensível observando-se apenas a sequência acima, pois cada parcela de cada termo da sequência é adicionada às duas correspondentes anteriores (por exemplo, os coeficientes de $a$), independentemente da outra parcela (coeficientes de $b$).

Como $a$ e $b$ são arbitrários, pode-se tomar $a = 1$ e $b = \varphi$ e, usando a regra de Fibonacci, obtém-se a sequência

$$1, \varphi, 1 + \varphi, 1 + 2\varphi, 2 + 3\varphi, 3 + 5\varphi, 5 + 8\varphi, 8 + 13\varphi, 8 + 13\varphi, 21 + 34\varphi, 34 + 55\varphi, ...$$

que será denominada de *sequência áurea*, já que a divisão de cada termo pelo anterior é igual a $\varphi$, pois a aplicação da regra de Fibonacci (cada termo é a soma dos dois anteriores) a dois números cuja razão é áurea preserva a razão áurea (cf. seção 15.1). Por outro lado, os valores dos termos dessa sequência crescem exponencialmente, isto é, em uma progressão geométrica, cada um resultando da multiplicação do anterior por $\varphi$, de modo que a sequência pode ser chamada de *progressão áurea*, que será tratada novamente na seção 23.1. Resumindo, chamando os termos da sequência áurea acima de $A_1, A_2, ... , A_n, ...$ , tem-se

$$A_n = 1, A_n = \varphi A_{n-1} \text{ para } n > 1 \text{ e } A_n = A_{n-1} + A_{n-2} \text{ para } n > 2$$

Essa é a única sequência começando com 1 e $\varphi$ com essas propriedades. No entanto, qualquer sequência começando com um número qualquer $a$ e o seguinte com $a\varphi$ e seguindo com a regra de Fibonacci também terá essas propriedades. De fato, usando essa regra, os 3 primeiros termos serão

$$a, a\varphi, a+a\varphi \quad [1]$$

e tem-se, usando a propriedade 1 de 7.3,

$$\frac{a+a\varphi}{a\varphi} = \frac{1}{\varphi} + 1 = \varphi$$

Isso valerá para toda a sequência, pois dessa fórmula tem-se

$$a + a\varphi = a\varphi\varphi = a\varphi^2$$

isto é, pode-se começar a sequência com $a\varphi$, $a + a\varphi$, cuja razão é o $\varphi$; o termo seguinte, usando a regra de Fibonacci, será o novo terceiro termo ($a + 2a\varphi$) que terá a razão $\varphi$ para o segundo, e assim por diante.

## Exercícios

**Exr. 15.2:3** Complete a sequência [1] acima com mais alguns termos, sem olhar para as anteriores!

**Exr. 15.2:4** Usando uma folha dupla de papel almaço quadriculado, desdobrado, com quadradinhos de preferência com 0,5 cm de lado, como na seção 2.2, construa uma sequência de retângulos áureos análoga à da fig. 2.6. Alternativamente, use o quadriculado da página seguinte, colocando o seu lado maior na horizontal, e marcando o vértice superior esquerdo do primeiro retângulo 17 quadradinhos de baixo para cima e 21 da direita para a esquerda. Infelizmente, desta vez não será possível desenhar o retângulo inicial e os quadrados usando precisamente as linhas do papel quadriculado, como foi o caso da fig. 2.6; será necessário medir com uma régua os tamanhos para poder deduzir o tamanho de um lado de cada quadrado (o outro lado será desenhado a partir dos dois quadrados anteriores), ou usar um compasso depois do primeiro retângulo. Use a régua ou o compasso apenas para medir os tamanhos necessários, marque no papel e depois desenhe os lados à mão livre! Capriche no desenho, em lugar de fazer a régua caprichar...

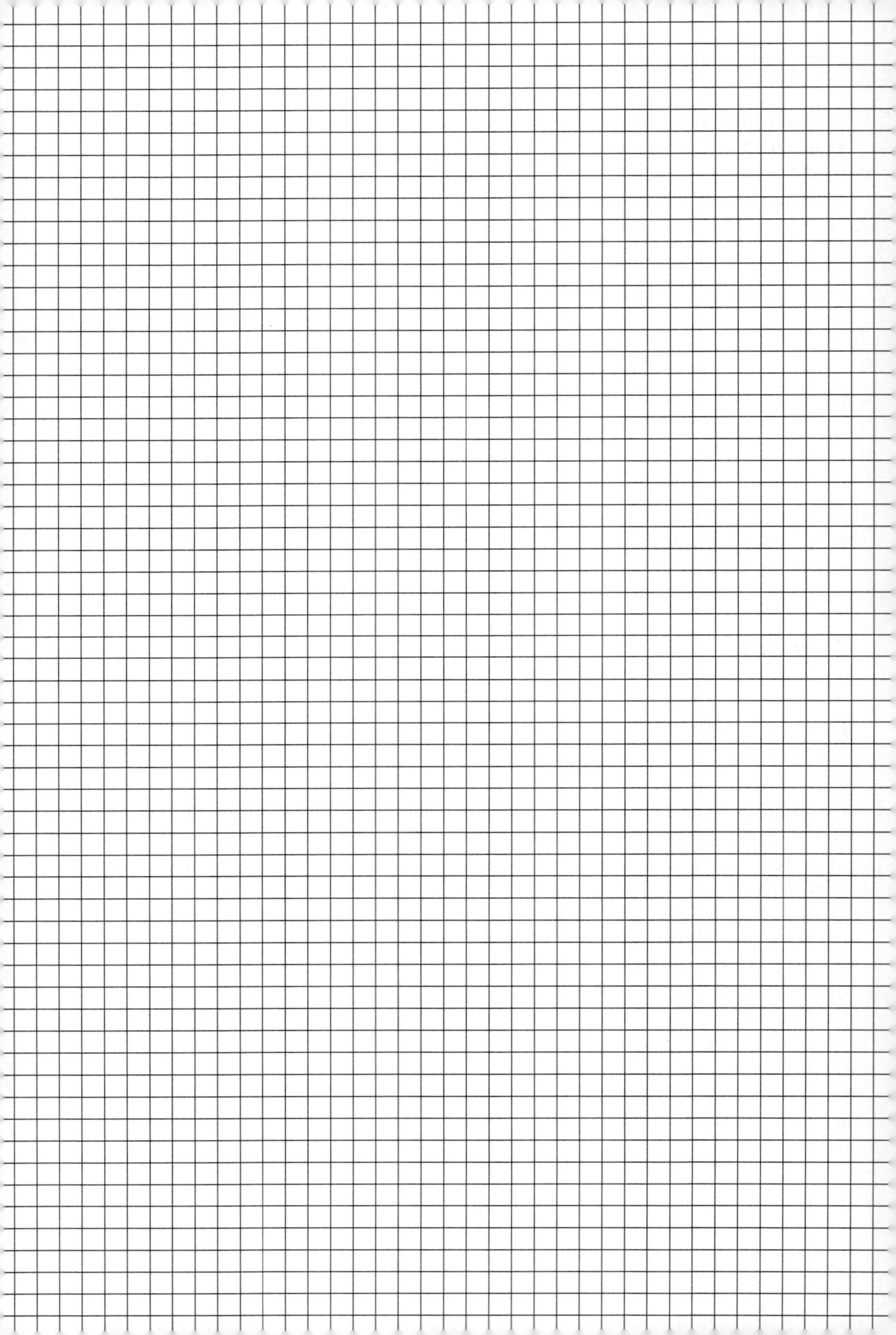

## 15.3 Triângulos áureos

Na fig. 15.4 partiu-se de um triângulo isósceles áureo (cf. a seção 14.3) de lados *a* e *b*, de tal modo que b/a = φ, adicionando-se de cada vez um triângulo isósceles com um lado sendo o prolongamento do lado menor do triângulo anterior, e o tamanho do seu lado menor sendo igual ao tamanho do lado maior do triângulo anterior. No 2º triângulo, *b* foi obtido prolongando *a*, e o tamanho do lado maior é igual à soma dos tamanhos dos lados menor e maior do triângulo anterior ($a + b$). Note-se que, para construir o lado maior do próximo triângulo, basta girar o lado maior do anterior, com centro no vértice que é a intersecção desse lado maior com o lado menor, até o prolongamento do último. Por exemplo, no primeiro triângulo um lado maior *b* foi girado no sentido horário até o prolongamento do lado *a*, gerando um lado maior $a + b$ do segundo triângulo; o terceiro lado deste último é então desenhado unindo os vértices adequados. Observe-se que os triângulos foram desenhados em uma sequência acompanhando o sentido horário.

A partir do segundo triângulo, cada triângulo encontra-se *inscrito* no seguinte; por exemplo, o triângulo de lados *a* e *b* encontra-se inscrito no de lados *b* e $a + b$, e o de lados *b* e $a + b$ encontra-se inscrito no de lados $a + b$ e $a + 2b$.

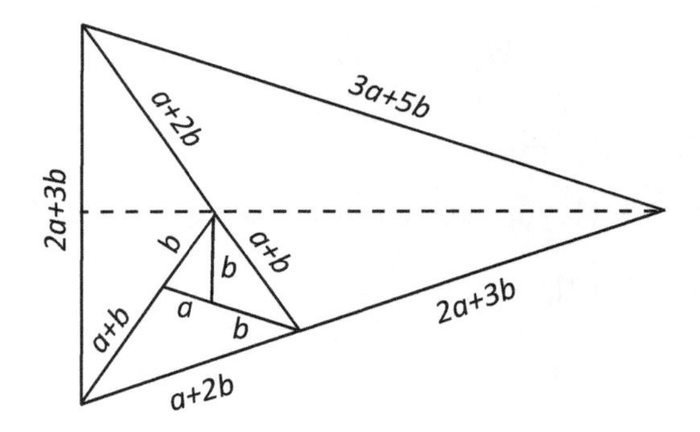


**Fig. 15.4** Sequência de triângulos áureos

Como foi seguida a regra de Fibonacci, em cada triângulo o tamanho do lado maior dividido pelo do menor é igual a φ, isto é, todos os triângulos são áureos e, com isso, são todos semelhantes (cf. seção 12.6.2).

Note-se que, como na seção 15.2, novamente aparece a sequência

$$a, b, a + b, a + 2b, 2a + 3b, 3a + 5b, \ldots$$

em que os coeficientes são termos consecutivos da sequência de Fibonacci. Note-se ainda que a linha tracejada é uma bissetriz (divide o ângulo em duas partes iguais) do triângulo maior, pois passa pelo vértice do triângulo isósceles de lados indicados por $a + 2b$ e por $a + b$ mais $b$. Essa linha é também a altura do triângulo em relação à base indicada com $2a + 3b$. Em todos os triângulos pode-se traçar uma linha semelhante.

## Exercícios

**Exr. 15.3:1** Completar a fig. 15.4 com mais alguns triângulos áureos, para ver se a regra de formação foi bem compreendida.

**Exr. 15.3:2** Seria possível desenhar um triângulo áureo inscrito no primeiro triângulo da fig. 15.4? Qual seria a regra de formação desse triângulo? E dentro dele, poder-se-ia inscrever outro triângulo áureo?

## 15.4 Formalismos matemáticos: sequência de segmentos áureos

(Esta seção pode ser pulada por leitoras/es não interessadas/os em formulações matemáticas.)

Será demonstrado que na fig. 15.1 a adição do segmento de comprimento $a + b$ ao segmento original preserva a razão áurea. Como o segmento original foi dividido na razão áurea, tem-se

$$b/a = (a + b)/b = \varphi \quad [1]$$

Mas

$$(a + 2\mathrm{b})/(a + b) = (a + b)/(a + b) + b/(a + b) = 1 + 1/((a + b)/b)$$

De [1] e da fórmula [7.1:1],

$$(a + 2\mathrm{b})/(a + b) = 1 + 1/\varphi = \varphi$$

O mesmo tipo de demonstração pode ser usado se se concatenar ao segmento total da fig. 15.1 a parte com ($a + 2b$), resultando agora na razão $(2\mathrm{a} + 3\mathrm{b})/(\mathrm{a} + 2\mathrm{b}) = \varphi$. Continuando, ter-se-ia a adição de um segmento com $2a + 3b$, obtendo-se a razão $(3a + 5b)/(2a + 3b) = \varphi$. Nota-se que os coeficientes seguem a sequência de Fibonacci, 1, 1, 2, 3, 5 etc., mas defasados: os coeficientes de $a$ estão sempre um número dessa sequência atrás do número do coeficiente do $b$, como visto na seção 15.2.

## 15.5 Resolução dos exercícios

**Exr. 15.1** Cuidado para adicionar sempre os dois últimos segmentos. No caso da fig. 15.1, o próximo a ser adicionado tem comprimento $b + (a + b)$.

**Exr. 15.2:1** O próximo quadrado na fig. 15.3 deve ser desenhado abaixo do desenho da figura, com lados de comprimentos $3a + 5b$ e $5a + 8b$. O seguinte, à direita do anterior, com lados $5a + 8b$ e $8a + 13b$.

**Exr. 15.2:2** Sim, é possível. Basta usar o lado menor do retângulo áureo original, e cortar sua área determinando um quadrado na parte da esquerda. Sobraria um retângulo áureo na parte direita, que, por sua vez, poderia ser cortado por um quadrado, e assim indefinidamente!

**Exr. 15.2:3** $a$, $a\varphi$, $a + a\varphi$, $a + 2a\varphi$, $2a + 3a\varphi$, $3a + 5a\varphi$, $5a + 8a\varphi$, $8a + 13a\varphi$, $13a + 21a\varphi$, $21a + 34a\varphi$, ...

**Exr. 15.3.2** Sim, do mesmo modo que foi possível estender retângulos áureos para dentro do retângulo original da fig. 15.3, conforme o Exr. 15.2:2. Note-se que os triângulos vão diminuindo de área em um sentido anti-horário; o lado menor de cada um deles torna-se o lado maior do seguinte e os vértices das confluências dos lados iguais vão se sucedendo consecutivamente no sentido anti-horário. A regra de formação do triângulo procurado seria construir dentro do triângulo com lados $a$ (a base) e $b$ (os dois lados iguais do triângulo isósceles original) um triângulo isósceles menor com mais um lado de tamanho $a$ e com base no lado com a notação $b$ intermediário, quase na vertical na figura. Nesse novo triângulo poderia ser novamente inscrito um novo triângulo áureo, e assim indefinidamente. Seria interessante o/a leitor/a tentar desenhar alguns desses triângulos de área cada vez menor.

CAPÍTULO 16

# Por que o φ veio de Fídias?

No cap. 8 foi visto que a letra grega φ foi dada por Mark Barr em homenagem ao arquiteto e escultor grego Fídias, e não ao Fibonacci. Mas por que Barr teria feito essa homenagem? É que ele usou φ para representar o valor (irracional) da razão áurea, e esta foi encontrada em algumas proporções no Partenon em Atenas, que abrigava estátuas esculpidas por Fídias, como pode ser visto na fig. 16.1.

**Fig. 16.1** Partenon com sequência de retângulos áureos

Nota-se nessa figura que há a construção de retângulos áureos como na fig. 15.3, mas com o primeiro quadrado acima do primeiro retângulo, em vez de abaixo dele.

Em particular, a altura original do edifício forma um retângulo áureo com a sua largura, e forma aproximadamente uma razão áurea com a altura das colunas, incluindo os capitéis. Mario Lívio, em seu fascinante livro (v. ref. na seção 5.12, pp. 72-75), coloca em dúvida as proporções áureas do Partenon.

Além de representar o valor da razão áurea em si, o $\varphi$ adquiriu muita fama por causa da sua relação com a sequência de Fibonacci (o limite da convergência das razões de seus termos consecutivos, cf. seção 7.1), que continua a ser objeto de pesquisa de novas propriedades matemáticas baseadas nela, como salientado no cap. 5.

## Referências

- Partenon: várias ilustrações com a razão áurea. Acesso em 14/7/19: https://www.goldennumber.net/parthenon-phi-golden-ratio/
  - várias ilustrações, inclusive com uma versão da fig. 16.1 (Partenon com retângulos áureos) e várias menções de razões áureas em sua arquitetura. Idem: https://www.slideshare.net/pskou/parthenon-and-golden-ratio

# CAPÍTULO 17

# Traçado geométrico da razão áurea

## 17.1 Dividir um segmento de reta

Deseja-se encontrar geometricamente o ponto $C$ que divide um segmento de reta $AB$ em uma razão áurea, isto é, tal que $CB/AC = AB/CB = \varphi$, como na fig. 17.1.

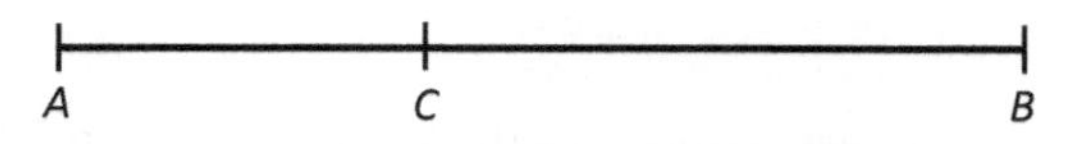


**Fig. 17.1** Segmento com razão áurea

A fig. 17.2 mostra a construção que leva ao ponto C. (1) Traçar pelo ponto $A$ uma reta perpendicular a $AB$. (2) Determinar o ponto $D$, no meio de $AB$. (3) Com centro em $A$, traçar um arco de circunferência partindo de $D$ e cruzando no ponto $E$ a reta perpendicular a $AB$. (4) Unir com um segmento de reta os pontos $E$ e $B$. (5) Com centro em $E$, traçar um arco de circunferência a partir de $A$, cortando o segmento $EB$ em $F$. (6) Com centro em $B$, traçar um arco de circunferência partindo de $F$ e cortando o segmento $AB$ no ponto procurado $C$.

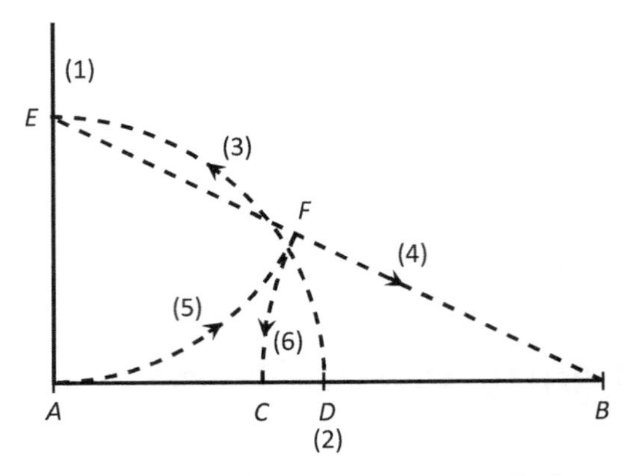


**Fig. 17.2** Divisão de um segmento em razão áurea

Essa construção é atribuída ao matemático e engenheiro Heron de Alexandria (Ἥρων ο Ἀλεξανδρευς, 10-70 d.C.). Na seção 17.5.1 é provado formalmente que, com essa construção, *C* divide *AB* na proporção áurea.

## 17.2 Estender um segmento de reta

Dado um segmento de reta *AB*, deseja-se estendê-lo formando um segmento *CAB* de modo que *A* divida *CB* em uma razão áurea, isto é, $AB/CA = CB/AB = \varphi$, como na fig. 17.3.

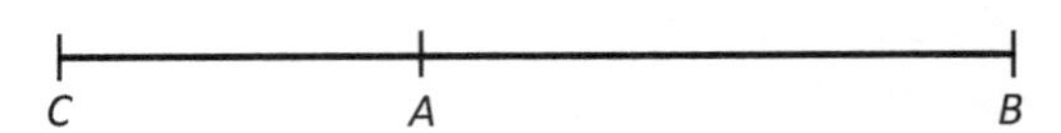


**Fig. 17.3** Extensão de um segmento em razão áurea

Isso pode ser facilmente conseguido partindo-se da fig. 17.2. Usando-se o procedimento da seção anterior, divide-se o segmento AB numa seção áurea, obtendo-se o ponto C. Em seguida, adiciona-se o segmento CB para a esquerda do ponto A da fig. 17.3. No entanto, existe uma construção direta mais simples que a da fig. 17.2.

A fig. 17.4 mostra a construção que determina o ponto *C*. (1) Determinar o ponto *D* no meio de *AB*. (2) Traçar uma reta perpendicular a *AB* pelo ponto *A*. (3) Com centro em *A*, traçar um arco de circunferência de *B* cortando essa reta em *E*. (4) Com centro em *D*, traçar um arco de circunferência a partir de *E* cortando a extensão do segmento *AB* no ponto *C* procurado.

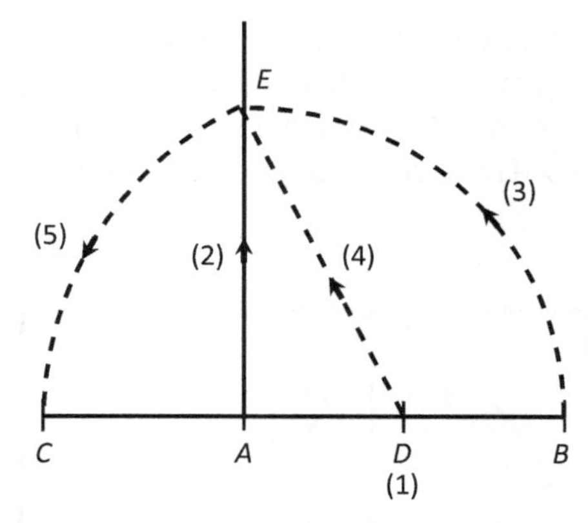


**Fig. 17.4** Construção de extensão formando razão áurea

Na seção 17.5.2 é provado que *A* divide *CB* na razão áurea.

O livro de Posamentier e Lehman citado na seção 5.9 traz várias outras construções.

## 17.3 Desenho de um pentágono regular

Levando em conta que a razão entre a diagonal de um pentágono regular e o seu lado é a razão áurea, como visto na seção 14.4, pode-se desenhar um pentágono. Se for dada sua diagonal, pode-se achar o tamanho do lado usando a construção da fig. 17.2. Se for dado o lado, pode-se obter a diagonal usando a construção da fig. 17.4.

Dada uma diagonal, como a *BE* da fig. 14.4, traçam-se dois arcos de circunferência com centros nas duas extremidades da diagonal, e com raios do tamanho dos lados do pentágono; o seu ponto de intersecção é o vértice *A* da fig. 14.4. Em seguida, com centro em *A* traça-se uma circunferência com raio igual à diagonal e, com centro em *B*, traça-se outra com raio igual ao lado do pentágono, determinando-se o vértice *C*, e assim por diante.

**Exr. 17.3** Construir geometricamente um pentágono regular dado o tamanho de seu lado.

## 17.4 Construção de retângulos e triângulos áureos

Usando uma das duas construções de segmentos de retas em proporções áureas, para construir geometricamente um retângulo áureo (cf. seção 14.2) basta rebater o segmento maior da divisão áurea para uma vertical da extremidade onde ele começa para se ter um segundo lado de um retângulo áureo. Na fig. 17.1, isso significa rebater *CB* para a vertical sobre *B* e, na fig. 17.3, rebater *AB* para a vertical sobre *B*.

Se for dado um quadrado e se quiser expandi-lo para um retângulo áureo com o tamanho do lado menor igual ao do lado do quadrado, pode-se usar a construção da fig. 17.4, como mostrado na fig. 17.5. Dado o quadrado $ABCD$, inicia-se determinando o ponto $E$ no meio do lado $AD$. O retângulo $FGCD$ será um retângulo áureo.

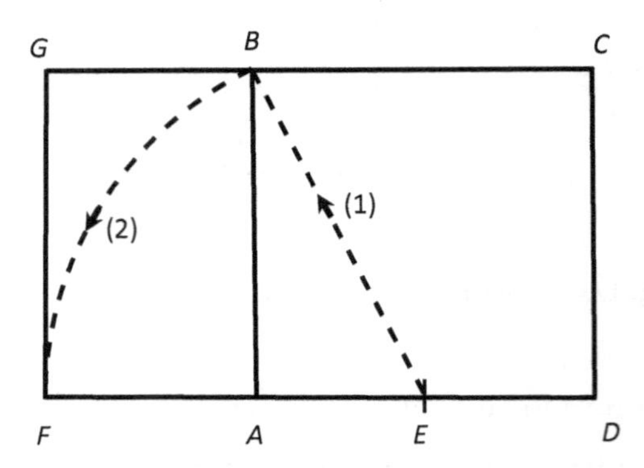


**Fig. 17.5** Construção de um retângulo áureo

Já para construir um triângulo isósceles áureo a partir da fig. 17.1, pode-se traçar um arco de circunferência com centro em $B$ e de raio $BC$, e a seguir outro de centro em $C$ e raio $CA$, como na fig. 17.6. O ponto de encontro $D$ dos dois arcos forma o triângulo $CBD$ procurado, cujo tamanho do lado maior é igual ao maior segmento áureo de $AB$.

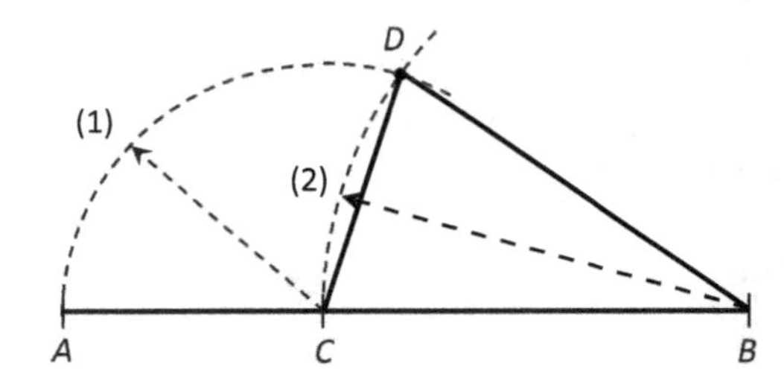


**Fig. 17.6** Construção de um triângulo áureo

**Exr. 17.4** Construir um triângulo isósceles áureo tal que seu lado maior tenha o tamanho do segmento $AB$ da fig. 17.6.

## 17.5 Formalismos matemáticos

(Esta seção pode ser pulada por leitoras/es não interessadas/os em formulações matemáticas.)

### 17.5.1 Prova da construção da fig. 17.2

Quer-se provar que $AB/CB = \varphi$.

O $\Delta ABE$ é retângulo, portanto, pelo teorema de Pitágoras (cf. seção 10.1), e como $D$ divide $AB$ ao meio,

$$(BE)^2 = (AB)^2 + (AE)^2 \text{ e } AE = AD = AB/2$$

$$(BE)^2 = (AB)^2 + (AB)^2/4 = (AB)^2(1 + 1/4) = (AB)^2 5/4 \rightarrow BE = AB\sqrt{\frac{5}{4}}$$

Portanto,

$$BF = BE - AE = AB\sqrt{\frac{5}{4}} - AD = AB\frac{\sqrt{5}}{2} - AB/2 = AB(\sqrt{5}-1)/2 = AB(\sqrt{5}+1-2)/2 =$$

$$= AB\left(\frac{1+\sqrt{5}}{2} - 1\right)$$

Mas $BF = CB$, e por [7.1:4] e [7.3:1] tem-se

$$CB = AB(\varphi - 1) = AB/\varphi \rightarrow AB/CB = \varphi \quad \text{c.q.d.}$$

**Exr. 17.5.1** Baseando-se na prova anterior, e antes de ver a demonstração abaixo, provar que a construção da fig. 17.4 resulta em $CB/AB = \varphi$.

### 17.5.2 Prova da construção da fig. 17.4

Como o $\Delta DAE$ é retângulo, e lembrando que $D$ é o ponto médio de $AB$,

$$(DE)^2 = (AE)^2 + (AD)^2 = (AB)^2 + (AB/2)^2 = (AB)^2(1+1/4) = (AB)^2(5/4)$$

$$CD = DE = AB\sqrt{\frac{5}{4}} = AB\frac{\sqrt{5}}{2}$$

Mas

$$CD = CB - DB = CB - AB/2 \rightarrow CB = CD + AB/2$$

$$CB = AB\frac{\sqrt{5}}{2} + AB/2 = AB\left(1/2 + \frac{\sqrt{5}}{2}\right) = AB\left(\frac{1+\sqrt{5}}{2}\right) \rightarrow CB/AB = \varphi \quad \text{c.q.d.}$$

## 17.6 Referência

- Heron de Alexandria. Acesso em 24/8/18: https://en.wikipedia.org/wiki/Hero_of_Alexandria

# CAPÍTULO 18

# Espirais quase áureas

## 18.1 Espiral com retângulos áureos

A fig. 15.3 pode servir de base para a construção de uma espiral. De fato, analogamente ao que foi feito na espiral de Fibonacci na fig. 2.9, devem ser traçados arcos de círculo ligando os únicos vértices comuns de cada dois quadrados consecutivos.

**Exr. 18.1** Usando o desenho da sequência de retângulos áureos da fig. 15.3, estendida no Exr. 15.2:1, empregando arcos de círculo como na fig. 2.9 da espiral de Fibonacci, e antes de ver a fig. 18.1 na próxima página, desenhar uma espiral no papel almaço quadriculado, à mão livre. Se foi usada a página quadriculada depois do exercício Exr. 15.2:4, use-a em lugar do papel almaço quadriculado. Como no caso da fig. 2.9, deve-se começar desenhando arcos bem fracos, para poder apagá-los quando não estiverem bonitos e harmônicos , isto é, próximos do que seriam desenhados com régua e compasso.

O resultado desse exercício é o que será aqui chamado de *espiral quase áurea*, mostrada na fig. 18.1. Esse 'quase' ficará claro no cap. 23. Note-se que todos os retângulos são áureos, como visto na seção 15.2, e que dois raios de quadrados sucessivos guardam a razão áurea entre si.

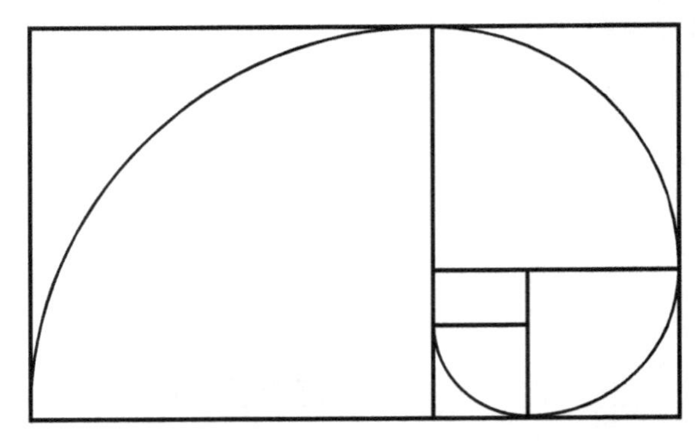

**Fig. 18.1** Espiral quase áurea

## 18.2 Espirais com triângulos áureos

O mesmo pode ser feito com os triângulos áureos. No caso dos retângulos, os arcos de circunferência uniam os dois únicos vértices comuns de cada dois quadrados consecutivos, analogamente à espiral de Fibonacci; no caso dos triângulos, os vértices também são unidos.

**Exr. 18.2** Usando o desenho da sequência de triângulos áureos da fig. 15.4, estendida no Exr. 15.3:1, desenhar (à mão livre) em papel almaço duplo uma espiral quase áurea.

## 18.3 Uma linda figura feita com espirais quase áureas

Associando espirais quase áureas partindo de retângulos áureos com fractais (figuras matemáticas padrões que se repetem a menos da escala, isto é, preservam todas as formas das linhas, diferindo apenas no seu tamanho), o matemático Edmund Harriss inventou a curva da fig. 18.2, denominada de *espiral* ou *curva de Harriss*:

**Fig. 18.2** Espiral de Harriss

Nas referências há a fonte dessa figura, onde encontra-se menção a um artigo em que é explicado como essa figura foi gerada por Harriss.

## 18.4 Determinação geométrica do foco

Como se pode determinar o foco de uma espiral construída com retângulos áureos como a da fig. 18.1? Seria interessante o/a leitor/a pensar em como resolver esse problema antes de prosseguir.

Uma solução seria a seguinte. A partir de um retângulo áureo, pode-se encontrar o retângulo áureo menor inscrito no primeiro. Para isso, basta traçar dentro do retângulo um quadrado com o tamanho do lado igual ao do lado menor do retângulo, como na fig. 18.3.

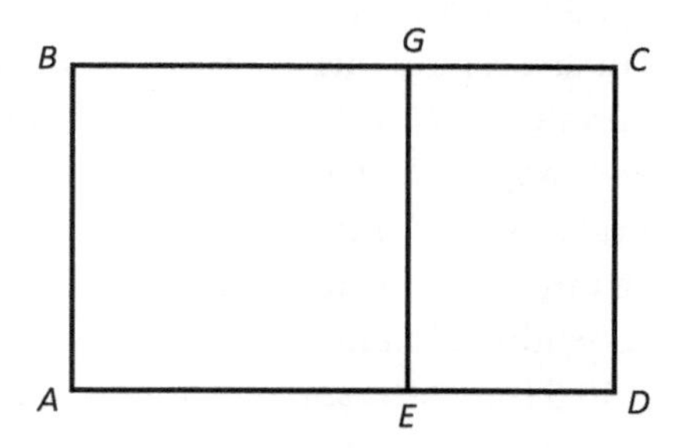


**Fig. 18.3** Divisão de um retângulo áureo gerando outro

Na seção 15.2 foi mostrado que, dado um retângulo áureo, como o *EGCD* da fig. 18.3, adicionando-se a ele um quadrado com lado de tamanho igual ao do lado maior do retângulo, o novo retângulo *ABCD* também é áureo. Agora será tomado o caminho inverso, partindo de *ABCD* e subtraindo dele um quadrado de lado igual ao seu lado menor *AB*, obtendo o retângulo *EGCD*. A demonstração dada em 15.2, que usou a regra de Fibonacci (cada termo é a soma dos dois anteriores), pois ela preserva a razão áurea, vale para esse caso. Na seção 18.5.1, de formalismos matemáticos, é dada uma demonstração explícita de que, subtraindo-se de um retângulo áureo *ABCD* um quadrado como *ABGE*, obtém-se um novo retângulo áureo *EGCD*. Isso equivale a construir uma sequência decrescente (com os tamanhos dos lados maiores), seguindo a regra de Fibonacci. Nesse caso, dados dois termos da sequência (correspondendo aos lados menor e maior do primeiro retângulo, *AB* e *AD*), acha-se pela sua diferença o termo anterior ao menor deles, o lado menor *ED* do próximo retângulo.

Na fig. 18.4, dividiu-se *EGCD* traçando o quadrado *HGCI*, obtendo-se um novo retângulo áureo *EHID* (a demonstração seria análoga).

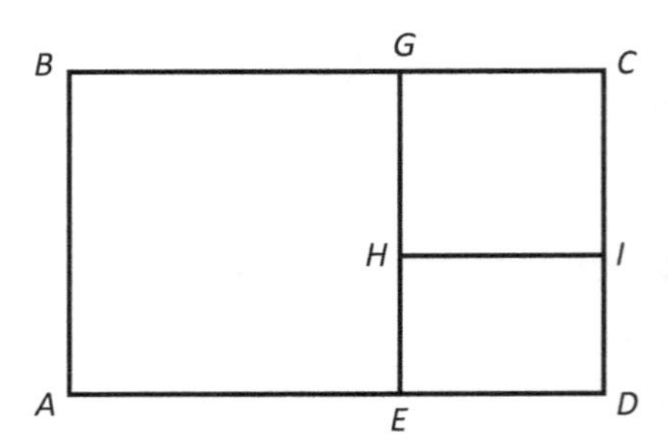


**Fig. 18.4** Duas divisões de de um retângulo áureo

Continuando com esse procedimento, que efetivamente diminui progressivamente um quadrado de cada novo retângulo obtido, chega-se a retângulos áureos cada vez menores, como na fig. 18.5. O processo teoricamente não teria fim, pois qualquer retângulo, por menor que seja, pode ser diminuído de um quadrado, como foi mostrado. Recordando como é construída a espiral quase áurea, o centro de cada arco de circunferência de 90° ocorre nos pontos *E*, *H*, *J*, *L* etc. O centro *H* está dentro do retângulo *ABCD*; o centro *J*, dentro do retângulo *EGCD*, o *L*, no *EHID*, e assim por diante. Assim, os centros dos arcos da espiral estarão dentro de retângulos cada vez mais encaixados e menores. Quando se chega a um retângulo muito pequeno, quase um ponto, o próximo centro estará dentro dele, podendo-se então assumir que o seu local é aproximadamente o foco da espiral, *F* na fig. 18.5 (por isso essa letra foi reservada ao passar de *E* para *G*).

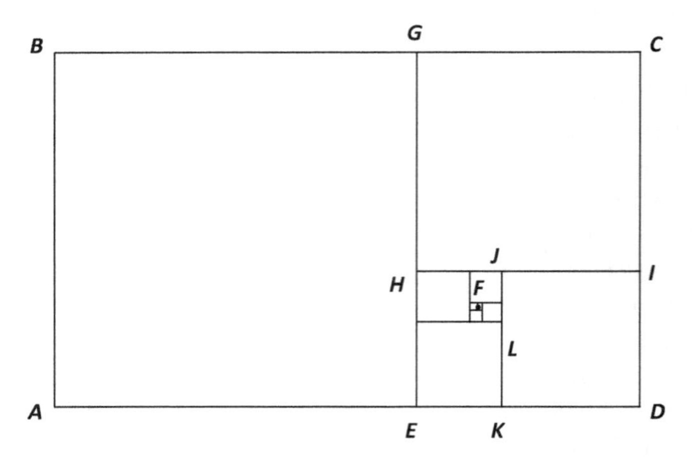


**Fig. 18.5** Sequência de divisões de um retângulo áureo tendendo ao foco

Na verdade, no limite da sequência de retângulos áureos cada vez menores, o último é infinitamente pequeno, reduzindo-se a um ponto. Note-se que um ponto pode ser considerado como o limite de qualquer figura geométrica com tamanhos decrescentes: um ponto é uma circunferência de raio nulo, um polígono de lados de tamanho nulo etc. Portanto, o retângulo áureo limite será um ponto e *F* se confunde com ele.

Construindo-se os retângulos áureos e chegando-se a um bem pequeno, pode-se localizar aproximadamente o foco da espiral.

Essa construção de retângulos áureos encaixados será utilizada para a prova de uma localização geométrica precisa do foco, em um método muito mais simples. A fig. 18.6 é a mesma da fig. 18.5, tendo-se unido os vértices *B* e *D* do primeiro retângulo e *C* e *E* do segundo, em segmentos tracejados que se interceptam no ponto *F*.

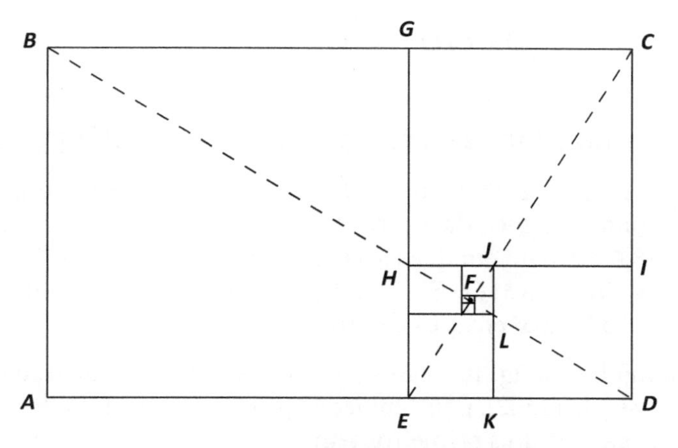


**Fig. 18.6** Determinação do foco de uma espiral quase áurea

O ponto *F* é o foco da espiral, o que é provado na seção 18.5.2.

**Exr. 18.4** Da mesma forma como partindo de um retângulo áureo pode-se construir um outro retângulo áureo interior a ele, como foi mostrado na fig. 18.3, e consecutivamente, como na fig. 18.5, o mesmo se pode fazer com triângulos áureos (v. seções 14.3 e 15.4). Parte-se de um deles e desenham-se consecutivamente triângulos áureos cada vez menores, até delimitar aproximadamente o foco da espiral quase áurea que seria traçada unindo vértices dos triângulos com arcos de circunferências.

## 18.5 Formalismos matemáticos

(Esta seção pode ser pulada por leitoras/es não interessadas/os em formulações matemáticas.)

### 18.5.1 Retângulos áureos por subtração de quadrados

Seja o retângulo áureo *ABCD* da fig. 18.3. Nesse caso, $AD/AB = \varphi$. Traçando-se o segmento *EG* de tal modo que $AE = BG = AB$, obtêm-se o quadrado *ABGE* e o retângulo *EGCD*. Uma demonstração de que $CD/ED = \varphi$, isto é, o retângulo assim obtido é áureo, é a seguinte:

$$AD/AB = \varphi \rightarrow (AE + ED)/CD = \varphi \rightarrow (CD + ED)/CD = \varphi \rightarrow CD + ED = \varphi CD \rightarrow$$
$$\rightarrow ED = \varphi CD - CD \rightarrow ED = CD(\varphi - 1)$$

Mas, por [7.3:1], $\varphi - 1 = \dfrac{1}{\varphi}$, portanto

$$ED = CD/\varphi \rightarrow CD/ED = \varphi \quad \text{c.q.d.}$$

### 18.5.2 Foco como a intersecção de diagonais de retângulos áureos

Será provado que na fig. 18.6 o ponto *F*, a intersecção das duas diagonais dos dois primeiros retângulos, é o foco da espiral como a da fig. 18.1. Seja a *ordem* de um retângulo da fig. 18.6 a ordem em que ele aparece na construção da figura. Assim, o 1° é o *ABCD*, o 2° é o *EGCD*, o 3° é o *EHID*, o 4°, o *EHJK*, e assim por diante. Os de ordem ímpar seriam o 1°, o 3°, o 5° etc. e os de ordem par, o 2°, 4°, 6° etc.

1. Todos os retângulos da fig. 18.5 são semelhantes, em uma extensão da semelhança de triângulos (v. seção 12.6.2), pois têm lados proporcionais. De fato, como os retângulos são áureos, para os dois primeiros tem-se

$$AD/AB = CD/ED = \varphi \rightarrow AD/CD = AB/ED$$

que vale de maneira semelhante para todos os retângulos.

2. Vamos provar que as diagonais *BD* e *DH* dos retângulos *ABCD* e *EHID* estão na mesma reta. Para isso, basta provar que $\angle BDC = \angle HDI$. Como ambos os retângulos são áureos,

$$BC/CD = \mathrm{HI/ID} = \varphi \rightarrow BC/HI = CD/ID$$

Portanto o $\Delta BCD$ tem dois lados proporcionais aos respectivos do $\Delta HID$. Além disso,

$$\angle BCD = \angle HID = 90°$$

Assim, os dois triângulos são semelhantes, pois têm lados proporcionais adjacentes a um ângulo de mesma medida, como foi visto na seção 12.6.2. Então

$$\angle BDC = \angle HDI$$

Como os lados *DB* e *DH* desses dois ângulos têm o ponto em comum *D*, e ainda um lado na mesma reta *DC*, *DH* deve estar na mesma reta que *BD*.

Da mesma maneira prova-se que *EJ* está na mesma reta que *CE*, e assim por diante para todos os retângulos.

3. Assim, as diagonais dos retângulos de ordem ímpar e os de ordem par estão nas mesmas retas, respectivamente, portanto o seu ponto de cruzamento é único, o *F*.

4. Como *F* está em todas as diagonais, deve estar no interior de todos os retângulos, inclusive em um infinitesimal. Portanto, *F* é o foco da espiral construída como na fig. 18.1, c.q.d.

É interessante notar uma propriedade das retas que contêm as diagonais, como *BD* e *CE*: elas são ortogonais, isto é, interceptam-se formando ângulos retos. Para provar isso, note-se que na fig. 18.6 o $\Delta BCD$ é semelhante ao $\Delta CDE$, pois os seus ângulos são iguais. De fato, os triângulos são retângulos, portanto $\angle BCD = \angle CDE$, pois ambos são retos; $\angle BCE = \angle CED$, pois a reta por *BC* é paralela à reta por *AD* e a reta por *CE* corta as duas; o mesmo se passa, apesar de não ser necessário para a prova, com o $\angle CBD$ e o *BDE*. Além disso, $\angle BCE + \angle ECD = 90°$. Como o $\angle DBC = \angle ECD$ (devido à semelhança dos triângulos em questão), então também $\angle DBC + \angle BCE = 90°$. Mas então necessariamente $\angle BFC = 90°$, para a soma de todos os ângulos do $\Delta BCF$ darem 180°. Se o $\angle BFC = 90°$, os segmentos *BD* e *CE* são perpendiculares.

Se o retângulo *ABCD* não fosse áureo, ou *ABGE* não fosse um quadrado, as diagonais não seriam perpendiculares. Assim se vê uma consequência da razão áurea e da regra de Fibonacci.

## 18.6 Referência

- Construção da espiral de Harriss. Acesso em 7/1/19: www.theguardian.com/science/alexs-adventures-in-numberland/2015/jan/13/golden-ratio-beautiful-new-curve-harriss-spiral

## 18.7 Resoluções dos exercícios

**Exr. 18.2** A fig. 18.7 mostra uma espiral quase áurea desenhada sobre a sequência de triângulos áureos da fig. 15.4.

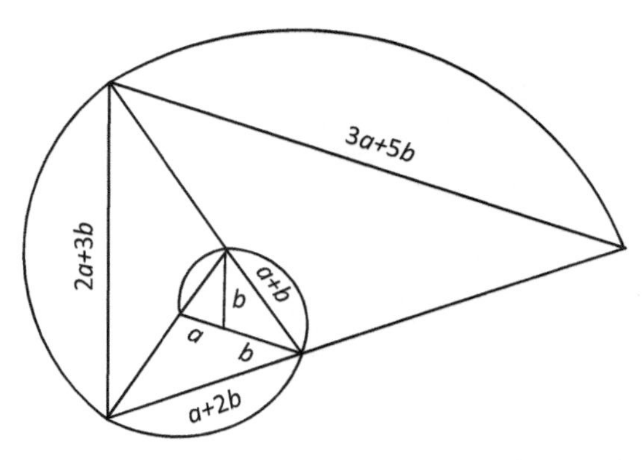


**Fig. 18.7** Espiral quase áurea sobre sequência de triângulos áureos

Infelizmente os arcos de circunferência não puderam ser traçados com muita precisão. Note-se que, a partir do segundo triângulo da sequência, o centro de cada arco devia situar-se no vértice oposto ao lado que une as extremidades do arco. O centro do primeiro arco não aparece na fig. 18.7.

**Exercício complementar Exr. 18.7** Onde deveria situar-se o centro do arco de circunferência ligando as extremidades do lado *a*? (Resposta na seção 19.6, para não ficar aqui ao lado desta questão.)

**Exr. 18.4** Na fig. 18.7, traçar alguns triângulos cada vez menores. Notar o procedimento para traçar o triângulo seguinte a um determinado triângulo já obtido.

# CAPÍTULO 19
# Espirais logarítmicas

## 19.1 Desenho de uma espiral logarítmica

1. Tomar novamente uma folha dupla de papel almaço quadriculado, de preferência com quadradinhos de 0,5 cm de lado, e posicionar a folha aberta com a parte mais larga na horizontal. Alternativamente, use a página seguinte, quadriculada.

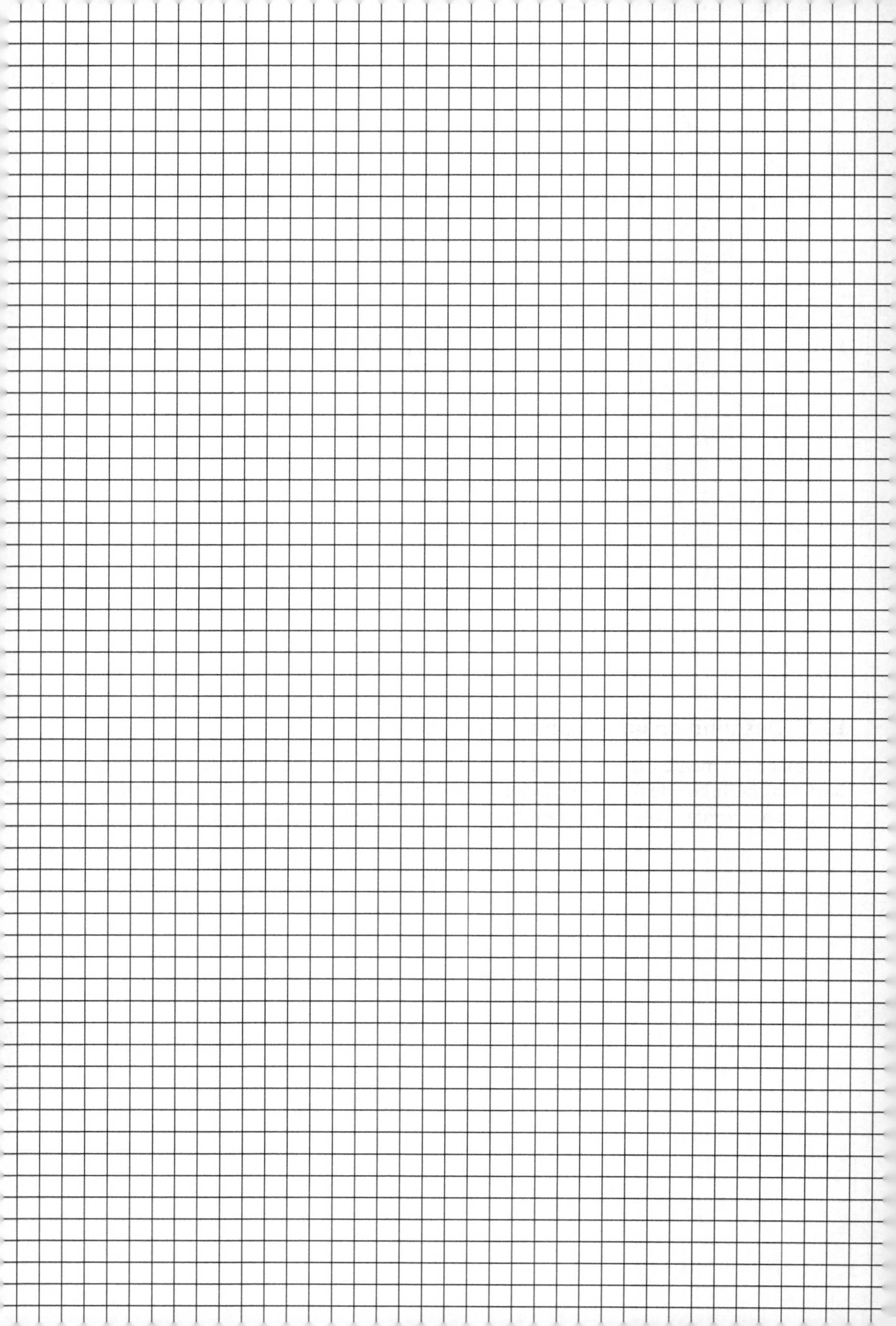

2. Marcar o ponto mais ou menos central da folha, escrevendo-se 0 ao lado dele.

3. Desenhar um segmento de reta horizontal paralelo ao lado maior da folha, abrangendo toda a folha e passando por esse ponto 0.

4. Marcar o ponto distante 1 quadradinho para a direita do ponto 0 e escrever 1 ao lado dele.

5. Marcar o ponto distante 2 quadradinhos para a esquerda do ponto 0 e marcar 2 ao lado dele.

6. Marcar o ponto distante 4 quadradinhos à direita do ponto 0, marcando-o com 4.

7. Marcar o ponto distante 8 quadradinhos à esquerda do ponto 0, marcando-o com 8.

8. Idem para os pontos distantes 16 à direita e 32 à esquerda do ponto 0.

9. Iniciando no ponto marcado com 1, traçar bem fraco a lápis (para poder ir corrigindo) um arco no sentido anti-horário indo para o ponto 2, deste para o 4 e assim por diante até chegar no 32. Esses arcos devem ser bem harmônicos, passando nos pontos marcados com inclinação perto de 90° com o segmento desenhado no passo 3 acima; seu tamanho deve aumentar progressivamente e, portanto, não serão arcos de círculo. Depois de esses arcos ficarem bem bonitos e harmônicos, pode-se traçá-los mais forte.

A fig. 19.1 mostra um desenho dessa espiral.

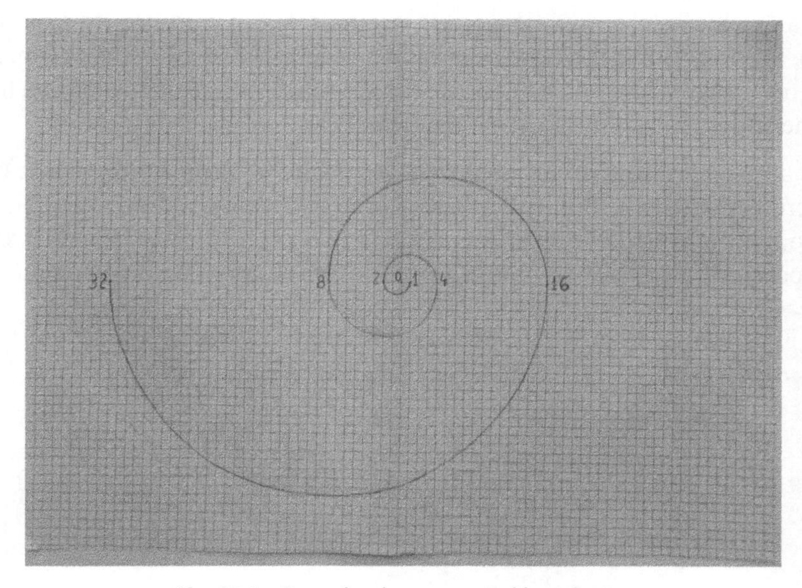


**Fig. 19.1** Desenho de uma espiral logarítmica

Com isso, foi desenhada aproximadamente uma *espiral logarítmica* (*logarithmic spiral*). Na verdade, ela deveria ser chamada de *espiral exponencial*, pois foi baseada na sequência exponencial ou, como comumente é denominada, uma progressão geométrica (cf. seções 2.3 e 7.1), no caso,

1, 2, 4, 8, 16, 32

Isto é, começando com o valor inicial 1, cada novo termo é o dobro do anterior. Em termos da seção 2.3 e do formalismo 2.4.5, a razão ou quociente dessa progressão é 2; seus termos são potências de 2:

$$2^0,\ 2^1,\ 2^2,\ 2^3,\ 2^4,\ 2^5$$

**Exr. 19.1:1** Prolongar essas duas sequências por mais 5 termos, mostrando os próximos termos da primeira e as próximas potências de 2 da segunda.

Na seção 19.5.2, de formalismo matemático, é mostrado por que essa espiral foi chamada de logarítmica, apesar de seu crescimento (ou diminuição) ser exponencial.

Ao contrário da espiral de Arquimedes, que tem passo constante (v. seção 2.1), o passo de uma espiral logarítmica é variável, como a de Fibonacci. No entanto, o passo de uma espiral logarítmica varia exponencialmente para qualquer raio que se trace a partir do foco dela, o que não se dá com a de Fibonacci. Foi visto na seção 7.1 que a sequência de Fibonacci aproxima-se cada vez mais de um crescimento exponencial e, portanto, acontece o mesmo com a espiral de Fibonacci correspondente (fig. 2.9); isso também ocorre com as espirais quase áureas das figs. 18.1 e 18.7; no entanto, todas elas nunca chegam a ser exatamente, matematicamente, espirais logarítmicas.

Essas sequências podem ser estendidas para valores menores do que 1. Como os valores crescentes são sempre calculados como cada um sendo o valor do anterior vezes 2, o inverso é verdade: cada termo menor é o anterior dividido por 2. Portanto, pode-se partir do 1 calcular termos menores do que ele, prolongando a sequência para valores cada vez menores:

..., 1/32, 1/16, 1/8, 1/4, 1/2, 1, 2, 4, 8, 16, 32, ...

ou

..., 0,03125; 0,0625; 0,125; 0,25; 0,5; 1; 2; 4; 8; 16; 32; ...

ou

$$\ldots,\ \tfrac{1}{2}^5,\ \tfrac{1}{2}^4,\ \tfrac{1}{2}^3,\ \tfrac{1}{2}^2,\ \tfrac{1}{2}^1,\ 2^0,\ 2^1,\ 2^2,\ 2^3,\ 2^4,\ 2^5,\ \ldots$$

ou ainda

$$\ldots,\ 2^{-5},\ 2^{-4},\ 2^{-3},\ 2^{-2},\ 2^{-1},\ 2^0,\ 2^1,\ 2^2,\ 2^3,\ 2^4,\ 2^5,\ \ldots$$

## Exercícios

**Exr. 19.1:2** Claramente, os valores dessa sequência vão diminuindo para a esquerda. Eles chegam ao zero?

**Exr. 19.1:3** Prolongue a espiral da fig. 19.1 para valores cada vez menores do que $2^0$, até onde o desenho permitir. Se fosse possível continuar, ela chegaria a atingir seu foco, que claramente é o 0?

A espiral da fig. 19.1 é um caso particular das espirais logarítmicas: o raio inicial é 1 e a razão de crescimento (ou de diminuição) é 2 a cada período de 180°, isto é, um crescimento (ou diminuição) exponencial. Assim, qualquer espiral logarítmica com foco na origem de um sistema de coordenadas é expressa por 3 parâmetros, que serão aqui denominados de *raio inicial*, *razão* e *período*. À medida que o período, como introduzido na seção 2.1, é multiplicado por uma constante, a espiral afasta-se do foco exponencialmente. Na verdade, o foco poderia estar em qualquer ponto das coordenadas cartesianas (cf. seção 2.4.1), mas, para simplificar, será considerado que ele sempre está na origem das coordenadas, o ponto (0,0).

**Exr. 19.1:4** Desenhar uma espiral logarítmica de raio inicial 1 e razão 2, mas com período de 360°. Verificar como ela cresce bem mais lentamente do que a vista na fig. 19.1. Idem para um período de 90°, verificando que esta cresce bem mais rapidamente. Idem para uma espiral com raio inicial 1, razão 1,5 e período de 180°.

A fig. 19.2 mostra uma espiral logarítmica desenhada com computador, copiada da internet – por isso os quadradinhos não são os da fig. 19.1. Na seção 19.5.3, de formalismo matemático, será visto como se pode fazer isso matematicamente, ponto por ponto – ou melhor, no menor número de pixels possível; um *pixel* é a menor representação que uma tela de vídeo ou impressora suporta, um ponto que não é um ponto infinitamente pequeno como o ponto ideal da geometria. A propósito, ninguém jamais viu um ponto ideal, no entanto pode-se trabalhar com esse conceito, assim como se pode trabalhar com o conceito de circunferência perfeita, apesar de ninguém jamais ter visto uma! Isso é uma indicação de que nosso pensamento ultrapassa as nossas percepções sensoriais, pode estar 'acima' delas. Aliás, a matemática é uma demonstração objetiva desse fato.

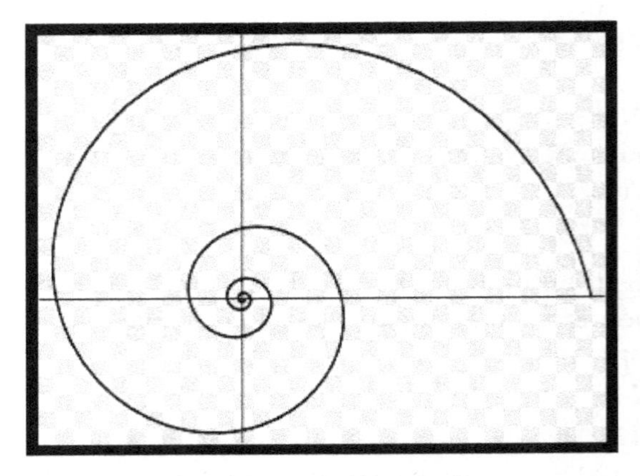

**Fig. 19.2** Espiral logarítmica

Na fig. 19.2, medindo-se a distância *d* do 4º ponto de intersecção da espiral com o lado direito do eixo das abcissas até o foco, e procurando-se o ponto da espiral que fica a uma distância $d/2$ do foco, pode-se ver que, para uma razão 2, o período é um pouco maior do que 180°, isto é, o ponto da espiral a uma distância $d/2$ do foco fica um pouco abaixo da linha horizontal esquerda. Assim, variando-se o período, pode-se encontrar qualquer razão para a espiral, inclusive a razão áurea.

**Exr. 19.1:5** Verificar qual a razão de crescimento da espiral logarítmica da fig. 19.2 para períodos de 180° e 360°.

## 19.2 Propriedades das espirais logarítmicas

As espirais logarítmicas têm várias propriedades interessantes.

**Propr. 1.** Elas têm um *crescimento proporcional* (v. seção 12.6.2). Se forem construídos dois braços $b_1$ e $b_2$ a partir do foco *F* formando, por exemplo, um ângulo agudo qualquer como na fig. 19.3 (a espiral está espelhada em relação à da fig. 19.2), eles interceptam a espiral formando figuras a partir de *F*, *setores* da espiral, que crescem proporcionalmente em todos os seus elementos, isto é, mantendo sua forma a menos da sua grandeza ou escala, e conservando os mesmos ângulos correspondentes.

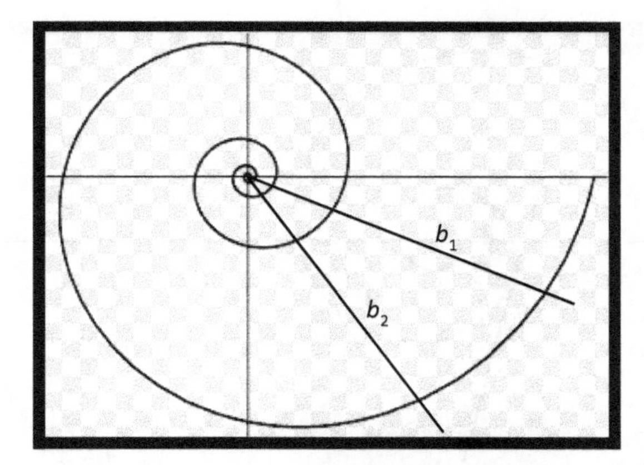


**Fig. 19.3** Crescimento proporcional em espiral logarítmica

Observando a fig. 19.3, vê-se que os braços $b_1$ e $b_2$, partindo do foco, e as curvas da espiral determinam 3 *setores* bem visíveis dela. Eles têm todos a mesma forma, apenas diferem pela escala. Os ângulos que ocorrem nos vários setores permanecem sempre os mesmos, como em triângulos semelhantes (cf. seção 12.6.2). Todos os outros elementos dos setores são proporcionais, isto é, os raios e os comprimentos das curvas da espiral crescem proporcionalmente: o raio maior de $b_1$ dividido pelo imediatamente anterior no mesmo braço é igual ao raio maior de $b_2$ dividido pelo imediatamente anterior. Estendendo-se a noção de semelhança de triângulos vista na seção 12.6.2, pode-se afirmar que nas espirais logarítmicas setores traçados a partir do foco produzem figuras semelhantes, diferentes apenas quanto à escala.

**Exr. 19.2** A espiral de Arquimedes da fig. 2.3 tem um crescimento proporcional?

**Propr. 2.** Seja *P* um ponto da espiral, *F* o seu foco e *PR* o raio que une *P* a *F*. Traçando-se uma tangente *t* à espiral passando por *P*, *t* forma ângulos β e δ (com β + δ = 180°) constantes com *r* para qualquer *P*, como mostrado na fig. 19.4. Ela mostra a espiral da fig. 19.2 com duas tangentes $t_1$ e $t_2$ formando os mesmos ângulos β e δ entre as tangentes e os raios que passam pelos pontos tangenciais $P_1$ e $P_2$, respectivamente. A constância de β e δ levou a espiral a ser chamada também de *espiral equiangular* (*equiangular spiral*), isto é, com ângulos iguais.

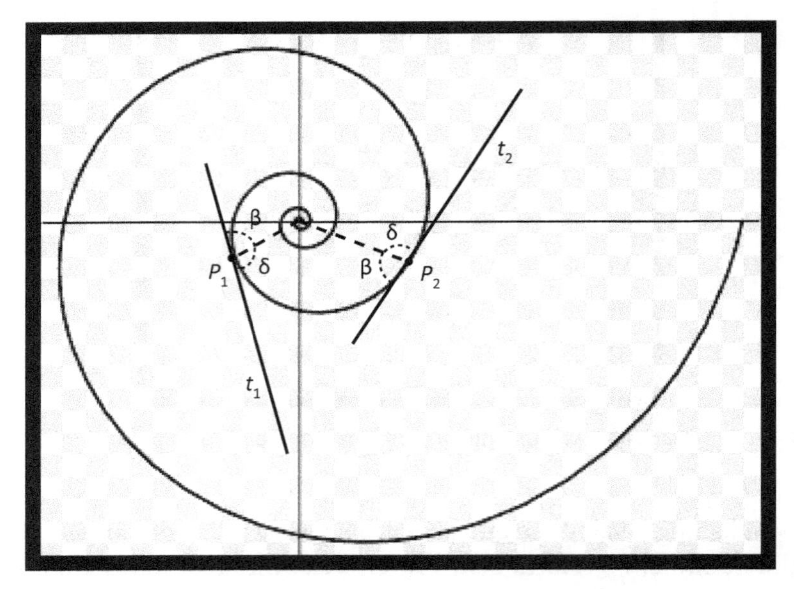


**Fig. 19.4** Equiangularidade em uma espiral logarítmica

O ângulo $\delta > 90°$ que um raio faz com a tangente indica o crescimento exponencial do raio *r* que liga o foco dela ao ponto de tangenciamento ($P_1$ e $P_2$ na fig. 19.4); esse crescimento de *r* faz a espiral afastar-se do foco. O ângulo $\beta < 90°$ é o da diminuição exponencial, fazendo-a aproximar-se do foco.

Suponha-se que um navio mantivesse em seu trajeto um ângulo agudo fixo em relação aos meridianos (semicírculos máximos passando pelos polos), navegando no quadrante nordeste, digamos, a 60° em relação à direção norte ou 0°. Então, ignorando-se o efeito do vento, de correntes marinhas e da rotação da Terra, se não houvesse impedimentos por porções de terra ou continentes, ele iria traçar uma espiral logarítmica em 3 dimensões, sobre a esfera da superfície, aproximando-se cada vez mais do polo Norte. Isso é chamado de *navegação loxodrômica* (cf. cap. 21). Se o navio fosse pontual, ele iria rodear o polo Norte, mas jamais o atingiria (cf. propr. 9 a seguir). O mesmo resultado, mas no outro sentido de navegação, ocorreria se o ângulo com os meridianos fosse constante entre 270° e 360°, isto é, uma navegação no quadrante noroeste.

Na seção 19.5.4 há uma prova da equiangularidade das tangentes geométricas à espiral logarítmica, ao passo que na seção 20.1 há uma prova geométrica bem mais simples.

**Propr. 3.** Em particular, se a razão de crescimento é 1, a espiral reduz-se a uma circunferência, e o ângulo de qualquer raio com a tangente correspondente é sempre 90° – cf. o Exr. 12.6.6:5. Como foi visto na seção 2.1, uma circunferência é também uma espiral de raio constante.

As próximas propriedades, até a 8 inclusive, foram estudadas por Jakob Bernoulli (1654-1705), que será abordado no cap. 21, e estão no livro de Ernst Bindel (v. ref.), de onde foram copiadas as figs. 19.5 a 19.9; foram feitos retoques nos fundos para diminuir as manchas nas páginas do antigo livro que foi usado. Nessas figuras, Bindel usou uma espiral logarítmica de razão 2 e período de 60°. Para obter esse período, basta traçar uma circunferência de centro no foco da espiral e dividir a primeira em 6 partes, prolongando os raios correspondentes às divisões. Para obter essa divisão, basta marcar pontos da circunferência consecutivamente, com a distância de um raio de cada ponto para o seguinte. Bindel cita que teve acesso à publicação original de Bernoulli, mas, infelizmente, ele não dá a referência bibliográfica; não foi possível descobri-la na internet.

**Propr. 4.** Desenhe-se uma espiral logarítmica e recorte-se uma espiral igual em cartolina, fazendo um furo no local aproximado de seu foco. Sobreponha-se a segunda sobre a primeira e marquem-se pontos correspondentes nas duas. Na fig. 19.5, a espiral original está na parte inferior, com foco $P_0$. A espiral em cartolina será movida ponto a ponto sobre a original, e é indicada na parte superior da figura, com foco *P*. Movendo a espiral da parte superior, *P* desenha uma espiral idêntica às duas primeiras, como a da esquerda na fig. 19.5.

**Fig. 19.5** Geração de uma espiral logarítmica por deslizamento

Uma curva que é gerada pelo movimento de uma segunda sobre uma primeira foi chamada por Bernoulli de *cicloide* (cf. cap. 21).

**Propr. 5.** Trace-se uma espiral logarítmica fixa, que será aqui chamada de *geratriz*, como a da parte superior da fig. 19.6. Seja *B* um ponto dessa espiral e uma reta tangente a ela passando por *B*, como a da parte superior da figura. Trace-se a circunferência que tangencia essa espiral no ponto *B* de modo que a circunferência nesse ponto *B* tenha a mesma curvatura que a espiral. Traçando-se uma perpendicular à tangente no ponto *B* de tangenciamento, denominada de reta *normal* à tangente, o centro *K* da circunferência estará nessa perpendicular. Tomando-se outro ponto *B'* da espiral e repetindo o processo, encontra-se outro centro *K'*. Repetindo-se esse processo para vários pontos *B* de tangenciamento, os pontos *K* dos centros das circunferências tangentes à espiral nos pontos *B* geram uma curva denominada de *evoluta* (v. cap. 21) e que, no caso, é novamente uma espiral idêntica à primeira, a espiral geratriz. As circunferências tangentes são chamadas poeticamente de *circunferências de osculação* (de 'beijo').

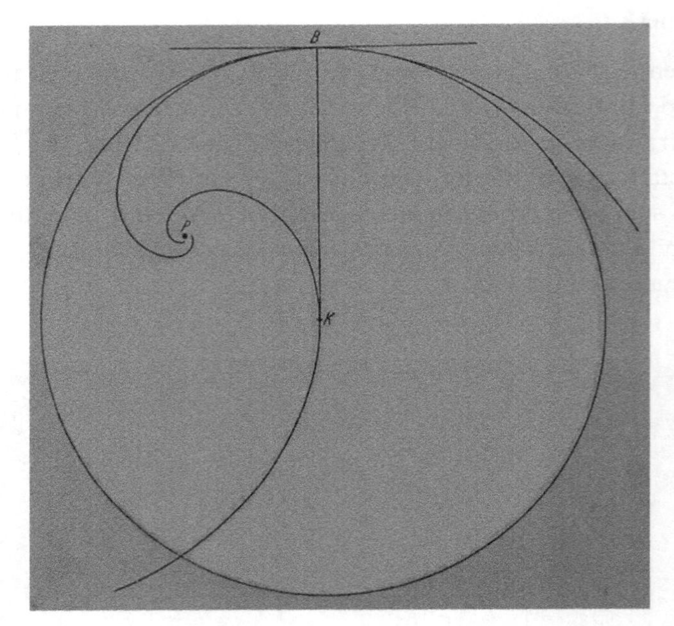


**Fig. 19.6** Geração de uma espiral evoluta

**Propr. 6.** Se na perpendicular da propr. 5 localizarem-se os pontos *K'* simétricos aos centros das circunferências em relação ao ponto *B* de tangenciamento, aqueles pontos traçarão uma espiral idêntica à geratriz, como mostrado na fig. 19.7, denominada por Bernoulli de *antievoluta* (como foi visto na propriedade anterior, evoluta é a curva traçada pelos centros dos raios de curvatura em cada ponto de uma curva). O *raio de curvatura* de uma curva qualquer em um de seus pontos *P* é o raio de uma circunferência que passa por *P* e pelos pontos infinitamente próximos de *P*, isto é, a circunferência que tangencia ou *oscula* (de oscular, beijar) a curva em *P*.

**Fig. 19.7** Geração de uma espiral antievoluta

**Propr. 7.** Seja uma espiral logarítmica como a da fig. 19.2, e suponha-se que a parte interna da espiral (a que está voltada para o foco) seja espelhada, refletindo um ponto de luz que está no foco da espiral, como mostrado na fig. 19.8. É o mesmo que se traçasse uma tangente à espiral em cada ponto desta última, e que essas tangentes fossem espelhos. Os raios refletidos na parte espelhada ou nesses espelhos tangenciais formam, pela lei da reflexão, dois ângulos iguais com a reta normal à tangente, mostrada por segmentos pequenos na fig. 19.8, e são as tangentes de uma espiral idêntica à geratriz.

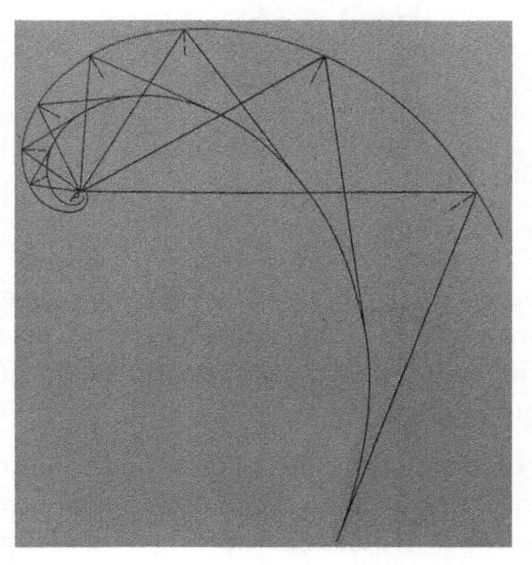

**Fig. 19.8** Geração de uma espiral por espelhamento

Pode-se considerar a espiral assim gerada como a imagem do foco espelhada pela espiral geratriz. Ela é denominada de *curva cáustica* (cf. cap. 21).

**Propr. 8.** Esta propriedade é mais complexa. Na fig. 19.9, seja *M* o centro de uma circunferência. Para cada ponto *A* fora da circunferência existe, interno a ela, um ponto *I* correspondente, determinado da seguinte maneira. De *A* traça-se uma tangente à circunferência que a toca no ponto *B*. De *B* traça-se uma perpendicular à reta que une *M* a *A*, encontrando essa reta no ponto *I*. Se *A* aproxima-se do centro *M*, *I* aproxima-se da circunferência; se *A* se afasta da circunferência, *I* aproxima-se do centro *M*. Portanto, para cada *A* existirá um único ponto *I* e vice-versa.

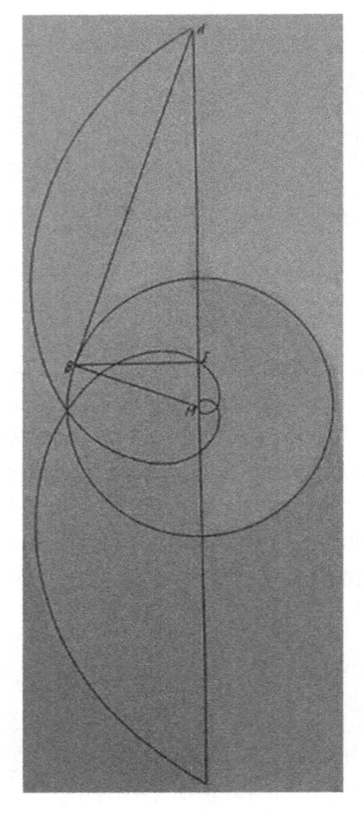

**Fig. 19.9**

Seja uma espiral logarítmica (a espiral crescendo para cima na fig. 19.9) com foco no centro *M* da circunferência, e *A* um ponto da espiral, determinando a reta *MA*. Então o ponto *I* será um ponto de uma outra espiral igual à primeira (a espiral crescendo para baixo naquela figura).

Para obter outros pontos da nova espiral, basta escolher outro ponto *A* da primeira espiral e traçar a reta que passa pelo novo ponto *A* e pelo centro *M* da mesma circunferência e a nova tangente por *A*, determinando um novo *I*. Assim se pode determinar mais pontos da segunda espiral.

Note-se que, na fig. 19.9, *A* é externo à circunferência, e *I* é interno. Com isso determinam-se pontos da segunda espiral internos à circunferência.

Partindo-se de um ponto *A* da primeira espiral, interno à circunferência, o processo é invertido, isto é, esse novo *A* passa a fazer o papel de *I*. Deve-se traçar a perpendicular à nova reta *MA* pelo ponto *I* e determinar um novo ponto *B*. Em seguida, traça-se a tangente à circunferência por *B* e onde ela corta a reta *MA* tem-se um ponto da segunda espiral externo à circunferência (parte de baixo da fig. 19.9).

**Propr. 9.** Prolongando uma espiral logarítmica com raio cada vez menor em direção ao seu foco, ela nunca o atinge. A prova dessa propriedade está na seção 19.5.1.

**Propr. 10.** Se fosse possível medir o comprimento (arco) de uma espiral logarítmica, a partir de um de seus pontos, na medida em que o raio decresce (isto é, a espiral aproxima-se do foco), esse comprimento nunca chega a atingir um valor fixo, do mesmo modo que a somatória (soma de todos os termos) de $(1/2)^n$ também nunca atinge um valor fixo, como foi visto na seção 2.4.5. A partir de um ponto *P* da espiral com raio *r*, a distância percorrida até o foco tende a $r/cos\varphi$.

**Propr. 11.** Uma espiral logarítmica representa todas as progressões geométricas. De fato, como será visto na seção 19.5.2, dada uma espiral logarítmica qualquer com um determinado ponto inicial e um certo período, tem-se um determinado fator ou razão de crescimento; percorrendo-se a espiral com os ângulos determinados por esse período, o tamanho do raio cresce exponencialmente, numa progressão geométrica. Mudando-se o período, tem-se outra razão. Variando-se o ponto inicial, tem-se outro valor inicial para a P.G. Assim se pode varrer geometricamente todas as possíveis progressões geométricas. Isso também ocorre algebricamente, se for usada a equação da espiral que será vista na seção 19.5.2.

## 19.3 Crescimento proporcional

A primeira propriedade das espirais logarítmicas vista na seção anterior foi a do crescimento proporcional. A partir de qualquer figura, multiplicando-se todos os seus elementos por uma constante, a menos dos ângulos, que devem permanecer os mesmos, obtém-se uma figura proporcional à primeira, em que há apenas uma diferença de escala para todos os seus elementos, menos os ângulos, que se repetem, o que é chamado de *autossimilaridade*. Repetindo-se essa multiplicação com a segunda figura, obtém-se uma terceira com as mesmas propriedades, construindo-se assim um crescimento proporcional. A fig. 19.10 mostra um crescimento proporcional a partir de um quadrilátero qualquer.

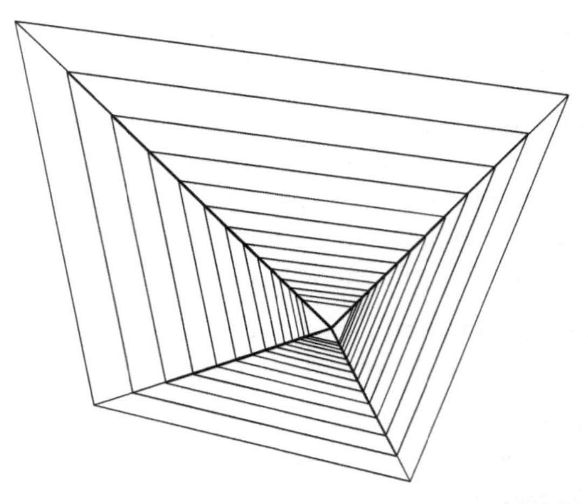

**Fig. 19.10** Crescimento proporcional de um quadrilátero

Nessa figura, o ponto de partida foi o quadrilátero menor, e seus lados foram sendo multiplicados sucessivamente por 1,2, ajustando-os segundo as diagonais. Note-se o efeito visual desse crescimento proporcional: aparece um efeito de perspectiva (profundidade) e se tem um efeito estético, uma sensação de harmonia, de regularidade.

É interessante enfatizar que um crescimento proporcional de uma figura preserva os ângulos nas várias versões dela. Nesse sentido, e em analogia aos triângulos semelhantes (cf. seção 12.6.2), poder-se-ia usar a denominação de *figuras semelhantes.*

## 19.4 Sobre os logaritmos

(Esta seção poderia muito bem estar na de formalismos matemáticos, mas, como a noção de logaritmo é fundamental na matemática, será deixada no corpo principal deste capítulo.)

A definição de logaritmo é a seguinte:

$$b^a = c \quad \text{sse} \quad log_b c = a$$

onde $b \neq 0$ é *base* do logaritmo. Exemplos:

$$10^3 = 1000 \rightarrow log_{10}1000 = 3; \quad 2^5 = 32 \rightarrow log_2 32 = 5; \quad log_{10}100 = 2 \rightarrow 10^2 = 100 \quad [1]$$

Em palavras, o logaritmo $a$ de $c$ na base $b$ é a resposta à pergunta “A que potência $b$ deve ser elevado para dar $c$?” Nos exemplos do próximo parágrafo serão considerados logaritmos em uma base qualquer, exceto nos casos em que a base é indicada.

Note-se que $log_b b = 1$, pois $b^1 = b$ para qualquer base $b \neq 0$.

Logaritmos foram descobertos em 1614 pelo matemático escocês John Napier (mais sobre ele na seção 19.5.2), que os chamou de *logarithme*, e eram usados para simplificar cálculos, especialmente os astronômicos relativos à posição dos planetas e eclipses. Os cálculos eram todos feitos à mão, e usavam-se galpões com varais onde as folhas de cálculo eram penduradas. O logaritmo de uma multiplicação ($a \times b$) transforma-a em uma soma ($log(a \times b) = log\, a + log\, b$), o de uma divisão, em uma subtração ($log\, a/b = log\, a - log\, b$), e o de uma exponenciação (como $a^b$), em uma multiplicação ($log\, a^b = b\, log\, a$ e, portanto, $log \sqrt[c]{a^b} = log\, a^{\frac{b}{c}} = \frac{b}{c} log\, a$). Assim, existe uma 'diminuição' no grau de complexidade das operações. Quando não havia calculadoras mecânicas e, mais recentemente, eletrônicas, essa diminuição facilitava enormemente os cálculos. Logaritmos foram usados por cerca de 300 anos, até aparecerem as calculadoras. No entanto, continuam a ser fundamentais no formalismo do cálculo diferencial e integral e suas inúmeras aplicações. Eles são muito usados em gráficos com escalas logarítmicas, mostrando-se em uma ou nas duas coordenadas, por exemplo, gradações de 10, 100, 1.000 etc. de alguma medida, o que permite compactar as curvas mostradas nos gráficos; uma exponencial aparece como reta.

Um colaborador de Napier, Henry Briggs (1561-1630), publicou em 1617 a primeira tabela de logaritmos, dando o logaritmo na base 10 de todos os números inteiros de 1 a 1.000. Napier morreu em 1617 e Briggs continuou a pesquisa, publicando em 1624 uma tabela de valores de logaritmos com 14 casas decimais para números de 1 a 20.000 e de 90.000 a 100.000.

Tabelas de logaritmos eram essenciais, pois poucos números são potências das bases, como nos exemplos de [1] acima. Por exemplo, 50 não é uma potência de 10, então como se pode calcular o $\log_{10} 50$? Usando a regra do logaritmo de um produto,

$$log_{10}\, 50 = log_{10}(5 \times 10) = (log_{10}\, 5) + log_{10}\, 10 = 1 + log_{10}\, 5$$

Usando-se uma tabela de logaritmos, por exemplo, de 1 a 10, pode-se achar o $log_{10}\, 5$ e assim calcular o $log_{10}\, 50$.

Depois de efetuados vários cálculos com logaritmos, é necessário convertê-los para números, o que também é ajudado pelas tabelas.

As réguas de cálculo (v. ref. sobre logaritmos na seção 19.7), muito populares na engenharia até o aparecimento das calculadoras de bolso, usavam uma escala logarítmica para os números, de modo que uma multiplicação era obtida pelo deslocamento de uma escala interior móvel em relação a uma exterior fixa, produzindo a soma dos dois logaritmos e, portanto, a multiplicação dos números desejados.

É interessante notar que as réguas de cálculo davam resultados aproximados, e sem a sua grandeza. Assim, os usuários tinham que completar o resultado, por exemplo 25, adicionando a vírgula no lugar correto, como 0,025, 0,25, 2,5, 25, 250 etc. Com isso, era necessário sempre acompanhar a grandeza dos cálculos e resultados, o que produzia uma relação com o que representavam na realidade. Com as calculadoras e computadores desapareceu a necessidade de se pensar nas grandezas, tendo-se perdido aquela relação e, portanto, aquela com a realidade física.

Hoje em dia, calculadoras e computadores calculam funções como logaritmos e trigonométricas usando o que se chama de *expansão em série*, ou por meio de *aproximações polinomiais*. Por exemplo, para o seno (cf. seção 2.4.2) de um ângulo θ dado em radianos (cf. seção 2.4.3) pode-se usar a denominada *expansão em série de Maclaurin*:

$$sen\,\theta = \theta - \frac{\theta^3}{3!} + \frac{\theta^5}{5!} - \frac{\theta^7}{7!} + \ldots$$

(Para fatorial de um número natural, como 3!, v. seção 5.11.1.) Em particular, quando θ é muito pequeno, isto é, $\theta << 1$, medido em radianos, $\theta^3$, $\theta^5$ etc. tornam-se desprezíveis frente a θ, de modo que se pode tomar $\text{sen}\,\theta \approx \theta$.

Colin Maclaurin (1698-1746) foi um matemático escocês que deu importantes contribuições para a geometria e a álgebra. Foi uma criança prodígio, tendo entrado para a Universidade de Glasgow aos 11 anos de idade, formando-se três anos mais tarde com uma tese sobre a gravidade, e aos 19 anos tornou-se o mais jovem professor catedrático de matemática em uma universidade, recorde que só foi quebrado em 2008. Aos 21 anos tornou-se membro da Sociedade Real de Ciências da Inglaterra (Royal Society).

Uma expansão em série para o logaritmo é

$$log(1+x) = x - \frac{x^2}{2} + \frac{x^3}{3} - \frac{x^4}{4} + \ldots$$

Nos programas que calculam essas e outras funções usando expansão em séries, a série é truncada a partir de um ponto em que não há mais contribuição para o número de algarismos significativos desejado. No caso de aproximações polinomiais (com uma potência de $x$ limitada), os coeficientes dos termos dos polinômios (isto é, $a_i$ em $a_0 + a_1x + a_2x^2 + a_3x^3 + \ldots + a_nx^n$) são calculados para minimizar o erro para qualquer valor de $x$, erro esse que deve ser menor do que o último algarismo significativo que pode ser representado em cada valor pela máquina, se fosse calculado pela série correspondente. A vantagem da aproximação polinomial é que o tempo de cálculo é sempre o mesmo para qualquer valor de $x$ e, eventualmente, podem ser usados menos termos do que a expansão em série.

## 19.5 Formalismos matemáticos

(Esta seção pode ser pulada por leitoras/es não interessadas/os em formulações matemáticas.)

É interessante notar que a Olimpíada Brasileira de Matemática das Escolas Públicas, que no ano de 2018 começou a englobar também alunos de escolas privadas, publicou um cartaz no qual estavam três espirais logarítmicas. Foi editado um folheto intitulado *Sobre o cartaz da OBMEP 2018* com muitos detalhes das espirais logarítmicas, especialmente seus aspectos matemáticos, com muitas ilustrações. Ver nas referências deste capítulo o endereço desse folheto na internet.

### 19.5.1 Uma espiral logarítmica nunca atinge seu foco

A propr. 9 da seção 19.2 pode ser facilmente compreendida. O exemplo da sequência de potências de 2 da seção 19.1 mostra isso claramente: para cada período, os raios da espiral vão diminuindo em potências de ½, isto é, $(½)^n$, que decrescem com o aumento do $n$ mas nunca atingem o zero, apesar de convergirem para ele (onde estaria o foco), pois, segundo a notação introduzida na seção 7.1,

$$\lim_{n\to\infty} \frac{1}{2^n} = 0$$

### 19.5.2 Espirais logarítmicas em coordenadas polares

Em coordenadas polares (cf. seção 2.4.2) a equação de um ponto $P$ de uma espiral logarítmica com foco $F$ na origem do sistema de coordenadas é

$$r = r_0 b^{\theta/T} \quad [19.5.2:1]$$

onde $r$ é o tamanho do raio da espiral correspondente ao ponto $P$, isto é, a distância de $P$ a $F$, $r_0$, $b$ e $T$ são constantes, sendo que $r_0$ é o *raio inicial* da espiral, $b$ é a sua *base*, ou sua *razão* ou *quociente de crescimento*, $T$ o *período* (cf. seção 2.1) e $\theta$ é o ângulo que $FP$ faz com o eixo das abcissas. Assim, à medida que $\theta$ varia, $r$ varia exponencialmente (e não linearmente, como na espiral de Arquimedes; cf. seção 2.4.3), isto é, $r$ cresce exponencialmente com $\theta$. Note-se a semelhança com uma P.G. (cf. seção 2.3), quando $\theta$ cresce em múltiplos de $T$.

O raio inicial $r_0$ é a distância do ponto inicial da espiral no eixo das abcissas até a origem do sistema de coordenadas para $\theta = 0$. Note-se que $\theta$ pode assumir valores negativos, de modo que $r$ torna-se cada vez menor e aproxima-se da origem do sistema de coordenadas, onde fica o foco da espiral, mas nunca o atinge, segundo a propr. 9 da seção 19.2.

O período $T$ indica o intervalo de dois valores de $\theta$ em que um ponto $P$ da espiral se afasta do foco, de uma distância igual a $r_0$ multiplicada pela próxima potência inteira de $b$. Para $\theta$ com valores de múltiplos do período $T$, $P$ fica em distâncias de $F$ dadas pela multiplicação de $r_0$ por potências inteiras de $b$. Se o período $T$ é expresso em graus, $\theta$ deve também ser expresso em graus; se for expresso em radianos, $\theta$ também deve ser expresso em radianos.

Note-se que, se $b = 1$, a equação [19.5.2:1] reduz-se a $r = r_0$, isto é, o raio é constante e, portanto, a espiral reduz-se a uma circunferência de raio $r_0$ e centro na origem do sistema de coordenadas, como foi observado para a espiral de Arquimedes na seção 2.1. Nesse caso, como em toda boa circunferência, a distância de qualquer de seus pontos $P$ ao seu centro $F$ não depende do ângulo que o raio que vai de $F$ a $P$ faz com o eixo das abcissas.

Se $r_0 = 0$, a espiral reduz-se a um ponto, a origem do sistema de coordenadas. O mais comum é tomar $r_0 = 1$.

Na propr. 11 da seção 19.2 foi mencionado que uma espiral logarítmica de raio $r$ varre geometricamente todas as possíveis progressões geométricas com valor inicial $r_0$. A fórmula [19.5.2:1] mostra esse fato algebricamente, pois $r_0$ corresponde ao valor inicial de uma P.G. ($p_1$ na seção 2.4.5) e $b$ à razão ($q$ na seção 2.4.5), devendo-se tomar $\theta$ como múltiplo do período $T$, gerando-se com isso todas as potências inteiras de $b$.

Tomando-se $r_0 = 1$ e tirando-se o logaritmo na base $b$ dos dois lados da equação [19.5.2:1], tem-se

$$log\, r = log_b\, b^{\theta/T} \;\rightarrow\; log_b r = \frac{\theta}{T} log_b b \;\rightarrow\; log_b r = \frac{\theta}{T}$$

Portanto, uma variação linear no ângulo do raio da espiral com o eixo das abcissas implica uma variação logarítmica daquele raio. Daí o nome comumente usado de *espiral logarítmica*, e não *espiral exponencial*, como já mencionado na seção 19.1. Isso significa que, quanto maior o raio, menor a variação do tamanho do raio com a variação do ângulo que ele faz com a abcissa, como, aliás, pode-se observar nas figs. 19.1 e 19.2: a curvatura de uma espiral logarítmica varia cada vez menos com o aumento do ângulo do raio.

Em geral, encontra-se na literatura a equação

$$r = ce^{q\theta} \quad [19.5.2:2]$$

que usa a constante $q$ em lugar de $1/T$, mas dessa última maneira o período $T$ fica explícito. Além disso, em lugar de $b$ usa-se a constante matemática $e$; esse símbolo, denominado de número de Euler, foi dado em homenagem ao matemático e físico suíço Leonhard Paul Euler (1707-1783). Considerado um dos matemáticos mais prolíficos de todos os tempos, foi quem introduziu os símbolos $e$, o $i$ para a parte imaginária dos números complexos, e $\Sigma$ para indicar uma somatória de vários números ou variáveis. A constante $e$ é um número irracional (cf. seções 7.1 e 7.4.5) definido por (notando que $0! = 1$):

$$e = \frac{1}{0!} + \frac{1}{1!} + \frac{1}{2!} + \frac{1}{3!} + \ldots \quad \text{ou} \quad e = \lim_{n \to \infty} \left(1 + \frac{1}{n}\right)^n$$

e seu valor aproximado é

$$e \approx 2{,}718281828459045235360287471352 7\ldots$$

Ela também é chamada de *número neperiano*, em homenagem ao matemático e físico escocês John Napier (1550-1617), cujo nome em latim era Ioannes Neper, o descobridor dos logaritmos (cf. seção 19.4). Tem-se também

$$e^x = 1 + \frac{x}{1!} + \frac{x^2}{2!} + \frac{x^3}{3!} + \ldots \quad [19.5.2:3]$$

O número *e* é muito importante no cálculo diferencial e integral, pois, por exemplo,

$$\frac{de^x}{dx} = e^x \quad [19.5.2:4]$$

isto é, a *derivada* (*derivative*) da função $e^x$ é ela própria ou, em outras palavras, o ângulo com o eixo das abcissas *x*, que faz a tangente à curva $y = e^x$ em cada ponto $(x,y)$, tem o valor da própria função e também cresce exponencialmente. A noção de derivada será abordada com um pouco mais de detalhe na seção 19.5.5.

Tirando o logaritmo na base *e* de ambos os membros da equação [19.5.2:1], tem-se

$$log_e\, r = log_e\, ce^{q\theta} = log_e\, c + log_e\, e^{q\theta} = log_e\, c + q\theta$$

onde $log_e$ é o logaritmo na base *e*, ou *logaritmo neperiano* ou *logaritmo natural.* Isto é, o logaritmo do tamanho do raio *r* a um ponto *P* da espiral varia proporcionalmente com o ângulo θ que *r* forma com o eixo das abcissas, na razão *q*. Por isso, como foi visto, a espiral recebeu o nome de *logarítmica*. Se a base não for *e*, haverá simplesmente uma mudança da base do logaritmo (cf. seção 19.4).

Pode sempre transformar a equação $r = ab^{q\theta}$, em que $1/T$ foi substituído por *q* e $r_0$, por *a*, em outra da forma $r = ce^{s\theta}$ (cf. [19.5.2:2]), tomando-se *s* em lugar de *q*. Para isso, basta igualar as duas equações:

$$ab^{q\theta} = ce^{s\theta} \;\rightarrow\; log_e(ab^{q\theta}) = log_e(ce^{s\theta}) \;\rightarrow\; log_e a + log_e b^{q\theta} = log_e c + log_e e^{s\theta}$$

Portanto, para se transformar uma equação na outra, deve-se tomar

$$log_e a = log_e c \;\rightarrow\; c = a$$

e

$$log_e b^{q\theta} = log_e e^{s\theta}$$

ou

$$q\theta log_e b = s\theta log_e e$$

Mas $log_e e = 1$, portanto deve-se tomar

$$s = q log_e b$$

ou, usando o período *T*,

$$s = \frac{1}{T} log_e b$$

Fazendo $a = 1$, b = 2 e, se θ for medido em graus, q = 1/180°, tem-se a equação

$$r = 2^{\theta/180} \quad [19.5.2:5]$$

A espiral da fig. 19.1 é uma aproximação da espiral matematicamente exata que seria traçada com essa fórmula variando-se o θ. Quanto menor for essa variação, mais preciso será o traçado da espiral. Note-se que 180° é o período da espiral, isto é, nesse caso a distância de um ponto da espiral até seu foco dobra a cada 180°. Se θ for medido em radianos (cf. seção 2.4.3), a equação [19.5.2:5] passa a ser

$$r = 2^{\theta/\pi}$$

## Exercícios

**Exr. 19.5.2:1** Substituir consecutivamente na equação [19.5.2:5] θ por 0°, 180° (meia-volta completa), 360° (uma volta), 540° (uma volta e meia), 720° (duas voltas), 900° etc. para ver como são gerados os pontos em que a espiral de base 2 corta o eixo das abcissas, como na fig. 19.1. Cuidado para alternar pontos à direita e à esquerda da origem 0 das abcissas, correspondendo ao período de 180°.

**Exr. 19.5.2:2** Para desenhar a espiral logarítmica da fig. 19.1 com mais facilidade e precisão, pode-se marcar no eixo das abcissas os pontos do exercício anterior, e no eixo das ordenadas os pontos para θ com os valores 90°, 270°, 450°, 630°, 810° etc., observando que, por exemplo, para 90° e 270°, o numerador e o denominador do expoente levam a

$$r = 2^{1/2} = \sqrt{2} \approx 1,4142$$

$$r = 2^{3/2} = \sqrt{2^3} = \sqrt{2 \times 2^2} = 2\sqrt{2} \approx 2\ x\ 1,4142 = 2,8284$$

que devem ser marcados na parte superior e inferior do eixo das ordenadas, respectivamente. Daí para a frente, basta dobrar consecutivamente o resultado anterior como acima (por isso $\sqrt{2}$ foi dado com 5 algarismos significativos, diminuindo o acúmulo do truncamento), alternando a parte do eixo das ordenadas onde se colocam as marcas. Calcular as distâncias desses pontos à origem, entre 1 e 32.

**Exr. 19.5.2:3** Desenhar a espiral da fig. 19.1 com maior precisão, marcando os pontos dela a cada 45°. Sugestão: note que

$$2^{1/4} = \left(2^{1/2}\right)^{1/2} = \sqrt{\sqrt{2}} \approx 1,1892$$

Usar a calculadora do computador e achar primeiramente a $\sqrt{2}$, depois $\sqrt{\sqrt{2}}$ e armazenar na 'memória' da calculadora, para ir multiplicando sucessivamente esses resultados por esses números. Com os 16 algarismos significativos da calculadora do Windows 7 apareceram exatamente o 2 correspondendo a 180°, o 4 a 360° etc., até o 64 correspondendo a 1080° (3 voltas completas). Na verdade, a fig. 19.1 foi traçada marcando os pontos a cada 45°, mas isso não podia ser especificado naquela altura do texto. Calcular os valores correspondentes a esses pontos, entre o 1 e o 32.

**Exr. 19.5.2:4** Usando a fórmula [19.5.2:3], provar a fórmula [19.5.2:4]. Sugestão: usar as propriedades das derivadas

$$\frac{da}{dx}=0,\quad \frac{daf}{dx}=a\frac{df}{dx},\quad \frac{d(f+g)}{dx}=\frac{df}{dx}+\frac{dg}{dx}\quad \text{e}\quad \frac{df^n}{dx}=\frac{ndf^{n-1}}{dx}$$

onde $a$ é uma constante, $f$ e $g$ são funções de $x$ e $n$ é um número natural.

### 19.5.3 Espirais logarítmicas em coordenadas cartesianas

Um programa de computador usando uma linguagem de programação com funções gráficas poderia gerar um gráfico bem preciso de uma espiral plotando os pontos para valores consecutivos de $\theta$ com um passo pequeno e para o $r$ calculado com a fórmula [19.5.2:1] da espiral. Se for necessário, no caso da espiral logarítmica, para se calcular as coordenadas cartesianas de cada ponto $P$ da espiral em função de $\theta$ podem-se deduzir as seguintes fórmulas (a dedução é análoga à da espiral de Arquimedes de 2.4.3):

$$x = r_0 b^{\theta/T} cos\theta \text{ e } y = r_0 b^{\theta/T} sen\theta$$

Com isso pode-se ir incrementando os valores positivos de $\theta$ e plotando os pontos nas coordenadas $(x,y)$, gerando a espiral desde seu raio inicial $r_0$ e $\theta = 0$ e aumentando progressivamente seu raio em um movimento circular. Usando valores negativos de $\theta$, pode-se chegar cada vez mais próximo do foco da espiral (por quê?).

### 19.5.4 Prova da equiangularidade

Para a prova da propr. 2 da seção 19.2 é necessário ter conhecimentos básicos de trigonometria e de derivadas (cf. seção 19.5.5), mas todas as fórmulas envolvendo esses conhecimentos são dadas aqui explicitamente.

Como foi visto na seção 19.5.2, a equação polar de uma espiral logarítmica pode ser expressa em coordenadas polares como

$$r = r_0 e^{q\theta} \quad [1]$$

Em 19.5.2 foi visto que, se na fórmula da espiral a base não for *e*, ela pode ser transformada nessa base.

A fig. 19.11 mostra um trecho do gráfico de uma função *f*(*x*), sendo *P* um ponto qualquer de *f* com coordenadas *x* e *y*, *t* a tangente à curva de *f* no ponto *P*, β o ângulo que *t* faz com o raio *r* que dá a distância da origem *O* a *P*, θ o ângulo do raio *r* com o eixo *x* e α o ângulo da tangente *t* com esse eixo.

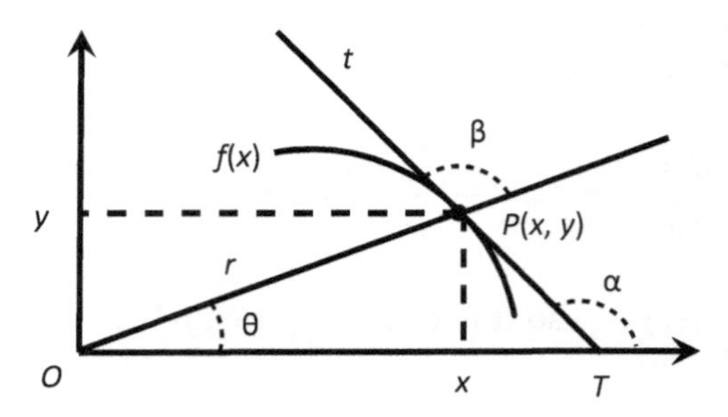


**Fig. 19.11** Prova da equiangularidade

No triângulo OPT, o ângulo $\angle OPT$ do vértice *P* é β, pois ângulos opostos por um vértice são iguais. Por outro lado, $\angle OTP = 180° - \alpha$. Portanto, como a soma dos ângulos de um triângulo no plano é 180°, tem-se

$$\theta + \beta + 180 - \alpha = 180 \rightarrow \alpha = \theta + \beta \rightarrow \beta = \alpha - \theta$$

Pela propriedade da tangente trigonométrica (em um triângulo retângulo, a razão entre o cateto oposto pelo cateto adjacente) da diferença de dois ângulos,

$$tg\,\beta = tg\,(\alpha - \theta) = \frac{tg\,\alpha - tg\,\theta}{1 + tg\,\alpha\; tg\,\theta} \quad [2]$$

Fazendo-se um incremento infinitesimal de *f* em torno do ponto *P*, determina-se um triângulo retângulo de catetos *dy* e *dx* e hipotenusa *df*(*x*), como na fig. 19.12 adiante. Pela definição de derivada, que será abordada na seção 19.5.5,

$$tg\,\alpha = \frac{df(x)}{dx}$$

Tomando-se *f* como a função da espiral, de [1], e lembrando a transformação de coordenadas polares em cartesianas (cf. [2.4.2:1]),

$$x = r_0 e^{q\theta} cos\theta \text{ e } y = r_0 e^{q\theta} sen\theta \quad [3]$$

e, levando em conta as propriedades das derivadas (cf. Exr. 19.5.2:4),

$$\frac{d(cf)}{dx}=c\frac{df}{dx} \quad \text{e} \quad \frac{d(fg)}{dx}=f\frac{df}{dx}+g\frac{dg}{dx}$$

onde $c$ é uma constante e $f$ e $g$ são funções de $x$, de [1] e [2]:

$$\frac{dx}{d\theta}=r_0\left(e^{q\theta}\frac{d}{d\theta}cos\theta+(cos\theta)\frac{d}{d\theta}e^{q\theta}\right) \quad \text{e} \quad \frac{dy}{d\theta}=r_0\left(e^{q\theta}\frac{d}{d\theta}sen\theta+(sen\theta)\frac{d}{d\theta}e^{q\theta}\right)$$

Como

$$\frac{d}{dx}senx=cosx \quad \text{e} \quad \frac{d}{dx}cosx=-senx \quad \text{e ainda} \quad \frac{d}{d\theta}e^{q\theta}=qe^{q\theta}$$

então

$$\frac{dx}{d\theta}=r_0(e^{q\theta}(-sen\theta)+qe^{q\theta}cos\theta) \quad \text{e} \quad \frac{dy}{d\theta}=r_0(e^{q\theta}cos\theta+e^{q\theta}qsen\theta) \rightarrow$$

$$\rightarrow \frac{dx}{d\theta}=r_0e^{q\theta}(-sen\theta+qcos\theta) \quad \text{e} \quad \frac{dy}{d\theta}=r_0e^{q\theta}(cos\theta+qsen\theta)$$

Como

$$tg\,\alpha=\frac{df(x)}{dx}=\frac{dy}{dx}=\frac{\frac{dy}{d\theta}}{\frac{dx}{d\theta}}$$

então

$$tg\,\alpha=\frac{r_0e^{q\theta}(cos\theta+qsen\theta)}{r_0e^{q\theta}(-sen\theta+qcos\theta)}=\frac{cos\theta+qsen\theta}{-sen\theta+qcos\theta}$$

De [2] e como $tg\,\theta=\frac{sen\theta}{cos\theta}$,

$$tg\,\beta=\frac{\frac{cos\theta+qsen\theta}{-sen\theta+qcos\theta}-\frac{sen\theta}{cos\theta}}{1+\frac{cos\theta+qsen\theta}{-sen\theta+qcos\theta}\frac{sen\theta}{cos\theta}}=\frac{\frac{\cos^2\theta+qsen\theta cos\theta-qsen\theta cos\theta+sen^2\theta}{q\cos^2\theta-sen\theta cos\theta}}{1+\frac{sen\theta cos\theta+qsen^2\theta}{-sen\theta cos\theta+q\cos^2\theta}}$$

Como $sen^2\,\theta + cos^2\,\theta = 1$,

$$tg\,\beta = \frac{\dfrac{1}{q\cos^2\theta - sen\theta cos\theta}}{1+\dfrac{sen\theta cos\theta + qsen^2\theta}{-sen\theta cos\theta + qcos^2\theta}} = \frac{\dfrac{1}{q\cos^2\theta - sen\theta cos\theta}}{\dfrac{sen\theta cos\theta + qsen^2\theta - sen\theta cos\theta + q\cos^2\theta}{-sen\theta\cos\theta + q\cos^2\theta}} = \frac{1}{q(sen^2\theta + \cos^2\theta)} = \frac{1}{q}$$

Portanto, se tg $\beta$ é a constante $\frac{1}{q}$, então $\beta$ é constante, e a espiral é equiangular, c.q.d.

Vê-se também que $\beta$ depende apenas da razão $q$ da espiral. (A propósito, parece surpreendente que tantos termos acabem desaparecendo!)

Na fig. 19.11 o ângulo $\beta$ é maior do que 90° e a tangente aponta para baixo, no sentido de aumento da espiral, como foi visto na propr. 2 da seção 19.2. O seu suplemento, isto é, 180° – $\beta$ (o $\delta$ da fig. 19.4), no local onde está anotado $P(x,y)$ da fig. 19.11, é menor do que 90°, também é constante e na figura aponta para a diminuição da espiral.

Se a base da espiral não for $e$, como na equação [19.5.2:1], o resultado será um pouco diferente, envolvendo as constantes $r_0$ e $T$, mas $\beta$ ainda será constante.

## 19.5.5 Um pouco sobre derivadas

Na fig. 19.12 há um trecho de uma função qualquer $y = f(x)$, em cujo ponto $P(x,y)$ foi traçada a tangente $t$. Um incremento infinitesimal (isto é, quase nulo, ou 'tão pequeno quanto se queira', no jargão matemático) na direção de $f(x)$ significa um passo infinitesimal ao longo da tangente $t$, representado pela hipotenusa do triângulo retângulo com catetos $dx$ e $dy$, onde $dx$ e $dy$ são infinitesimais. É fácil de compreender que a derivada, denotada por $\frac{dy}{dx}$, de $f(\mathrm{x})$ no ponto $P$ é a tangente trigonométrica do ângulo $\theta$ (em um triângulo retângulo, a divisão entre o cateto oposto a $\theta$ pelo cateto adjacente a $\theta$) que a tangente geométrica $t$ a $f(\mathrm{x})$ faz com o eixo $x$ no ponto $P$, isto é, o ângulo que $t$ faz com a coordenada $x$, pois $dx$ é paralela à abcissa $x$.

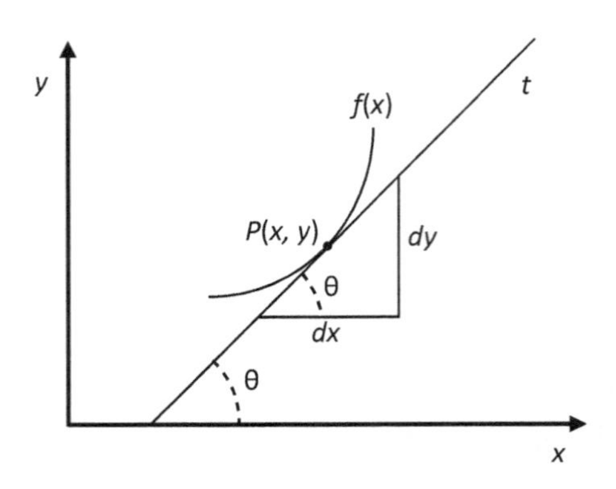


**Fig. 19.12** Construção da derivada

De fato, pela definição de tangente trigonométrica de um ângulo agudo de um triângulo retângulo, tem-se

$$\text{tg}\,\theta = \frac{dy}{dx}$$

A partir dessa propriedade podem-se obter várias outras relativas a derivadas, por exemplo, as mencionadas na seção 19.6 na solução do Exr. 19.5.2:4.

### 19.5.6 A espiral logarítmica e o infinito

A seção 7.4.5 abordou um pouco a noção e a aplicação do infinito. Qualquer espiral logarítmica pode ser desenvolvida aumentando-se progressivamente o tamanho de seus raios. Assim, o raio tende para o infinitamente grande. Mas ele também tende para o infinitamente pequeno, se a espiral for percorrida no sentido de seu foco, que nunca é atingido, cf. a propr. 9 da seção 19.2. Temos, assim, noções geométricas do infinitamente grande e do pequeno.

Dada uma curva plana, a sua *curvatura* em um ponto *P* é o grau em que ela se desvia de uma reta que passa por *P*. O *raio de curvatura* (v. propr. 5 da seção 19.2) de uma curva qualquer em um de seus pontos *P* é o raio de uma circunferência que passa por *P* e pelos pontos infinitamente próximos de *P*, isto é, a circunferência que tangencia ou *oscula* (de oscular, beijar) a curva em *P*.

Quando o raio de uma espiral logarítmica tende para o infinitamente grande, a curvatura dessa espiral tende para uma reta. Quando o raio da espiral tende para o infinitamente pequeno, o tamanho do raio tende para zero; a curvatura reduz-se a uma circunferência de raio nulo, isto é, a um ponto, o foco da espiral.

**Exr. 19.5.6** A espiral de Arquimedes (cf. seção 2.1) leva às noções de infinitamente grande e pequeno?

## 19.6 Soluções de exercícios

**Exr. 18.7** (exercício complementar da seção 18.7). O centro do arco de circunferência ligando as extremidades do lado *a* do primeiro triângulo da fig. 18.7 deve estar no vértice oposto a esse lado *a*.

**Exr. 19.1:1** 64, 128, 256, 512, 1028 e $2^6$, $2^7$, $2^8$, $2^9$, $2^{10}$.

**Exr. 19.1:2** Os termos da sequência vão diminuindo progressivamente, mas jamais chegam ao zero, como foi visto na seção 19.5.1.

**Exr. 19.1:3** A espiral jamais atinge seu foco, como toda espiral logarítmica, como foi mostrado na seção 19.5.1.

**Exr. 19.1:5** Para a fig. 19.2 na tela do computador, a razão da espiral para um período de 180° é aproximadamente 1,89. Verificar isso medindo raios opostos, por exemplo, nos eixos das abcissas. Para um período de 360° ela é de aproximadamente 3,55, que é, como deveria ser, aproximadamente $1{,}89^2$.

**Exr. 19.2** Não, pois o crescimento de uma espiral de Arquimedes é constante: a cada período de 360° soma-se um mesmo valor ao raio, e não se multiplica esse raio por um certo fator, como seria o caso do crescimento proporcional.

**Exr. 19.5.2:2** Os pontos a serem marcados a cada 90°, arredondando para uma casa decimal, são

```
1; 1,4; 2; 2,8; 4; 5,7; 8; 11,3; 16; 22,6; 32
```

No papel quadriculado com quadradinhos de 0,5 cm de lado, dividir esses números por 2 para saber a distância em cm à origem, o foco, e usar uma régua.

**Exr. 19.5.2:3** Os pontos a serem marcados a cada 45°, arredondando para uma casa decimal, são

```
1; 1,2; 1,4; 1,9; 2; 2,4; 2,8; 3,4; 4; 4,8; 5,7; 6,7; 8; 9,5; 11,3; 13,5; 16; 19; 22,6; 27; 32
```

**Exr. 19.5.2:4**

$$\frac{de^x}{dx}=\frac{d}{dx}(1+\frac{x}{1!}+\frac{x^2}{2!}+\frac{x^3}{3!}+\frac{x^4}{4!}\ldots)=0+1+\frac{2x}{2!}+\frac{3x^2}{3!}+\frac{4x^3}{4!}\ldots=1+\frac{x}{1!}+\frac{x^2}{2!}+\frac{x^3}{3!}+\ldots=e^x$$

**Exr. 19.5.6** Claramente, ao crescer, a espiral de Arquimedes leva à noção de infinitamente grande. Ao diminuir, a espiral atinge seu foco, seu ponto inicial. Um ponto ideal é infinitamente pequeno. (Na verdade, um ponto contém qualquer figura geométrica de tamanho nulo.)

## 19.7 Referências


- Bindel, E. *Logarithmen für Jederman – elementare Einführung mit Hinweisen auf Höhere Gesetzmässigkeiten* ('Logaritmos para todos – introdução elementar com indicações de leis superiores', em tradução livre). Stuttgart: Verlag Freies Geistesleben, 1938. As figs. 19.5 a 19.9 foram copiadas desse livro e retocadas, devido às manchas produzidas pela idade do volume usado.
- Spira, M. *Sobre o cartaz da OBMEP 2018*. Folheto sobre espirais logarítmicas. Acesso em 7/1/19: www.obmep.org.br/docs/curiosidade_cartaz_obmep2018.pdf
- Briggs, H. Acesso em 16/6/18: https://en.wikipedia.org/wiki/Henry_Briggs_(mathematician)

- Cáustica (curva ou superfície). Idem: https://en.wikipedia.org/wiki/Caustic_(optics)
- Espiral logarítmica. Acesso em 3/6/18: https://en.wikipedia.org/wiki/Logarithmic_spiral
- Evoluta (curva). Acessos em 7/1/19: https://pt.wikipedia.org/wiki/Evoluta https://en.wikipedia.org/wiki/Evolute
- Logaritmos. Acesso em 16/6/18. https://pt.wikipedia.org/wiki/Logaritmo Acesso em 20/4/20: https://brasilescola.uol.com.br/matematica/logaritmo.htm
- Maclaurin, C. Acesso em 15/12/18: https://en.wikipedia.org/wiki/Colin_Maclaurin
- Neper, J. Acesso em 7/1/19: https://en.wikipedia.org/wiki/John_Napier
- Número de Euler (*e*). Acessos em 7/1/19: www.en.wikipedia.org/wiki/Leonhard_Euler https://pt.wikipedia.org/wiki/Número_de_Euler https://en.wikipedia.org/wiki/E_(mathematical_constant)

# CAPÍTULO 20

# Mais duas aproximações de espirais logarítmicas

## 20.1 Traçado por perpendiculares aos raios

Na fig. 20.1 partiu-se de uma divisão do plano cartesiano em 8 partes iguais por meio de 2 retas adicionais às retas das coordenadas, cruzando todas no mesmo ponto, a origem $O$, sempre com o mesmo ângulo entre duas consecutivas (no caso, 45°). Começando-se em um ponto de uma das retas, perto da origem, foi traçado um segmento de reta partindo desse ponto e perpendicular à sua reta. Esse segmento encontra a reta seguinte em um ponto desta, de onde foi traçado em perpendicular mais um segmento para a reta seguinte, e assim por diante. A fig. 20.1 mostra o processo para o ponto $P$ da reta $r$, do qual foi traçada uma perpendicular a $r$ encontrando a próxima reta $r'$ no ponto $P'$. O resultado é uma espiral traçada por segmentos de reta, que é uma aproximação de uma espiral logarítmica, como será mostrado a seguir.

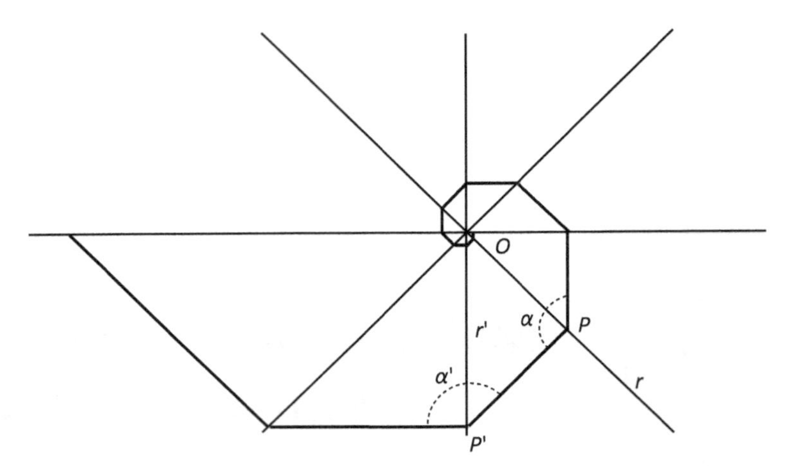


**Fig. 20.1** Aproximação de uma espiral logarítmica

Note-se na fig. 20.1 que a origem e os pontos de intersecção dos segmentos da espiral com as retas formam triângulos, como o *OPP'*. Por construção, os triângulos são todos retângulos devido às perpendiculares em um dos pontos de intersecção com os raios. Por exemplo, o segmento de reta *PP'* é perpendicular a *r*. Além disso, como os ângulos com vértice em *O* entre cada duas retas consecutivas são sempre os mesmos por construção (no caso, 45°), cada dois triângulos quaisquer dessa figura têm dois ângulos iguais; portanto, como visto na seção 12.6.2, eles são todos semelhantes e, assim, o terceiro ângulo também é igual em todos os triângulos. Segue-se que os ângulos formados por dois segmentos de reta adjacentes são também iguais, como $\alpha = \alpha'$ na fig. 20.1. Pode-se então traçar uma reta por *P* formando ângulos iguais com os dois segmentos da espiral que se encontram em *P*; esses ângulos seriam de $(180° - \alpha)/2$; idem para uma reta por *P'*, com os mesmos ângulos. Essas retas fazem o papel de 'tangentes' nos pontos de intersecção dos segmentos, fazendo sempre o mesmo ângulo com os últimos e com os raios da espiral, como com *OP* e *OP'*. Com essas 'tangentes' tem-se então uma construção equiangular (cf. seção 19.2, propr. 2) em relação aos raios da espiral, o que leva a uma aproximação de uma espiral logarítmica.

Se, em lugar de 8, tivessem sido usadas 16 partes, dividindo o plano em 16 ângulos, por meio de 4 retas adicionais, haveria uma aproximação maior de uma espiral logarítmica; com 32 retas, maior aproximação ainda. O importante é que os ângulos formados por duas retas consecutivas sejam sempre iguais. A fig. 20.2 mostra divisões consecutivas de 7 a 11 ângulos iguais, sendo que as espirais são giradas de 180° em relação à da fig. 20.1.

**Fig. 20.2** Aproximações de espirais logarítmicas

Quanto mais divisões do plano forem feitas, mais as espirais se aproximam de uma espiral logarítmica ideal, sem os pontos de inflexão. Todas elas seriam equiangulares, o que é uma demonstração geométrica da equiangularidade de uma espiral logarítmica, que é o limite para um número infinito de retas dividindo o plano formando ângulos iguais entre si.

## 20.2 Curvas de perseguição

Suponha-se que nos vértices de um quadrado estejam quatro insetos, bem pequeninos, olhando cada um para o seu vizinho no vértice seguinte, no sentido horário, e que cada um comece a se mover no mesmo instante com velocidade constante no sentido do seu vizinho, sempre mirando este último. Inicialmente cada um olha ao longo do lado do quadrado para o qual está voltado. Todos se movem um pouco, de modo que agora não estão mais mirando o vizinho ao longo do lado do quadrado, mas mirando um segmento de reta para dentro do quadrado, fazendo um pequeno ângulo com o lado do quadrado. Mais um movimento dos quatro, e eles afastam-se mais um pouco em relação ao seu lado do quadrado. Se isso for continuado, tem-se a fig. 20.3, resultando aproximadamente quatro espirais logarítmicas. Todos estão se movendo aproximadamente ao longo da tangente da curva que estão desenhando; pode-se provar que o ângulo que essas tangentes formam com os raios que ligam os pontos de tangenciamento até o foco das espirais é sempre o mesmo. Assim, são formadas quatro espirais aproximadamente equiangulares (cf. a propr. 2 da seção 19.2). Isso mostra um método de desenhar espirais quase logarítmicas por pequenos passos ao longo de suas tangentes, denominadas de *espirais de perseguição* (*pursuit spirals*) – afinal, os insetos estavam se perseguindo! Note-se que os comprimentos de cada segmento das espirais são sempre iguais (os insetos movem-se com velocidade constante), e a cada passo dos quatro a mirada de cada um para o vizinho forma o lado de um novo quadrado, como se pode ver bem pelos últimos, os menores.

**Fig. 20.3** Curvas de perseguição

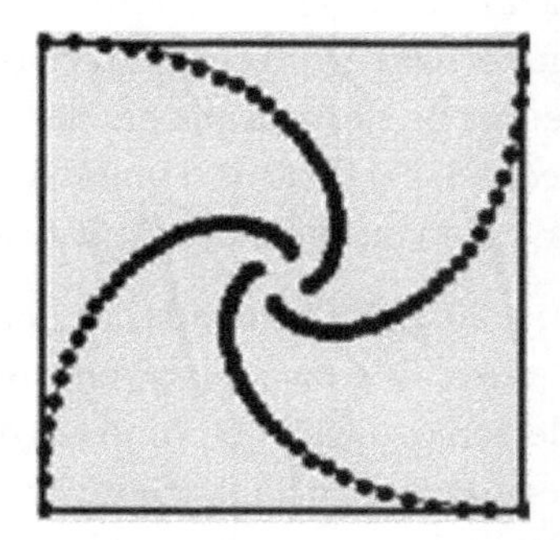

**Fig. 20.4** Idem

Na fig. 20.4 são mostrados apenas os pontos das espirais, em escala um pouco diferente. Note-se que o foco de cada espiral está no centro do quadrado externo e de cada interno, que é o ponto de intersecção de todas as diagonais.

Esse método pode ser usado partindo-se de um triângulo equilátero (todos os lados de mesmo comprimento) ou a partir de qualquer polígono regular (idem).

## Exercícios

**Exr. 20.2:1** Partindo de um quadrado, desenhe as quatro espirais pelas suas tangentes, como na fig. 20.3, tomando cuidado para que os segmentos das espirais ao longo das tangentes sejam sempre iguais.

**Exr. 20.2:2** Partindo de um triângulo equilátero, desenhe três espirais aproximadamente logarítmicas pelas suas tangentes.

**Exr. 20.2:3** Se os insetos da fig. 20.3 fossem pontuais, e os passos fossem infinitesimais, eles jamais se encontrariam. Tendo dimensão finita, e os passos sendo finitos, acabam se tocando. Por quê?

As espirais de perseguição são um caso particular de *curvas de perseguição* (*pursuit curves*). Por exemplo, suponha-se que um coelho esteja fugindo de uma raposa (na literatura, também se encontra um cachorro, levando, por exemplo, à denominada *dog curve*), ao longo de uma reta, com velocidade constante (isso é chamado na física de 'movimento retilíneo uniforme'), que a raposa parta de um ponto qualquer afastado da reta traçada pelo coelho, e que ela corra também com velocidade constante (um modelo obviamente irreal). Se a raposa mirar sempre o coelho, fará uma curva de perseguição como a da fig. 20.5. Essa curva foi estudada por Leonardo da Vinci quando a vítima faz um movimento retilíneo uniforme, generalizada pelo cientista francês Pierre Bouguer (1698-1758) em 1732, e por Jean Marie du Boisaymé (1779-1846) em 1811; em 1859 George Boole (o da álgebra de Boole ou binária, usada nos circuitos de computadores; v. seção 3.4.1) deu-lhe o nome de *pursuit curve*. Essas curvas são muito importantes para um navio ou avião de combate, ou foguete ao perseguir outro.

Na fig. 20.5 são mostradas as posições iniciais do coelho, no começo do segmento de reta vertical, e da raposa, no ponto mais à esquerda. Note-se como a tangente à curva de perseguição, no ponto em que a raposa está, passa pelo coelho. Assim a raposa move-se sempre pela tangente à curva. A velocidade constante do coelho é mostrada pelas distâncias iguais dos pontos onde ele é localizado na figura; a velocidade constante da raposa não é tão aparente, pois trata-se de uma curva (se fosse uma circunferência seria fácil reconhecer isso pelos ângulos iguais entre os raios correspondentes).

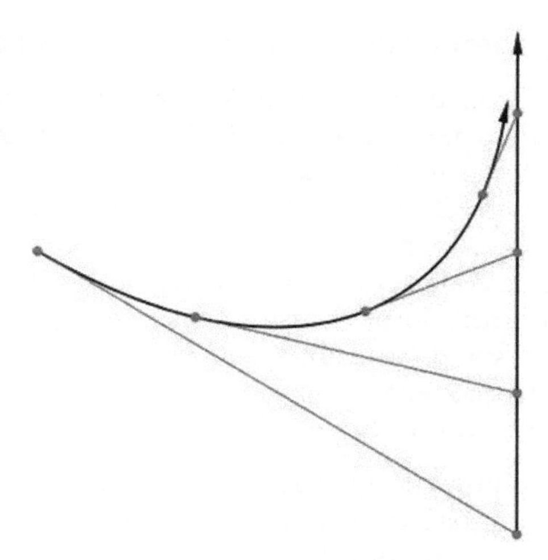

**Fig. 20.5** Curva de perseguição

Se a raposa tem a mesma velocidade que o coelho, ela atinge a reta do coelho atrás dele, o que pode ser demonstrado matematicamente, e daí para a frente a distância permanece a mesma. Portanto, é necessário que a raposa seja mais rápida, mas, mesmo assim, há três possibilidades: a raposa mirar sempre em uma distância fixa à frente do coelho, mirar sempre no coelho ou mirar em uma distância fixa atrás do coelho até atingir a reta seguida por este. Como a raposa sempre se move ao longo das tangentes à curva de perseguição, se ela e o coelho forem pontos ideais, eles jamais se encontrarão, pois o ponto de encontro estará no infinito.

A curva de perseguição é também denominada de *radiodromo* (*radiodrome*, do grego ραδιος 'rádios', mais fácil, e δρομος 'dromos', corrida). Em inglês também é chamada de *dog's chase* (caçada do cachorro), em italiano *curva da caccia* (curva da caça) e em alemão *Hundekurven* (curvas dos cachorros).

Com curvas de perseguição podem-se construir lindos desenhos geométricos, por exemplo, como os das figs. 20.3 e 20.6. Nesta última, partiu-se de um pentágono regular. Na internet encontram-se muitos desenhos feitos com essas curvas.

**Fig. 20.6** Curvas de perseguição

## 20.3 Construção geométrica de raízes quadradas consecutivas

A construção da fig. 20.1 usando triângulos retângulos pode ser modificada, de modo que as retas passando pela origem não dividam o plano em partes iguais (naquele caso, formando ângulos de 45°), mas de modo que os segmentos que unem aquelas retas, correspondendo a um dos catetos de cada triângulo, tenham sempre o mesmo tamanho, suposto 1 na fig. 20.7. Nesse caso, obtém-se uma aproximação de uma espiral, como mostra a figura. Pode-se observar que os ângulos entre cada dois segmentos de tamanho 1 vão aumentando progressivamente, isto é, não se tem uma espiral equiangular. Portanto, a espiral assim obtida não é logarítmica (cf. seção 19.2, propr. 2). No entanto, nessa construção obtém-se algo muito interessante: os segmentos das hipotenusas são iguais, sucessivamente, a $\sqrt{2}$, $\sqrt{3}$, $\sqrt{4}$ etc., como se pode ver na figura.

De fato, na fig. 20.7 o primeiro triângulo tem catetos $\sqrt{1} = 1$ e 1. Pelo teorema de Pitágoras (cf. seção 10.1), a sua hipotenusa é a raiz quadrada da soma dos quadrados dos catetos, isto é, $\sqrt{1^2 + 1^2} = \sqrt{2}$. O mesmo raciocínio vale para as outras hipotenusas.

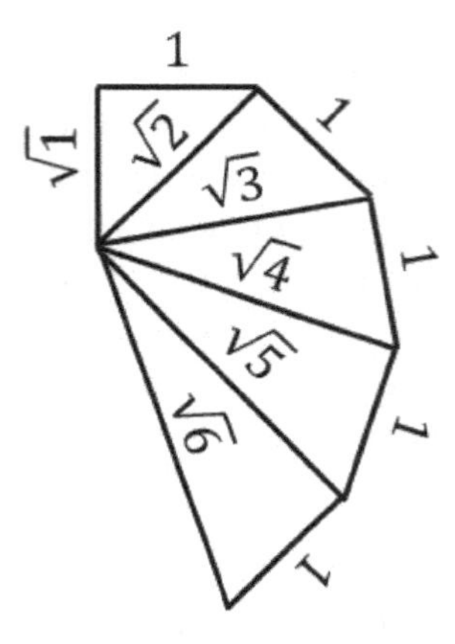


**Fig. 20.7** Construção de raízes quadradas

Pode-se observar ainda que, dado um dos triângulos, a sua hipotenusa torna-se um cateto do triângulo seguinte no sentido horário, o que também era o caso na fig. 20.1.

Obviamente, em lugar de se desenhar o primeiro triângulo retângulo com os dois catetos de comprimento 1, pode-se partir de qualquer comprimento obtendo-se outras raízes quadradas.

## Exercícios

**Exr. 20.3:1** Prove que na fig. 20.7 os comprimentos das outras hipotenusas sucessivas têm comprimentos iguais à sucessão de raízes quadradas mostradas nessa figura.

**Exr. 20.3:2** É possível traçar, no sentido anti-horário, triângulos menores do que o primeiro, que tem lados 1 e $\sqrt{1}$?

**Exr. 20.3:3** Quais seriam as raízes se o primeiro triângulo retângulo tivesse catetos com comprimento (a) 1 e 3, repetindo-se o cateto de comprimento 1? (b) 2 e 3, repetindo-se o cateto de comprimento 2?

## 20.4 Solução dos exercícios

**Exr. 20.2:3** Se os insetos forem pontuais, e os passos forem infinitesimais, tem-se espirais realmente logarítmicas, que nunca atingem seu foco (cf. seção 19.2, propr. 9), isto é, os insetos nunca se encontram. Se eles não forem pontuais, ao se aproximarem bastante vão encostar uns nos outros; se ainda os passos tiverem algum tamanho fixo, a espiral será quase logarítmica.

**Exr. 20.3:1** No segundo triângulo, os catetos têm comprimentos 1 e $\sqrt{2}$. Portanto, a hipotenusa terá comprimento $\sqrt{1+\left(\sqrt{2}\right)^2} = \sqrt{3}$ e assim por diante para os próximos triângulos.

**Exr. 20.3:2** Não, pois o triângulo seguinte ao primeiro no sentido anti-horário teria um cateto com comprimento 1 e a hipotenusa também com esse mesmo comprimento. Nesse caso, o outro cateto teria comprimento 0, isto é, o cateto com comprimento 1 coincidiria com a hipotenusa. (Qualquer segmento de reta pode ser considerado como sendo um triângulo retângulo com um dos catetos com comprimento 0.) Essa é uma prova de que a espiral não se aproxima de uma espiral logarítmica, pois nesta podem-se diminuir indefinidamente os tamanhos dos raios, nunca se atingindo o foco, como foi exposto na propr. 9 da seção 19.2. Note-se que na fig. 20.1 seria possível continuar a construção da espiral no sentido anti-horário.

**Exr. 20.3:3** (a) Com catetos de comprimentos 1 e 3, repetindo-se o 1, as raízes seriam $\sqrt{10}, \sqrt{11}, \sqrt{12}$ etc. (b) Com catetos 2 e 3, repetindo-se o 2, as raízes seriam $\sqrt{13}, \sqrt{17}, \sqrt{21}$ etc. (Verifique!)

## 20.5 Referências


- Curvas de perseguição. Acesso em 3/4/20: https://en.wikipedia.org/wiki/Pursuit_curve
- Espirais de perseguição, com construção em movimento. Acessos em 7/1/19: http://jwilson.coe.uga.edu/EMT668/EMAT6680.F99/Erbas/KURSATgeometrypro/related%20curves/related%20curves.html e http://mathworld.wolfram.com/MiceProblem.html

- Fig. 20.2 (aproximações de espirais logarítmicas). Idem: http://mathworld.wolfram.com/LogarithmicSpiral.html
- Fig. 20.5 (curva de perseguição). Idem: https://en.wikipedia.org/wiki/Radiodrome
- Fig. 20.6 (curvas de perseguição em triângulo, quadrado e pentágono). Acesso em 1/11/19: http://www.primaryresources.co.uk/maths/pursuit.htm

# CAPÍTULO 21
# Histórico das espirais logarítmicas

A propriedade equiangular das espirais logarítmicas, a de número 2 na seção 19.2, foi estudada primeiramente por René Descartes (1596-1650) em 1638, que batizou a espiral logarítmica de 'equiangular'.

A propr. 10 da seção 19.2, de que o comprimento da espiral, quando é percorrida de qualquer ponto em direção ao seu foco, é limitado, foi devida ao físico e matemático italiano Evangelista Torricelli (1608-1647). Seus estudos sobre cálculo infinitesimal levaram ao cálculo de integrais. Ele fez parte da equipe de Galileo a 3 meses de sua morte, quando este já tinha 78 anos. Os estudos de Torricelli sobre tubos de vidro levaram ao desenvolvimento do barômetro; esse nome foi dado por Blaise Pascal (v. seção 5.1), que o aperfeiçoou. Foi devido a Torricelli que se começou a usar o vácuo. A primeira bomba de vácuo foi desenvolvida por Otto von Guericke (1602-1686), que fez em 8/5/1654, em Regensburg, a famosa experiência com os "hemisférios de Magdeburg" (v. ref.), cidade onde ele era prefeito, produzindo o vácuo em dois hemisférios de metal unidos e mostrando em público que dois grupos de 15 cavalos cada não conseguiam separá-los puxando-os. Com isso ele mostrou sua bomba de vácuo e a potência da pressão atmosférica. Essa experiência, usando-se dois hemisférios metálicos pequenos, tornou-se muito popular em escolas para demonstrar a existência da pressão atmosférica.

O grande matemático suíço Jakob (também Jacques) Bernoulli (v. introdução à propr. 4 da seção 19.2) estudou extensivamente as espirais logarítmicas, provando várias das propriedades vistas no cap. 19 por meio do nascente cálculo infinitesimal.

Segundo Ernst Bindel (v. ref. do cap. 19), que teve acesso ao trabalho de Bernoulli descrevendo as proprs. 2 e 4 a 8 da seção 19.2, devido à equiangularidade com as tangentes vista na propr. 2, esse último batizou a espiral logarítmica de *loxodrômica*, do grego antigo λοξός (*lozós*, oblíqua) e δρόμος (*drómos*, caminho), que significa 'que anda inclinada'. Essa nomenclatura, assim como 'linha de rumo' (*rhumb line*), é usada até hoje, como se pode ver fazendo uma busca na internet por 'loxodromia' e 'navegação loxodrômica'. Devido à propr. 4, de uma espiral logarítmica mover-se ponto a ponto sobre uma idêntica e seu foco gerar uma terceira idêntica, Bernoulli denominou a espiral assim gerada de *cicloide*. A espiral gerada pela propr. 6 foi denominada por ele de *antievoluta*, e de *cáustica* (de 'reta que queima') a espiral gerada pela propr. 7, a da reflexão dos raios da espiral formando novamente a mesma espiral pelas suas tangentes. A expressão 'cáustica' é usada até hoje para curvas geradas por tangentes, e tem importância na computação gráfica, inclusive em 3 dimensões. Uma espiral que é usada como base para gerar outra, como nas figs. 19.5 a 19.9, foi chamada por Bernoulli de *exposita*, que foi aqui denominada de 'geratriz' na propr. 5 da seção 19.2.

Essas propriedades fascinaram tanto Bernoulli que em 1692 ele denominou a espiral logarítmica, em latim, de *spira mirabilis* (espiral miraculosa). (A propósito, nesse ano os compositores J. S. Bach, G. F. Haendel e D. Scarlatti tinham 7 anos...) O fascínio de Bernoulli pelo fato de a espiral logarítmica sempre reaparecer apesar de manipulada por operações geométricas, como nas proprs. 3 a 8 vistas na seção 19.2, levou-o a solicitar a seus amigos, poucos dias antes de sua morte, "depois que ele se dedicou a meditar sobre a morte", que em sua lápide fosse gravada uma circunferência com a frase em latim *Eadem mutata resurgo* (apesar de mudada, ressurjo) e que nela fosse inscrita uma espiral logarítmica. Na fig. 21.1 há uma foto dessa lápide, que está em uma parede lateral da entrada da catedral gótica da cidade de Basel (Basileia), no norte da Suíça e que tive oportunidade de visitar; ver nas referências como chegar às fotos coloridas dessa lápide.

**Fig. 21.1** Lápide de Jakob Bernoulli na Catedral de Basel

Na parte inferior da lápide há a inscrição que ele pediu, em um círculo em volta de uma espiral, que não é logarítmica, e sim de Arquimedes (cf. seção 2.1). Ou o escultor da lápide ficou com preguiça ou não entendia o que era uma espiral logarítmica...

É interessante que essa ideia de a espiral logarítmica ser um símbolo para a ressurreição está bem clara em um texto de Bernoulli, citado por Bindel (cf. ref. do cap. 19, p. 25, em tradução livre):

> Devido ao fato de eu gostar tanto dessa espiral maravilhosa pela sua propriedade única e espantosa, de tal modo que eu nunca consigo me saciar de me aprofundar nela, tive a ideia de que certamente se poderia empregá-la de maneira significativa para representar simbolicamente diversas manifestações.
>
> Como ela gera sempre algo similar e igual a ela, tanto faz como ela se gire, volva-se e irradie, ela poderia ser uma imagem da criança, que em tudo se assemelha aos pais: a filha, totalmente parecida com a mãe.
>
> Ou então, se me é permitido mencionar uma evidência de verdade eterna em relação a segredos da fé, ela [a espiral] é, por assim dizer, uma imagem pouco nítida da eterna geração do próprio filho de Deus, que ao mesmo tempo torna-se uma imagem do Deus Pai, irradiando dele como luz da luz, tornando-se idêntico a ele.
>
> Ou então, já que, em seu percurso em forma e medida, nossa curva maravilhosa permanece sempre igual a si mesma [crescimento proporcional; cf. seção 19.2, propr. 1], ela poderia tornar-se o símbolo para a coragem e constância nas agruras, ou para o fato de nosso corpo passar por várias transformações e finalmente pela morte, para então ressuscitar de acordo com seu número primordial.
>
> Sim, se hoje fosse usual imitar Arquimedes, eu gravaria essa espiral na minha lápide com a inscrição: "Imutável em sua proporção, e mesmo transformada ela ressurge."

Isso mostra como Bernoulli era uma pessoa profundamente espiritual e como, naquela época, antes da explosão do materialismo na metade do séc. XVIII, os cientistas encaravam a vida de uma maneira extremamente profunda. Não se deve esquecer que, se Bernoulli e outros, como Newton, eram capazes de pensar com extrema clareza sobre matemática e ciência, eles certamente usavam clareza de pensamento em assuntos filosóficos e transcendentes. Se assim não fosse, eles teriam dupla personalidade – ou, quem sabe, seriam mesmo esquizoides. Hoje em dia, devido à pobreza da concepção de mundo vigente na ciência, em geral os cientistas iriam rir dessas palavras, mostrando incompreensão, preconceito e intolerância – uma atitude muito pouco científica!

Jakob Bernoulli foi essencial ao desenvolvimento do cálculo de probabilidades, no qual desenvolveu a chamada Lei dos Grandes Números (a repetição de um experimento acaba dando um resultado médio que é a probabilidade teórica do resultado), também na área de matemática superior denominada de Cálculo das Variações, e na pesquisa de progressões geométricas. Junto com seu irmão Johann, a quem ensinou matemática, mas com quem acabou se desentendendo, trabalhou no cálculo infinitesimal que havia sido introduzido por Isaac Newton (1643-1727) e Gottfried Wilhelm Leibniz (1646-1716), ampliando-o.

Foi Bernoulli que descobriu o número *e* de Euler (v. seção 19.5.2), e é dele a citação: "Toda ciência necessita de matemática, mas esta não necessita de nenhuma ciência." Por aí nota-se a direção tomada pela ciência, usando modelos quantitativos para prever resultados de experimentos. Lord Kelvin (William Thompson, 1824-1907), o dos graus Kelvin, formulou em 1883 o seguinte, bem nessa linha, em tradução livre:

> Frequentemente digo que se você pode medir o que você está falando, e o expressar em números, você sabe algo sobre a coisa; mas quando você não pode medi-lo, quando você não pode expressá-lo em números, seu conhecimento é de um tipo pobre e insatisfatório; pode ser que seja o começo de um conhecimento, mas você, em seus pensamentos, mal avançou ao estágio de *ciência*, seja qual for o assunto.

Isto é, para ele só é ciência o que pode ser expresso quantitativamente. Hoje em dia a ciência é baseada essencialmente em medidas quantitativas feitas por meio de instrumentos. Seu objetivo principal é compor modelos matemáticos para prever resultados de experimentos, sempre projetados dentro de uma determinada teoria (portanto, não provam nada fora dela).

Ocorre que as vivências do ser humano, a menos de contagens, são qualitativas, e não quantitativas. Com isso, a ciência tornou-se não humana, e é feita indiretamente, sempre por meio de instrumentos que fornecem resultados quantitativos.

## Referências


- Hemisférios de Magdeburg. Acesso em 1/3/19:
  https://en.wikipedia.org/wiki/Magdeburg_hemispheres
- Kelvin e sua frase. Acesso em 7/1/19:
  https://en.wikiquote.org/wiki/William_Thomson
- Lápide de Jakob Bernoulli. Acesso em 20/4/20:
  https://commons.wikimedia.org/wiki/File:Basler_Muenster
- Lei dos Grandes Números e distribuição de Bernoulli. Acesso em 7/1/19:
  https://pt.wikipedia.org/wiki/Lei_dos_grandes_n%C3%BAmeros
- Torricelli, E. Idem: www.ebiografia.com/torricelli

# CAPÍTULO 22

# Por que um avião voa?

## 22.1 Introdução

Já que Bernoulli foi citado, vamos fugir um pouco dos temas principais deste livro e tratar de um pouco de física qualitativa. O/a leitor/a deveria tentar responder à seguinte pergunta: Por que um avião voa e não cai? Em minhas palestras já recebi respostas como "Porque ele tem motores" – só que automóveis têm motores e não voam... Bem, os motores são essenciais para os aviões, mas não são eles que fazem com que eles permaneçam no ar – planadores não têm motores! "Porque ele tem asas" – mas e daí? O que faz as asas darem sustentação ao avião para que ele não caia enquanto voa? Uma única vez um aluno respondeu: "Por causa do princípio de Bernoulli." Eu disse que isso estava correto, mas perguntei por que esse princípio faz o avião voar, e aí não houve resposta.

Ocorre que o princípio de Bernoulli (*Bernoulli's Principle*), que será aqui também chamado de efeito Bernoulli, não foi desenvolvido por Jakob Bernoulli, mencionado no capítulo anterior (v. seção 19.2, proprs. 3 a 9, e cap. 21), mas por seu sobrinho Daniel Bernoulli (1700-1782), em seu livro *Hydrodynamica*, de 1738; o título desse livro deu origem à área científica da hidrodinâmica ou dinâmica dos fluidos.

Para ver como esse princípio aplica-se aos aviões, o/a leitor/a deveria fazer as 5 seguintes experiências.

## 22.2 Experiências

As experiências (exp.) serão expostas em três partes separadas: descrição objetiva, observação objetiva dos resultados e interpretação. Esse método será comentado posteriormente, na seção 22.4.

### 22.2.1 Descrições

**Exp. 1.** Tome meia folha de papel A4 (ou tamanho carta) não muito rígido (uma folha de sulfite também funciona; papel mais fino, como papel de seda ou um guardanapo de papel, é melhor), formando uma tira de cerca de 14 cm de lado e 21 cm de comprimento. Segure essa tira pela borda menor com o polegar e indicador de cada mão e coloque essa borda *acima* dos lábios. A tira faz uma curva para baixo. Assopre com força sobre a tira. Anote o resultado.

**Exp. 2.** Encoste a mesma borda da tira logo *abaixo* dos lábios. A tira faz a mesma curva para baixo, como na exp. 1. Assopre com força acima da tira. Anote o resultado.

**Exp. 3.** Coloque a tira sobre uma grade, como aquelas de forno. Suspenda a grade horizontalmente, encostando-a no queixo, com a tira logo abaixo dos lábios. Assopre forte sobre a tira, com os lábios perto dela, como na exp. 2. Anote o resultado.

**Exp. 4.** Segure uma das bordas menores da tira com uma só mão, perto do centro da borda. Apoie a outra extremidade da tira nos dedos da outra mão, levantando um pouco essa extremidade em relação aos lábios que estão sobre a tira, como na exp. 2. A tira faz uma curva para cima. Assopre com força e ao mesmo tempo solte a extremidade mais distante da tira. Anote o resultado.

**Exp. 5.** Segure a tira na vertical (nesta experiência, o melhor é usar um papel leve, de seda ou guardanapo), incline a cabeça bem para baixo e coloque a borda da tira logo acima do lábio superior, bem perto da pele, mas sem encostar nela, pois se encostar a borda da tira pode ficar curva e isso pode prejudicar o resultado. Assopre bem fraco, aumentando a pressão do sopro devagar. Anote os resultados.

### 22.2.2 Observação dos resultados

**Exp. 1.** A tira sobe.

**Exp. 2.** A tira sobe; soprando bem forte, ela quase fica horizontal. Dependendo do sopro, a extremidade oposta aos lábios pode oscilar.

**Exp. 3.** A tira não se move.

**Exp. 4.** A tira desce até a posição mais erguida da exp. 2.

**Exp. 5.** Com uma certa pressão pequena do sopro, a ponta da tira curva-se levemente na direção dele, isto é, na direção do queixo do experimentador; aumentando o sopro ela se afasta para o outro lado e pode panejar, isto é, oscilar. Tudo isso pode ser bem observado com um pequeno guardanapo de papel desdobrado, cuidando para que as marcas das dobras não prejudiquem a experiência.

### 22.2.3 Interpretação dos resultados

**Exp. 1.** Como era de se esperar, a tira sobe, pois o sopro produz uma pressão maior sobre a parte inferior da tira, que estava inclinada para baixo, forçando a tira para cima.

**Exp. 2.** Ocorre algo surpreendente: a tira sobe! Em minhas palestras, costumo perguntar, antes de assoprar, o que seria de esperar que acontecesse. Várias pessoas afirmam "não vai acontecer nada" e ficam surpresas quando veem a tira subir. Claramente, com o assopro ocorre uma diminuição da pressão do ar sobre a tira, permanecendo a pressão normal maior embaixo dela. A diferença de pressão acaba equilibrando o efeito do peso da própria tira, fazendo com que, no equilíbrio, ela assuma uma posição quase estável, com a borda mais distante inclinada um pouco para baixo. A interpretação desse resultado é dada na seção 22.3 a seguir.

**Exp. 3.** Baseando-se na exp. 2, espera-se que a tira suba também, pois o sopro foi o mesmo que nessa experiência, mas ela permanece quietinha sobre a grade. O que ocorre é que o sopro não é suficiente para o seu efeito ser maior do que o peso da tira, que teria a tendência a se curvar um pouco para baixo, o que é impedido pela grade. Além disso, se, devido ao efeito da exp. 2, a tira subisse, imediatamente apareceria o efeito da exp. 4, o que faria a tira descer. Sem a grade, partindo da horizontal, a tira desceria um pouco devido ao efeito da exp. 2, que a empurra para cima.

**Exp. 4.** Quando a tira faz inicialmente uma curva para cima na direção da extremidade oposta aos lábios, ocorre a mesma situação da exp. 1, isto é, o sopro bate na parte curva da tira, de modo que é natural que ela se incline para baixo. Mas aí ela assume a situação da exp. 2 e permanece na mesma posição desta última, ou, com o movimento inicial para baixo, passa dessa posição, mas retorna a ela em seguida. Com um sopro bem intenso, pode haver a formação da oscilação descrita logo acima para a exp. 2.

**Exp. 5.** O fenômeno pelo qual a tira se inclina levemente na direção do sopro é análogo ao da exp. 2. No entanto, ao se aumentar o sopro, este acaba por empurrar a tira no sentido transversal oposto a ele, e ela se inclina se afastando do corpo do experimentador, podendo começar a oscilar (panejar). Na exp. 2 isso em geral não ocorre, pois a tira fica sempre curvada para baixo, isto é, o sopro não chega a empurrá-la.

Como é possível compreender o resultado das exps. 2 e 5?

## 22.3 O princípio de Bernoulli

Daniel Bernoulli montou um aparelho com tubos de vidro, mais ou menos como na fig. 22.1. Um tubo de vidro colocado na horizontal tem duas partes, uma à direita com diâmetro interno maior do que a parte da esquerda, a ela conectada. As duas partes estão ligadas por outro tubo fino em forma de U, representado na fig. 22.1 abaixo do tubo com duas partes, no qual há um líquido que não o preenche totalmente. Ele é introduzido somente para comparar as pressões de um líquido que flui do tubo maior para o menor, empurrado por um êmbolo. As setas indicam a velocidade do fluxo do líquido. Obviamente, a velocidade no tubo mais fino à esquerda é maior do que a velocidade do fluxo do líquido no tubo mais grosso à direita, pois, por hipótese, o fluido não é compressível, isto é, o que entra tem de sair. A água, por exemplo, é um líquido praticamente incompressível, isto é, fazendo-se pressão sobre ela, ela praticamente não muda de volume.

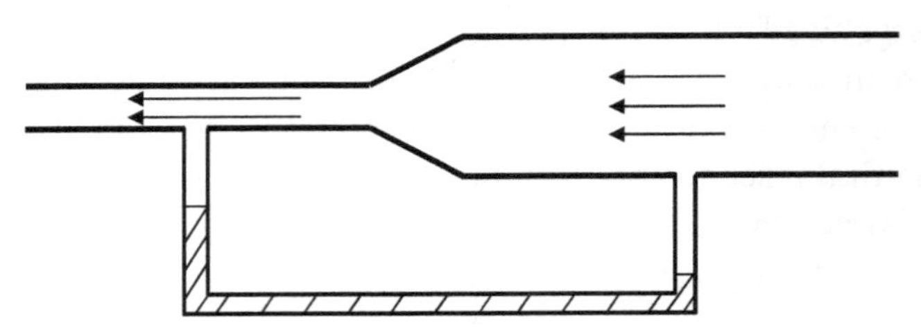

**Fig. 22.1** Aparelho para mostrar o princípio de Bernoulli

Nota-se que a altura atingida pelo líquido na parte da esquerda do tubo em U é maior do que a altura do líquido na parte da direita, indicando que há uma diferença de pressão interna entre as duas partes do tubo superior, que é maior no tubo de diâmetro maior da direita, com velocidade menor do líquido.

Novamente, pode-se compreender esse fenômeno, pois o líquido no tubo da direita exerce alguma pressão nas paredes do tubo, já que suas partículas batem nelas. Na parte mais fina do tubo, à esquerda, como a velocidade do líquido é maior, há menos partículas batendo nas paredes por unidade de tempo ou, expressando de outra maneira, as partículas têm menos tempo de bater nas paredes, provocando pressão menor nelas, daí a diferença de pressão e, portanto, de alturas do líquido do tubo em U.

O princípio de Bernoulli é o seguinte: o aumento da velocidade de um líquido implica a diminuição da pressão que ele exerce sobre as paredes do recipiente em que ele flui. Ele é válido quando não existem outros fatores, como turbulência ou devido ao atrito do líquido com os tubos, ou quando esses fatores são negligenciáveis.

Na exp. 2, o sopro produziu uma velocidade do ar acima da tira, mas não há nenhuma velocidade abaixo dela, podendo-se aplicar o princípio de Bernoulli. Mas há também uma maneira intuitiva de compreender o fenômeno: o sopro por cima dela retira partículas de ar dessa parte da tira, isto é, menos partículas de ar batem por cima da tira do que embaixo dela, que continua com a pressão atmosférica normal; as partículas do ar assoprado não empurram a tira para baixo, pois correm em paralelo ou um pouco distantes dela. Portanto, a velocidade do sopro diminuiu a pressão por cima da tira, até que o peso (na verdade, um efeito de alavanca, com as partes dela mais distantes da boca fazendo uma força maior para baixo, o que é chamado de *momento* na física) e a flexibilidade dela equilibram a posição, com ela um pouco inclinada para baixo. Numa alavanca, o momento é a multiplicação da força exercida numa extremidade pela distância dessa extremidade até o fulcro (ponto de apoio).

Na exp. 5, um leve sopro retira parte das partículas do ar ao lado da tira por onde passa o sopro, produzindo o efeito Bernoulli. Mas, ao curvar-se, a tira recebe o sopro diretamente como na experiência 1, o que faz com que ela tenda a inclinar-se para o outro lado, afastando-se do corpo do experimentador. Aumentando o sopro, este acaba se espalhando e exercendo uma pressão sobre a tira, que se inclina para o lado oposto. Essa experiência é relatada em artigo de Ed Regis (v. ref.). No entanto, ele diz que não ocorre nada com a tira (p. 40 do artigo), o que não corresponde à experiência que qualquer um pode fazer, tomando o cuidado de iniciar com um sopro bem leve e ir aumentando aos poucos. Além disso, ele não dá a explicação de que o sopro retira parte das partículas de ar, diminuindo a pressão deste.

Mas o que isso tem a ver com um avião não cair? Ocorre que as asas dos aviões têm em geral um perfil (*airfoil* ou *aerofoil*) tal que em um corte transversal elas são curvas na parte de cima e praticamente planas na parte de baixo, como se pode ver muito bem no corte da asa de um avião mostrado na fig. 22.2, que segue o perfil de asa denominado de Clark Y.

**Fig. 22.2** Corte de uma asa com perfil Clark Y

Quando o avião se move no ar, o percurso a ser percorrido pelo ar é maior na parte superior curva da asa do que na parte inferior, que é quase plana; nessa parte inferior, a velocidade do ar é praticamente a velocidade do avião em relação ao solo, se não houver vento. A grandes velocidades o ar comporta-se como um líquido praticamente incompressível. Portanto, a velocidade do ar logo acima da asa é maior do que logo abaixo dela, pois tem de percorrer um caminho maior. Em ambos os casos pode-se aplicar o princípio de Bernoulli, pois longe da asa, tanto acima quanto abaixo dela, o ar não se movimenta, uma vez que quem se movimenta é o avião. Mas junto da asa o ar tem velocidade maior acima dela do que embaixo, para que as duas partes se juntem depois da asa. Como a velocidade do ar acima da asa é maior do que embaixo, aparece uma diferença de pressão, sendo a maior pressão abaixo da asa. Nos aviões que usam esse princípio, o tamanho da asa e a velocidade do avião tornam essa diferença suficiente para manter a sustentação do aparelho.

Na verdade, ainda há outro efeito, que é um vácuo parcial que se forma na parte superior de trás da asa, denominada *bordo de fuga* (*trailling edge*), devido ao fato de nesse bordo ela ser mais fina, mas esse aspecto será deixado de lado.

O perfil da asa também é projetado para criar um mínimo de resistência do ar, chamada de *arrasto* (*drag*), ao mesmo tempo que cria a diferença de pressão para dar a sustentação necessária ao avião; por isso, a asa tem o perfil mostrado na fig. 22.2, que é o mais comum. Se o perfil é simétrico, o que não é o caso dessa figura, não há a diferença de pressão devido ao efeito Bernoulli, pois a velocidade do ar será a mesma acima e abaixo da asa. No entanto, mesmo com um perfil simétrico é possível criar sustentação: basta inclinar a asa com a parte posterior, a de trás, do bordo de fuga, para baixo, quando aparece um *ângulo de ataque* (*angle of attack*), como na fig. 22.3, ocorrendo outro efeito diferente do princípio de Bernoulli. Nesse caso, quando o avião voa, o ar bate na asa inclinada, empurrando-a para cima (como no caso da experiência 1 da tira de papel na seção 22.2), o que também produz sustentação. Aparece uma pressão alta na parte de baixo da asa e uma pressão baixa na parte de cima, somando-se ao princípio de Bernoulli.

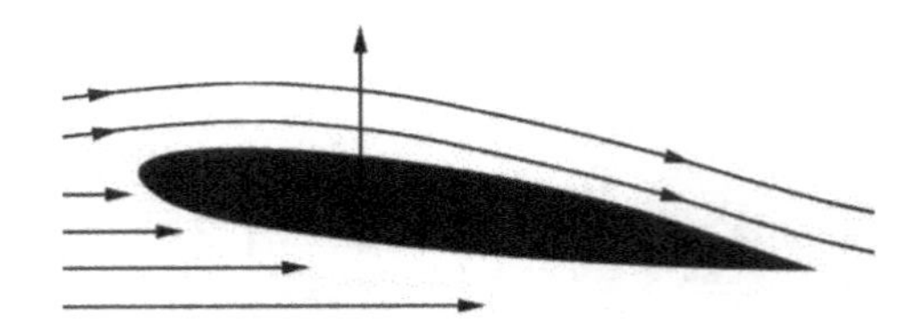

**Fig. 22.3** Velocidades do ar numa asa e força resultante

A asa em ângulo de ataque positivo, como o da fig. 22.3, tem uma consequência indesejável: o arrasto aumenta, isto é, a asa produz um efeito de breque, o que implicaria maior consumo de energia (combustível) para manter a mesma velocidade, ou até mesmo impedir atingir altas velocidades.

Na fig. 22.3 (v. ref.) é mostrada uma flecha para cima, na vertical, representando a força que é exercida sobre a asa, mas ela não é assim, é um pouco inclinada para trás, pois existe a força do arrasto. Além do efeito da pressão para cima devido ao ângulo de ataque, se a asa não for simétrica, haverá um efeito devido ao princípio de Bernoulli, como visto, pois o ar logo acima da asa terá velocidade bem maior do que o ar abaixo da asa. A composição de forças devido ao princípio de Bernoulli mais o efeito do ângulo de ataque (força na vertical, para cima), e o arrasto produzindo uma força para trás da asa, faz com que a resultante, a força que efetivamente impulsiona a asa para cima, não seja vertical.

O efeito de ângulo de ataque é que faz as pipas (papagaios) voarem. O rabo instalado na parte de trás da pipa faz um peso que inclina essa parte para baixo; o vento bate na pipa com a sua parte da frente inclinada para cima, e isso produz um ângulo de ataque, empurrando a pipa para cima. O rabo também tem a função de estabilizar o movimento horizontal da pipa, evitando sua oscilação. Nas que não têm rabo, os cordões que a prendem devem produzir o ângulo de ataque necessário para ela subir, e a forma delas deve ser tal que impeça a oscilação horizontal, por exemplo, com a forma de uma caixa oca – as partes verticais impedem a oscilação.

Quando o avião vai levantar voo, correndo na pista, ou vai pousar, a velocidade dele é muito reduzida em relação à velocidade de cruzeiro, e a diferença de pressão entre a parte de cima da asa e a abaixo dela não é suficiente para manter a sustentação segundo o princípio de Bernoulli. Nesse caso o avião abaixa os *flaps* (fig. 22.4), que são continuações retráteis da parte traseira da asa, fazendo uma curva para baixo, aumentando a área da asa e um efeito como o da experiência 1 descrita na seção 22.2.1 e da fig. 22.3, isto é, passa a haver um ângulo de ataque. Os *flaps* são recolhidos quando, pouco depois da decolagem, o avião adquire mais velocidade e o princípio de Bernoulli nas asas sem os *flaps* produz a diferença de pressão suficiente para a sustentação. Eles também são estendidos para fora antes da aterrissagem, aumentando a sustentação em baixa velocidade e também o arrasto, o que produz um efeito de breque, ajudando a diminuir a velocidade para o pouso e, em alguns casos, a baixar o nariz do avião dando maior visibilidade ao piloto. Curiosamente, na aterrissagem os *flaps* diminuem o efeito dos breques nas rodas, pois fazem o avião elevar-se um pouco, diminuindo efetivamente seu peso e a aderência ao solo.

Os *flaps* também explicam por que um avião de acrobacias consegue voar de cabeça para baixo: nesse caso eles são levantados, e não abaixados, em relação à posição normal do avião (de cabeça para cima). Mas, mesmo sem esse efeito dos *flaps*, é possível a um avião voar de cabeça para baixo sem empinar o nariz, produzindo um ângulo de ataque com a asa.

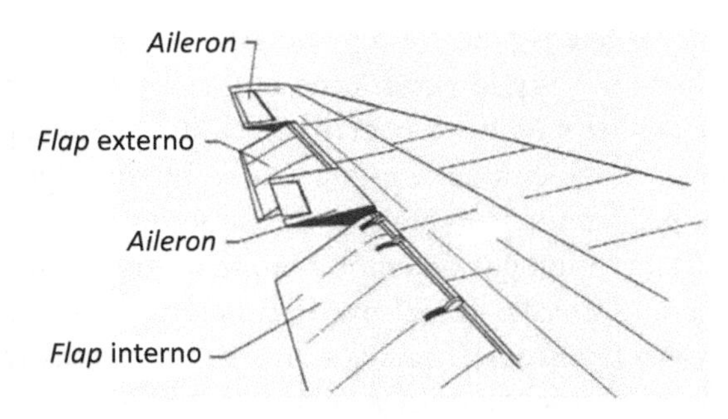


**Fig. 22.4** *Flaps* e *ailerons*

Na fig. 22.4 são também mostrados os *ailerons*. Eles se movem em sentidos contrários, isto é, quando um sobe em uma asa, o outro desce na outra. Usando o princípio de Bernoulli e o ângulo de ataque, eles servem para inclinar o avião em relação ao plano horizontal, isto é, fazer uma das asas ficar mais levantada e a outra mais abaixada. Isso é importante ao se fazer uma curva, para diminuir o escorregamento lateral que nela ocorre. Uma bicicleta fazendo uma curva também deve ser inclinada para dentro da curva, mas o atrito com o chão não a deixa escorregar. Quando o piloto do avião move os controles para fazer uma curva, automaticamente os *ailerons* são acionados; se a curva é para a direita, os *ailerons* da asa esquerda são abaixados (para ela levantar) e os da asa direita são levantados (para ela abaixar). O efeito é o mesmo da exp. 1 da seção 22.2.1. O leme vertical instalado atrás, sobre as pequenas asas traseiras, chamadas de *estabilizadores horizontais* (*horizontal stabilizers*), ajuda a efetuar uma curva. É interessante notar que o perfil dessas asas traseiras é simétrico, não produzindo um efeito do princípio de Bernouilli, pois não servem para auxiliar a sustentação. Os correspondentes aos *ailerons* são denominados de *profundores* (*elevators*); eles se movem sincronicamente, isto é, ambos para cima, quando se deseja elevar o nariz do avião para cima, fazendo o avião subir, ou para baixo, fazendo o avião descer. Eles também servem para equilibrar o avião, se há mais peso na sua parte de trás ou da frente.

Uma palavra sobre o *estol* (*stall*), que pode fazer os aviões caírem. Devido a um ângulo de ataque muito alto, pode ocorrer uma turbulência (como a oscilação do papel na experiência 2 descrita na seção 22.2.1). Ela é produzida por um descolamento do ar que deveria fluir encostado à asa, impedindo a criação da pressão que dá sustentação a ela, e depende apenas do ângulo de ataque, e não da velocidade, isto é, pode ocorrer a baixas ou altas velocidades. Os *ailerons* podem perder a função, e o avião entrar em autorrotação (*spin*) ou 'parafuso'. Para sair de um estol, é necessário baixar o nariz do avião e com isso diminuir o ângulo de ataque. Tipicamente, o piloto pode sentir que está entrando em estol se não sente mais que consegue controlar o avião. O treinamento de pilotos pode requerer a entrada em um estol e a saída dele.

As pás (*blades*) dos helicópteros também têm o perfil das asas dos aviões, produzindo o efeito do princípio de Bernoulli quando elas são movidas pelo rotor. Curiosamente, eles foram previstos por Leonardo da Vinci em sua Máquina Voadora.

É interessante notar que a fig. 22.1 é o princípio do funcionamento dos macacos hidráulicos: injetando-se um líquido com uma pressão na parte mais estreita da esquerda, por exemplo, com um êmbolo, ocorre uma ampliação da pressão na parte da direita, podendo mover outro êmbolo e erguer ou empurrar algo muito pesado. Obviamente, a distância percorrida pelo êmbolo da esquerda é maior do que a distância percorrida pelo da direita. Em lugar do êmbolo pode ser usada uma bomba injetando líquido no tubo mais à esquerda. É assim que funcionam as partes basculantes de certas máquinas como retroescavadeiras, tratores com lâminas frontais, caminhões com caçamba móvel etc. Nessas máquinas vê-se um tubo metálico de aço, brilhante, que é a parte externa do êmbolo sendo empurrado pela pressão de um óleo impulsionado por uma bomba para dentro de um tubo anterior, bem mais estreito, eventualmente uma mangueira.

O princípio de Bernoulli é usado nos bicos de fogões a gás e nos bicos de Bunsen (*Bunsen burner*), para misturar ar ao gás. Os bicos de Bunsen são usados em laboratórios de química; seu nome é derivado de Robert Bunsen (1811-1899). O gás inflamável passa em um tubo com alguma velocidade e, com isso, produz uma baixa pressão em relação à atmosfera ambiente, que está em repouso; um orifício (de tamanho regulável nos bicos de Bunsen) no lado do tubo faz então o ar com seu oxigênio entrar no tubo, misturando-o com o gás para produzir uma combustão perfeita, uma chama azul. Se não houvesse essa entrada de ar, haveria pouco oxigênio, a combustão seria imperfeita e a chama seria amarela, com muito menos calor e produzindo fuligem, devido ao carbono não queimado (não oxidado). O mesmo princípio é usado em equipos de dentistas, para um bico, o 'sugador', aspirar o ar e, portanto, a saliva que se acumula na boca aberta do paciente. O sugador é ligado por uma mangueira no lado de um tubo onde passa água com alguma velocidade, produzindo a queda de pressão em relação à pressão ambiente, que empurra o ar e a saliva para dentro do bico. As antigas bombas de inseticida manuais também usavam o princípio de Bernoulli: acionando-se a bomba, o ar saía dela com velocidade por um furo, produzindo uma baixa pressão em relação ao ar ambiente. Esse ar passava logo acima de um tubinho ligado a um recipiente abaixo do furo da saída do ar; a baixa pressão na ponta desse tubinho fazia com que o líquido do recipiente fosse aspirado e se misturasse com o ar, sendo ejetado, pois dentro do recipiente com o inseticida a pressão era a atmosférica, maior, portanto, do que a que estava no bico do tubinho.

Podem-se fazer algumas experiências muito simples para comprovar o princípio de Bernoulli. Coloquem-se duas bolas de tênis de mesa próximas uma da outra e, com uma bomba de encher bolas de futebol, assopre-se entre as duas. Haverá uma velocidade do ar maior entre as bolas e, portanto, uma baixa pressão em relação à pressão atmosférica, o que fará com que as bolas se movam uma em direção à outra, empurradas pela pressão atmosférica do outro lado delas. Outra possibilidade é colocar na beira de uma mesa um objeto pesado, preferivelmente de secção quadrada (como uma garrafa de azeite de oliva), com um lado paralelo à beirada da mesa. Coloca-se a 2-3 cm do objeto um tubinho cilíndrico bem leve, desses de remédios ou de antigos filmes fotográficos, com seu eixo na horizontal, paralelo a uma face do objeto. Soprando-se adequadamente entre o objeto e o tubinho, este último vai rodar no sentido do objeto, aproximando-se deste. Em lugar do tubinho, pode-se usar uma rolha de garrafa. Finalmente, em chuveiros com boxe fechado por cortina de plástico, ao se abrir a água da ducha fria fazendo esta espirrar com força, a cortina entra para dentro do boxe. A água correndo arrasta o ar, que adquire velocidade e, com isso, sua pressão diminui em relação à pressão atmosférica do ambiente; esta então empurra pelo outro lado a cortina para dentro. A água fria teve como finalidade evitar um movimento de convexão do ar frio por baixo da cortina, subindo para a parte superior do chuveiro se a água fosse quente. Essa experiência da cortina de plástico é análoga à experiência 5 vista acima, e mais uma comprovação desta última.

## 22.4 O método experimental e as teorias das cores

As/os leitoras/es certamente aperceberam-se de que foi usado na seção 22.2 um método especial de descrever as experiências e seus resultados, bem como a interpretação dos últimos, em três etapas: descrição objetiva das experiências, observação objetiva dos resultados e interpretação e compreensão destes, que deve ficar para a parte final. Na verdade, esse método aplica-se a qualquer experimento físico ou estudo de um fenômeno da natureza. No primeiro caso, a primeira etapa deveria ser dividida em duas: montagem e execução da experiência, seguida da descrição objetiva desta. Obviamente, aqui foi somente possível descrever a construção das experiências, sem montá-las, para depois descrever os efeitos delas.

Esse método é devido a Johann Wolfgang von Goethe (1749-1832) e denominado Método Científico de Goethe. Ele é considerado o maior poeta alemão, mas em geral é ignorado como o grande cientista que foi. Por exemplo, foi Goethe que descobriu a existência do osso intermaxilar nos seres humanos, por observação da presença dele nos animais. Ele tinha também a maior coleção de minerais da Europa, com 17.800 peças.

Em minha opinião, a sua *Teoria das Cores* (no original alemão *Farbenlehre*, de 1810), a obra considerada por ele a mais importante de sua vida, é coerente e não foi refutada satisfatoriamente. Ela deu grandes contribuições e tem uma característica essencial para a pesquisa científica: em seu método, parte-se do geral para o particular. Isso foi precisamente o contrário do que Isaac Newton (1643-1727) fez na sua própria teoria das cores, muito criticada por Goethe: Newton partiu de um caso muito particular, um feixe de luz de um diâmetro específico passando por um prisma de vidro. Em seu livro *Opticks*, de 1704, na propr. II, theor. II, ele escreveu (v. ref.):

> In a very dark Chamber, at a round Hole about one third Part of an Inch broad, made in the Shut of a Window, I placed a Glass Prism, whereby the Beam of the Sun's light, which came at that Hole, might be refracted upwards toward the opposite Wall of the Chamber, and there form a colour'd Image of the Sun [sic].

Em tradução livre:

> Numa sala bem escura, junto a um furo redondo de aproximadamente 1/3 de polegada [0,83 cm], coloquei um prisma de vidro, de modo que o feixe de luz do Sol, que atravessava aquele furo, podia ser refratado para cima em direção à parede oposta da sala, e lá formou uma imagem colorida do Sol.

Essa imagem tinha as 7 cores do arco-íris, isto é, vermelho, laranja, amarelo, verde, azul-claro, azul-escuro e violeta, e dessa experiência ele formulou sua teoria, de que as cores têm diferentes graus de refração, e a luz branca (ou incolor) do Sol é composta de todas as cores. Goethe generalizou a experiência, testando vários diâmetros para o furo, e verificou que só para certos diâmetros do furo apareciam as 7 cores. Quando o furo é maior, o amarelo e o azul-claro se separam, o verde desaparece, aparecendo branco (ou incolor) em seu lugar; para sua teoria, o verde aparece quando o furo diminui e o amarelo mistura-se com o azul-claro. Quando o furo é muito pequeno, as 7 cores reduzem-se a 3: vermelho, verde e violeta, o conhecido RGB (*red*, *green*, *blue*), usado nas telas de TV e monitores de vídeo, chamadas de 'cores fundamentais' ou 'primárias'. Goethe fez também uma outra generalização: repetiu a experiência com feixes de escuro (isto é, com ausência de luz) imersos em luz – por exemplo, refletindo um feixe largo de luz em um espelho com um furo ou um pequeno pedaço de papel grudado nele. Ele também notou que havia a dispersão do feixe em cores, só que, para um furo de um diâmetro que provoca a dispersão em 7 cores, surgiam o que ele denominou de 'cores complementares', isto é, azul-claro, azul-escuro, violeta, magenta, vermelho, laranja e amarelo, respectivamente. Com um furo muito pequeno, aparecem apenas azul-claro, magenta e amarelo, o conhecido CMY (*cyan, magenta* - também comumente descrito como *pink* - e *yellow*), as cores usadas nos cartuchos de impressoras. Examine-se um para ver que essas cores são mostradas com pontos no rótulo; elas também são mostradas na margem das páginas coloridas dos jornais; nesse caso, em geral o preto (*black*) é adicionado, formando a sigla CMYB. De fato, além de um cartucho com as cores CMY, as impressoras usam um extra só com cor preta, pois é a cor mais usada, para letras e impressão em tons de cinza. É fácil de entender o porquê dessa diferença das 3 cores da tela para a impressora: em um caso, tem-se um feixe de luz clara imerso em escuridão (isto é, ausência de luz), o contexto de Newton, como era o caso dos tubos de raios catódicos das telas de TV antigas, e também nas telas planas (de LED ou plasma), pois onde há alguma cor isolada o entorno é escuro; no outro caso, o contexto dual devido a Goethe, tem-se tinta escura imersa em papel branco.

Seria muito interessante o/a leitor/a fazer suas próprias experiências com um prisma. Para isso, tome 4 folhas de papel, 2 brancas e 2 pretas ou bem escuras. Para fazer um feixe de claridade, coloque as 2 folhas pretas um pouco separadas sobre uma branca, formando um retângulo branco. Olhe esse retângulo pelo prisma, tomando o cuidado de orientá-lo adequadamente, isto é, com seu eixo paralelo ao lado maior do retângulo, e bem inclinado, para ver a dispersão das cores. Note que, quando o retângulo é bem largo, aparece a dispersão em 3 cores de cada lado do retângulo branco. Aproxime e afaste lentamente as duas folhas pretas para ver o resultado: notará nitidamente que, quando o azul sobrepõe-se ao amarelo, começa a aparecer o verde, e assim por diante. Em seguida, faça a experiência complementar: as duas folhas de papel branco sobre uma preta, formando um retângulo preto, e observe como a composição do vermelho com o violeta dá o magenta, que Goethe denominou em alemão de *Pfirsichblüt*, a cor de flor de pessegueiro. Não deixe de formar um retângulo bem estreito, para ver o aparecimento apenas das 3 cores citadas: no caso do feixe de claridade, vermelho, verde e violeta; no caso do feixe de escuro, amarelo, magenta e ciano. O/a leitor/a poderia pensar que esses efeitos são subjetivos, criados pelo seu sistema visual. Dei várias palestras sobre a teoria das cores de Goethe usando um retroprojetor com um prisma fixado com fita crepe à frente do espelho que fica logo acima da lente superior. Colocando sobre o vidro duas folhas de papel próximas, eram produzidas sombras, formando assim retângulos de luz de largura variável, por meio da variação da distância entre as folhas. Para criar o efeito de feixes escuros, tiras de papel de diferentes larguras formavam os retângulos de escuro. Os efeitos na tela eram os mesmos dos vistos olhando através do prisma, mostrando a objetividade dos efeitos.

Para Goethe, as cores aparecem pela interação da luz com a escuridão: um foco de luz iluminando de lado um meio turvo com um fundo escuro por detrás dele torna-o azulado. Isso pode ser comprovado com uma fumaça de cigarro iluminada pelo lado, na frente de um fundo escuro, ou simplesmente olhando-se para o céu azul, cor que aparece com a atmosfera sendo iluminada pelo Sol sobre o fundo escuro do universo.

Um astronauta declarou que a Terra era azul. Ela não é azul; essa foi a cor assumida pela atmosfera iluminada de lado pelo Sol e com o solo ou mar escuros por detrás. Por outro lado, Goethe observou que um foco de luz por detrás de um meio turvo aparece amarelado, tendendo para o vermelho conforme a densidade daquele meio, que é o fenômeno do Sol se pondo no fim da tarde. Ele chamou esses fenômenos de *Urphänomene, fenômenos primordiais.* Há explicações na física clássica, usando a reflexão da luz nas partículas do ar no primeiro caso, em que as cores tendendo ao azul são mais refletidas, e a absorção da luz pelas partículas no segundo, quando as cores tendendo ao vermelho são menos absorvidas. Assim, Goethe deu uma grande importância e qualidade (sua teoria não tem nada de quantitativo) à escuridão, considerada apenas como ausência de luz pela física newtoniana. O artigo de Gerhard Ott citado nas referências mostra como, dentro de um prisma, ocorrem os fenômenos de interação da luz com a escuridão citados por Goethe, daí o aparecimento das cores segundo sua teoria. Aliás, em minha opinião, a teoria de Goethe não foi negada objetivamente até agora.

Pode-se fazer a seguinte objeção: mas a teoria de Newton funciona! Sim, pois todas as experiências são feitas dentro dela: sempre feixes de claridade passando por prismas. Quando os instrumentos usados em uma experiência são projetados seguindo uma certa teoria, não mostram nada fora dela. Em particular, há explicações segundo essa teoria para todos os fenômenos atmosféricos luminosos.

É interessante notar que essas duas explicações de Goethe, referentes ao aparecimento das cores azuladas e avermelhadas, podem ser constatadas por meio de experiências muito simples. Assim, é possível uma pessoa qualquer relacionar-se pessoalmente com a sua teoria das cores, ao passo que a de Newton, baseada na dispersão das cores devido aos diferentes comprimentos de onda e a graus de refração dos meios, exige abstrações e interpretações matemáticas somente acessíveis a quem as domina. Em outras palavras, a teoria de Goethe é muito mais humana! Seguem alguns fenômenos que mostram isso.

Há uma interessante aplicação da teoria das cores de Goethe. Acenda uma vela em um ambiente não muito claro, por exemplo, sem o Sol bater na vela, e espere até que a chama fique com um tamanho razoável, com pelo menos 1,5 cm de comprimento. Coloque a chama na altura dos olhos e ponha um objeto escuro por detrás dela, por exemplo, uma tela de celular apagada, um livro de capa preta etc., cuidando para que a chama não seja refletida pelo objeto. Anote as cores que aparecem. Em seguida, coloque atrás da chama um papel branco. Anote as cores que aparecem. Alterne entre o fundo escuro e o fundo claro, para observar bem as diferenças. É possível perceber alguma diferença?

A chama amarela é devida à combustão incompleta (com pouco oxigênio) do pavio e do gás da parafina ou cera evaporada pelo calor. No meio da chama há uma região um pouco mais escura em torno do pavio, talvez onde haja menos gás. Essas cores não mudam com o fundo claro ou escuro. Mas o mais importante vem agora: quando o fundo é escuro, aparece nitidamente uma região azul abaixo da chama. Quando se o substitui pelo fundo claro, o azul quase desaparece. Isso significa que o azul não é uma cor própria da chama, como o amarelo, mas depende de o fundo ser claro ou escuro.

Como pode ser compreendido esse fenômeno pela teoria das cores de Goethe? Permito-me contar uma historinha pessoal. Uma vez, observando as cores da chama de uma vela, tive uma inspiração: abaixo da chama há o vapor que está sendo emitido pela parafina ou cera, formando um meio um pouco turvo, iluminado pela chama amarela. Pensei que, segundo a teoria de Goethe, o meio turvo está sendo iluminado de lado pela chama; se o fundo por detrás da chama é escuro ele assume a cor azul, e quando o fundo é claro essa cor desaparece. Quando tive essa inspiração, fiquei extremamente feliz. Eu conseguia compreender o fenômeno segundo aquela teoria! Tempos depois, lendo o livro *Farbenlehre* (*Teoria das Cores*, v. ref., v. I, asserção 159, p. 110) de Goethe, encontrei nele precisamente a mesma explicação – eu tinha reinventado a roda...

Observando a chama de um fogão a gás, se a combustão é perfeita (isto é, com uma boa mistura de oxigênio do ar; cf. o final da seção 22.3), nota-se que ela é azul, como normalmente é o caso. Agora coloque-se por detrás da chama uma folha de papel branco. O azul não desaparece, como foi o caso da vela. Isso significa que a cor não apareceu por causa da teoria de Goethe, mas porque a cor natural da chama com combustão perfeita é azul.

É importante salientar que na física não há compreensão para o que vem a ser a luz; ela sofre do mesmo problema que partículas atômicas, a dualidade partícula-onda. Em uma das interpretações, conforme a experiência que se faz, a luz é chamada de 'onda eletromagnética'. Essa denominação não é apropriada, pois 'onda' é um fenômeno da mecânica clássica, como numa corda presa em uma das extremidades e balançada pela outra: as partículas puxam e empurram umas as outras, e isso se propaga, formando uma onda. O mesmo ocorre nas ondas formadas por uma pedra lançada num lago. No entanto, se a luz, que não é um fenômeno da mecânica clássica, propaga-se no vácuo, quais são as partículas que se empurram e puxam para formar uma onda? Infelizmente seria divagar demais neste livro descrever a experiência da 'dupla fenda' (*double slit*), feita inicialmente pelo cientista inglês Thomas Young (1773-1829) em 1801, usada para se demonstrar a característica de onda da luz (v. ref.). Nela aparece um efeito de franjas claras e escuras em um anteparo por detrás das fendas, como se a luz que nele incide fosse formada por duas ondas, cada uma passando por uma das fendas, que produzem interferências uma na outra, aumentando ou diminuindo sua amplitude. A partir das franjas e a distância entre o anteparo e as fendas, e a distância entre elas, pode-se até calcular os comprimentos dessas ondas. Mas esse efeito é notado no anteparo, e não antes dele. Pode-se supor que a interação da luz com as duas fendas provocou o efeito de onda, mas jamais se deveria afirmar, como se faz, que antes de a luz passar pelas fendas ela tinha um efeito de onda. Em minha concepção, a luz comporta-se como onda justamente ao interagir de certas maneiras com a matéria. Aliás, a luz em si é invisível; o que se vê é o reflexo da luz ao incidir sobre alguma matéria, isto é, ela se torna visível ao interagir com a matéria. Já se sabia que qualquer partícula atômica passando por fendas, por exemplo, os elétrons, provoca efeitos de franjas como a luz, no caso, devido a densidades variáveis de elétrons. Por sinal, contrariamente ao que em geral se aprende com o modelo planetário do átomo – devido a Ernest Rutherford em 1911 e aperfeiçoado por Niels Henrik David Bohr

(1885-1962) em 1912 –, como se ele fosse verdadeiro, os elétrons não são bolinhas e não giram em torno do núcleo. Logo depois dessa teoria do modelo planetário, verificou-se que ele não tinha cabimento, pois os elétrons, sendo carregados eletricamente e tendo que ser acelerados para produzir órbitas circulares, deveriam irradiar energia e cair no núcleo em um movimento espiralado. Modelos planetários aplicam-se a fenômenos macroscópicos, são modelos da mecânica clássica, newtoniana, que não é válida no nível atômico. É interessante notar que o modelo planetário dos elétrons funciona muito bem e é suficiente para se lidar com as reações e composições químicas. O/a leitor/a curioso/a poderia perguntar: "Mas então o que são os elétrons?" Infelizmente, ninguém sabe. Por exemplo, eles são considerados pontuais, mas então como têm massa e carga elétrica?

Voltando às experiências de dupla fenda, há alguns anos uma equipe de cientistas na Áustria mostrou que o efeito da dupla fenda e formação de ondas ocorria inclusive com macromoléculas (v. ref.); a equipe até tirou uma foto com uma bola de futebol, querendo sugerir que se bolas de futebol passassem por fendas e batessem em um anteparo atrás delas a distribuição das batidas formaria franjas, indicando que as bolas seriam ondas...

Um dos grandes mistérios científicos é onde se encontra a fronteira entre a física quântica, usada para as partículas atômicas, e a física clássica, newtoniana, aplicada a corpos com uma dimensão não atômica, que é a que se pode compreender com pensamentos baseados em nossos sentidos. Na física quântica ocorrem fenômenos absolutamente incompreensíveis, por exemplo, os saltos quânticos, em que uma partícula muda de nível de energia instantaneamente (isto é, trata-se de uma descontinuidade), o acoplamento entre partículas e a não localidade (nestas, partículas parecem influenciar outras a grandes distâncias instantaneamente), o *spin* – que não é uma rotação usual das partículas em torno de seu eixo, pois tudo se passa como se houvesse uma rotação em todos os sentidos ao mesmo tempo (a 'rotação' da partícula não deveria poder mudar de velocidade angular ou de eixo de rotação, devido à inércia; ao se medir o *spin*, ele adquire uma só direção); o *spin* não tem limite clássico, isto é, é uma energia incompreensível. As partículas atômicas assumem uma infinidade de estados ao mesmo tempo; ao se medir algo de uma, existe em certas teorias o que se chama de *colapsamento*, em que ela assume um determinado estado aleatoriamente, isto é, o estado de uma partícula não é algo intrínseco a ela e ao meio ambiente, mas depende da observação que é feita (indiretamente, por instrumentos).

Uma das mais fascinantes partes da teoria das cores de Goethe é seu estudo das sombras coloridas (*colored shadows*) e da pós-cor (*after image*), que vale a pena serem mencionadas, pois podem ser observadas por qualquer pessoa com uma visão sadia e em geral são surpreendentes para quem não as conhece.

Para produzir uma sombra colorida, use dois focos de luz com alguma distância um do outro: um com luz o mais branca (ou melhor, incolor) possível, não muito forte, e o outro com um filtro de alguma cor, por exemplo, cobrindo o foco com um papel de seda colorido transparente. O foco de luz clara pode ser substituído pela claridade do dia. Coloque um obstáculo na frente dos dois focos, como um lápis, mais ou menos no meio deles, de modo que os dois focos produzam sombras na parede de trás ou num anteparo branco. A sombra do foco colorido, iluminada pelo foco de luz clara, ficará com a cor complementar à cor do filtro, no sentido de Goethe. Por exemplo, se o filtro for azulado, a sombra colorida será amarelada, e vice-versa. Se o filtro for verde, a sombra será colorida de magenta, e vice-versa. Em geral é preciso ajustar o foco claro, pois se for muito forte a sombra colorida desaparece; uma solução é afastá-lo do objeto que produz a sombra. Se achar que o fenômeno é subjetivo, isto é, produzido pelo nosso sistema óptico, experimente tirar uma foto em cores da sombra colorida, para ver que o resultado é o mesmo.

Como fez Goethe observando sombras projetadas na neve, é interessante notar as sombras coloridas de azul em um pôr do sol avermelhado, por exemplo, na sombra de um objeto sobre um chão claro sendo iluminada pela claridade do céu ou das nuvens. É também interessante observar a sombra colorida emitida por lâmpadas ao ar livre, enquanto ainda há claridade no céu ao entardecer. Muitas lâmpadas são azuladas, produzindo uma sombra amarelada; luzes amarelas de sódio produzem sombras azuladas. Às vezes iluminadores de peças de teatro usam as sombras coloridas para dar um efeito especial, por exemplo, fazendo um arbusto produzir uma sombra verde atrás dele, por meio de um foco magenta ou avermelhado. Espero que o/a leitor/a comece a se conscientizar dessas cores que, em geral, passam despercebidas e são fascinantes.

Pós-cor é um fenômeno subjetivo-objetivo. Tome uma figura colorida com várias cores, por exemplo, uma foto da bandeira do Brasil. Ilumine essa foto com uma luz intensa, o mais incolor possível, e fixe o olhar sobre algum ponto da foto durante vários segundos. Em seguida, apague a luz intensa, deixando o ambiente com meia-luz, sem mover os olhos do ponto escolhido na foto, e retire a foto, deixando um fundo branco. Aparecerá uma imagem com as cores complementares segundo Goethe. Outra possibilidade é olhar para uma figura colorida fixa na tela do monitor de um computador, com um espaço em branco ao lado. Olhando-se fixamente para a figura e depois para o espaço em branco, ver-se-á as pós-cores. Chamei o fenômeno de subjetivo-objetivo porque todas as pessoas que têm um sistema óptico sadio vão dizer que as cores da pós-cor são sempre as mesmas, isto é, apesar de claramente nosso sistema óptico produzir as pós-cores, elas são objetivas, pois todas as pessoas notam as mesmas cores. Note também que, ainda com a luz intensa incidindo sobre a figura colorida, ao se fixar o olhar nela, as bordas tenderão a mover-se produzindo pós-cores. Veja nas referências uma página da Wikipedia com imagens para se fazer a experiência; note a figura verde, como ela gera um magnífico magenta.

O reducionismo usado pela ciência, como fez Newton, parte do particular e normalmente nunca chega ao geral, ao contrário do método de Goethe, que parte do geral e vai para o particular, nunca perdendo de vista o primeiro. Um dos aspectos essenciais de sua teoria das cores é a descrição detalhada das inúmeras experiências que ele fez, cujo valor foi amplamente reconhecido. Pudera: ele usou seu método de observar o mais objetivamente possível, no que se pode denominar de *percepção pura*. Trata-se de observar e descrever um fenômeno da maneira mais isenta possível, sem emitir julgamentos. Essa ênfase na experimentação introduz também um caráter humano na pesquisa científica. A pesquisa experimental deveria sempre iniciar com uma percepção pura. Infelizmente, muitas experiências na física, na medicina etc. são feitas para comprovar ou não uma determinada teoria e, com isso, pode-se deixar de observar os experimentos de maneira isenta de julgamentos, em lugar de inicialmente ficar-se apenas nos fenômenos, como descrito na seção 22.2.

É interessante notar que Newton era também astrônomo, inclusive tendo inventado o 'telescópio de Newton'. Nele, ele substituiu a lente objetiva na abertura do tubo do aparelho (na extremidade do telescópio que aponta para os astros) por um espelho parabólico refletor (colocado na outra extremidade), concentrando a imagem em um pequeno espelho plano colocado perto da abertura do aparelho. Esse espelho reflete a imagem para uma lente ocular, colocada ao lado da abertura do tubo (salvo certos modelos, como o Schmidt-Cassegrain, em que o espelho parabólico tem um furo e a ocular é colocada atrás dele, diminuindo-se muito o tamanho do tubo). Com isso Newton eliminou a aberração cromática da lente objetiva, pois teve a ideia errada de que toda lente obrigatoriamente produz esse efeito, conforme a propr. VII, theor. VI do *Opticks* (v. ref.), que tem o seguinte título, em tradução livre: "A perfeição dos telescópios é impedida pelos diferentes graus de refração dos raios de luz." Ele não imaginou que pudesse haver lentes acromáticas, feitas com vidros de diferentes graus de refração, um compensando a aberração cromática do outro (aliás, ele nem mesmo observou a si próprio, pois o cristalino do olho é uma lente acromática). Com isso, devido à sua fama intelectual, ele atrasou a invenção das lentes acromáticas, feita entre 1729 e 1733 pelo advogado e inventor inglês Chester Moore Hall (1703-1771). A patente dessas lentes só foi concedida ao óptico John Dollond (1706-1761) em 1758, 54 anos depois do *Opticks*.

Devido ao seu interesse pela astronomia, Newton trabalhava com um feixe de luz (vindo das estrelas ou planetas) imerso em escuro (falta de luz). Se ele tivesse sido biólogo, teria usado um microscópio, em que um feixe escuro (a matéria sendo examinada) é imerso em luz, e teria feito uma teoria também coerente, mas com as cores complementares no sentido de Goethe, inclusive com prismas!

Uma palavra sobre o ensino da física. Creio que é muito importante nas experiências de laboratório em escolas seguirem-se as etapas descritas na seção 22.2. Dessa maneira os alunos aprendem a observar as natureza, e mesmo pessoas, de maneira objetiva, não permitindo que julgamentos intelectuais, simpatias ou antipatias interfiram na observação.

Rudolf Steiner (1861-1925), que criou a pedagogia Waldorf em 1919 (v. seção 7.4.5), recomendou que as aulas de física no ensino médio fossem dadas em períodos de 3 dias: no primeiro, é apresentada uma experiência, que é observada cuidadosamente pelos alunos sob todos os ângulos e aspectos. No segundo dia a experiência é retirada, e os alunos descrevem de memória e por escrito todos os aspectos que observaram na experiência, inclusive com desenhos dos aparelhos, exercitando a percepção pura. Somente no terceiro dia o professor explica conceitualmente a teoria subjacente à experiência. Com isso, ao se tratar a teoria, a experiência é bem conhecida; a teoria passa a ter sentido, sendo uma busca de se compreender o que se viu, tocou, pensou e descreveu, possibilitando fazer previsões de futuras experiências semelhantes. É o caminho da observação para a abstração, a conceituação, e não ao contrário, como é feito em geral, se é que alguma experiência é mostrada nas escolas, e muito menos feita pelos alunos; dessa última maneira os alunos não conseguem identificar-se com a teoria e não conseguem apreciar a física.

A observação objetiva e detalhada dos fenômenos, inicialmente sem interpretá-los, isto é, sem usar o julgamento, é parte essencial do método científico de Goethe. É como se se deixasse os fenômenos nos contarem o que eles são. Nesse contexto, vale a pena citar uma famosa frase dele: "Die Sinne trügen nicht, das Urteil trügt", em tradução livre: "Os sentidos não enganam, o julgamento engana." De fato, se os sentidos nos enganassem, não seria possível confiar neles, e seríamos pelo menos esquizoides. Nesse sentido, não há ilusão de óptica, o que há é ilusão de julgamento, associando-se o que se vê corretamente com algo que já se viu e que não é o correto. O que pode acontecer é um sentido não ser suficientemente preciso, por exemplo, ver-se um objeto ao longe e não se saber que objeto é. Mas, nesse caso, temos consciência de que a percepção não é suficientemente acurada. Para um estudo profundo sobre o método científico de Goethe, veja-se a obra de Rudolf Steiner nas referências. Ele foi o primeiro editor das obras científicas de Goethe.

É fundamental reconhecer-se que, sem associar um conceito a uma percepção, não se percebe nada. Um cego de nascença, ao ser operado e passar a enxergar, vê apenas luzes e sombras, não reconhecendo os objetos que vê, pois não consegue fazer a associação da percepção com os conceitos dos objetos, o que só ocorre com a experiência. Vejamos um exemplo disso. A fig. 22.5 mostra um hexágono com suas diagonais. Já o reconhecimento de um hexágono e das suas diagonais depende de se conhecer os seus conceitos. O/a leitor/a poderia listar outras formas que vê nela, antes de prosseguir. Ao ler a lista a seguir, se aparece o nome de algum objeto que não foi percebido, note como, a partir da leitura do seu nome, ele começa a ser reconhecido na figura.

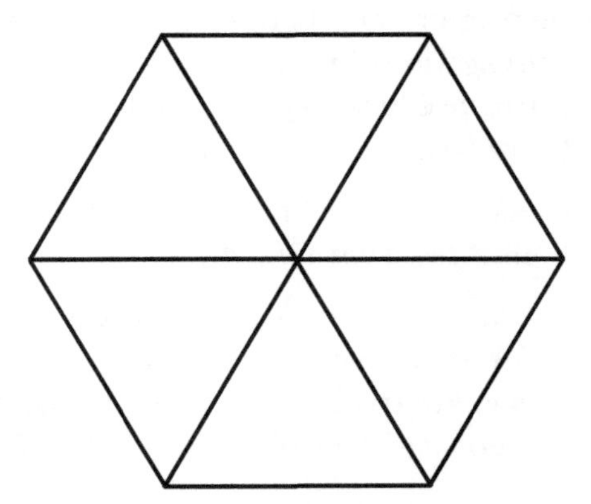

**Fig. 22.5** Várias figuras geométricas

Possíveis objetos além do hexágono e suas 3 diagonais: 6 triângulos, 6 losangos; 6 paralelogramos; 4 trapézios; uma pirâmide de base hexagonal vista de cima; idem, uma oca vista de baixo; uma pipa sem rabo; um guarda-chuva visto de cima. Agora vêm figuras que, se uma pessoa não conhece o truque, dificilmente as reconhece por iniciativa própria: 2 cubos, um deles com o losango mais à direita formando uma face do cubo voltada para esse lado, e o outro com o losango mais à esquerda formando uma face voltada para esse outro lado. Se o/a leitor/a não conseguiu ver os cubos, tente desenhar o mesmo hexágono sem 3 metades não adjacentes de diagonais.

Um exercício fascinante é 'chavear' o pensamento, reconhecendo ora um, ora outro cubo. Um aluno meu ficou tão entusiasmado com esse exercício mental que desenhou um grande hexágono e o grudou no teto acima de sua cama. Deitado, ele treinava reconhecer ora um, ora o outro cubo. É realmente um excelente exercício para treinar a observação e reconhecer que o conceito precede a interpretação.

Esse exercício mostra muito bem que, sem ter a conceituação, não se vê nada. Procurando-se um dos cubos, isto é, partindo-se do conceito, ele é encontrado!

## 22.5 Referências


- Goethe, J.W. *Farbenlehre* (*Teoria das Cores*, em trad. livre), com uma introdução e comentários de Rudolf Steiner. Editada por G. Ott e H.O. Proskauer, em 3 vols. Stuttgart: Verlag Freies Geistesleben, 2ª ed. 1980.
- Newton, I. *Opticks – or, a Treatise of the Reflections, Refractions, Inflections and Colours of Light.* Prefácios de B. Cohen e A. Einstein, introdução de E. Whittaker e tabela analítica de conteúdo de D. H. D. Roller. New York: Dover Publications, 1979. Ver a íntegra em (acesso em 28/7/18): www.gutenberg.org/files/33504/33504-h/33504-h.htm
- Ott, G. Die wahre Natur der prismatischen Farben und ihre Zurückführung auf das Urphänomen V (final) ('A verdadeira natureza das cores prismáticas e sua referência ao fenômeno primordial', em trad. livre). In: *Die Menchenschule. Monatsschrift für Erziehungskunst im Sinne Rudolf Steiners* ( 'A escola humana. Revista mensal para a arte de educar segundo Rudolf Steiner', em trad. livre), v. 38, junho/julho 1964, caderno 6/7, pp. 151-172.
- Regis, E. The enigma of aerodynamic lift. *Scientific American*, v. 322, n. 2, February 2020, pp. 36-43. Acesso em 13/2/20:
- Steiner, R. *A Obra Científica de Goethe – linhas básicas para uma gnosiologia da cosmovisão goethiana.* GA (obra completa) N. 1. Trad. R. Lanz. São Paulo: Ed. Antroposófica, 2ª ed. 2004. Em tradução para o inglês, acesso em 7/1/19: https://wn.rsarchive.org/Books/GA001/English/MP1988/GA001_index.html

- *Ailerons*, com desenho deles sendo acionados. Acesso em 28/6/18: https://pt.wikipedia.org/wiki/Aileron
- Asa de avião: funcionamento e perfis. Idem: https://pt.wikipedia.org/wiki/Asa_(avia%C3%A7%C3%A3o)

- Bico de Bunsen. Acesso em 1/3/19: https://en.wikipedia.org/wiki/Bunsen_burner
- Bohr, N.H.D. Acesso em 14/7/19: https://en.wikipedia.org/wiki/Niels_Bohr e https://www.britannica.com/biography/Niels-Bohr
- Borboleta *Adelpha capucinus velia*. Foto a cores, e de muitas outras borboletas. Acesso em 8/1/19: www.google.com/search?q=fapesp+borboletas+adelpha+capucinus+velia&newwindow=1&tbm=isch&tbo=u&source=univ&sa=X&ved=2ahUKEwj8sKai8N7fAhXFE5AKHc3lDrgQsAR6BAgGEAE&biw=1366&bih=664#imgrc=QWOieqElCsZJ-M:
- Borboletas da ESALQ-USP (escolher família e espécie, acesso em 7/1/19): www.lea.esalq.usp.br/borboletas
- Estol. Acesso em 7/1/19: https://en.wikipedia.org/wiki/Stall_(fluid_mechanics)
- Experiência da dupla fenda. Acesso em 30/6/18: https://en.wikipedia.org/wiki/Double-slit_experiment
- Experiência com macromoléculas. Idem: https://medium.com/the-physics-arxiv-blog/physicists-smash-record-for-wave--particle-duality-462c39db8e7b
- Fig. 22.2. Acesso em 20/4/20: https://pt.wikipedia.org/wiki/Clark_Y#/media/Ficheiro:Clark_YH.JPG
- Fig. 22.3. Acesso em 3/4/20: http://www.aviation-history.com/theory/airfoil.htm
- Fig. 22.4. Acesso em 20/4/20: https://rcdictionary.blogspot.com/2013/08/flaps.html
- *Flaps*. Acesso em 28/6/18: https://en.wikipedia.org/wiki/Flap_(aeronautics) Acesso em 20/4/20: https://www.boldmethod.com/learn-to-fly/aircraft-systems/how-the-four-types-of-aircraft-flaps-work/
- Lente acromática. Acesso em 25/6/18: https://en.wikipedia.org/wiki/Achromatic_lens
- Pós-cor, com uma imagem para se fazer a experiência com a tela. Acesso em 25/6/18: https://en.wikipedia.org/wiki/Afterimage
- Princípio de Bernoulli, com muitas aplicações. Acesso em 7/1/19: https://en.wikipedia.org/wiki/Bernoulli%27s_principle
- Rutherford, E. Idem: https://en.wikipedia.org/wiki/Ernest_Rutherford
- Sombras coloridas (no vídeo, os focos são azul, verde e vermelho). Acesso em 26/6/18: www.youtube.com/watch?v=q_xMoXQwAy0
- Teoria das cores de Goethe (excelente artigo). Acesso em 25/6/18: https://en.wikipedia.org/wiki/Theory_of_Colours

CAPÍTULO 23

# A progressão e a espiral áureas

## 23.1 A progressão áurea

Nas seções 2.3 e 2.4.5, foram abordadas progressões geométricas (P.G.), isto é, sequências de números tais que cada termo da sequência é obtido pela multiplicação do anterior por uma constante, a razão $q$. Na seção 19.1, foi vista uma progressão com razão 2. Uma *progressão áurea*, introduzida na seção 15.2, é uma P.G. em que o valor inicial é 1 e a razão é φ:

$$1, \varphi, \varphi^2, \varphi^3, \varphi^4, \ldots$$

Como visto na propr. 4 da seção 7.3, essa sequência tem outra regra de formação, que é a regra de Fibonacci: cada termo é a soma dos dois termos imediatamente anteriores.

Portanto, a progressão áurea inicia com o termo 1 e tem duas propriedades equivalentes: ela é uma progressão geométrica (no caso, cada termo é o anterior multiplicado por φ) e cada termo é a soma dos dois anteriores. Ela é a única P.G. com essa característica excepcional.

Usando φ, fazendo as multiplicações com 16 algarismos significativos, e arredondando os resultados para duas casas decimais, tem-se a seguinte progressão aproximadamente áurea:

```
1; 1,62; 2,62; 4,24; 6,85; 11,09; 17,94; 29,03; 46,98
```

Note-se que cada termo é a soma dos dois anteriores exceto nos casos 6,85 e 46,98, devido ao arredondamento.

## 23.2 A espiral áurea

No cap. 16 foram abordadas o que foi denominado aqui de 'espirais quase áureas', com os exemplos dessas espirais geradas por retângulos e por triângulos áureos.

Uma espiral verdadeiramente áurea, ou simplesmente *espiral áurea*, é uma espiral logarítmica tal que sua base é φ, isto é, aproximadamente 1,6180, restando determinar seu período *T* (cf. seção 19.5.2). Se o período for 180°, como na espiral logarítmica da fig. 19.1, em lugar dos pontos marcados estarem a uma distância da origem (foco) nas potências de 2,

`1, 2, 4, 8, 16, ...`

alternando uma vez para a direita, outra para a esquerda (isto é, cada potência de 2 é marcada no eixo das abcissas a 180° da anterior), eles estarão nos pontos correspondentes às potências de $\varphi \approx 1{,}6180...$ como mostrado no fim da seção 23.1.

**Exr. 23.2** Usando um papel almaço como nos outros desenhos, localize mais ou menos o ponto médio da folha dupla aberta na horizontal e o marque com 0. Em seguida, trace uma horizontal por esse ponto, e marque a cada 180° (isto é, a cada meia volta completa) os valores aproximados para as potências de φ dados no fim da seção anterior. Em seguida, trace a espiral passando por essas marcas, lembrando que não serão arcos de circunferências; os raios devem crescer progressivamente.

## 23.3 Formalismo matemático: equações de uma espiral áurea

(Esta seção pode ser pulada por leitoras/es não interessadas/os em formulações matemáticas.)

Na seção 19.5.2, foi visto que uma espiral logarítmica tem a equação em coordenadas polares em função do ângulo θ que o raio forma com o eixo das abcissas,

$$r = ab^{\theta/T}$$

ou, em coordenadas cartesianas,

$$x = ab^{\theta/T} cos\theta \text{ e } y = ab^{\theta/T} sen\theta$$

Portanto, uma espiral realmente áurea, com período $T$ e foco na origem do sistema de coordenadas, poderia ser desenhada com as equações

$$r = \varphi^{\theta/T}$$

ou

$$x = \varphi^{\theta/T} cos\theta \text{ e } y = \varphi^{\theta/T} sen\theta$$

Na verdade, jamais vai se poder desenhar em um computador uma espiral verdadeiramente áurea, mesmo com muita precisão, pois $\varphi$ é um número irracional e sempre será necessário truncá-lo ou arredondá-lo para algum número de casas decimais. O computador é uma máquina discreta, e nele é impossível representar um número irracional – assim como também não é possível representar nele o infinito ou o contínuo.

Nesse caso, uma espiral realmente áurea com período de 180° como a sugerida pelo Exr. 23.2 seria desenhada com grande aproximação com a equação, em coordenadas polares,

$$r = \varphi^{\theta/180}$$

com $\theta$ medido em graus.

# CAPÍTULO 24
# Comparação entre as espirais

## 24.1 Espiral quase áurea vs. espiral áurea

O/a leitor/a curioso/a já deve ter se perguntado: existe alguma relação entre os três tipos de espirais que foram estudadas, isto é, a espiral de Fibonacci, a quase áurea a partir de um retângulo ou de um triângulo áureos e a espiral áurea?

Examinando-se a fig. 18.1, com uma espiral quase áurea construída a partir de um retângulo áureo, verifica-se que a ela progride na razão quase áurea com o período de 90°, pois a cada um desses ângulos foi traçado um novo quadrado cujo lado é efetivamente o tamanho do lado do quadrado anterior multiplicado por $\varphi$ (ou igual à soma dos tamanhos dos lados dos dois quadrados anteriores, como foi visto nas seções 15.2 e 18.1). Os arcos de circunferência que formam a espiral têm raios com os tamanhos dos lados dos quadrados correspondentes.

Ocorre que uma espiral quase áurea traçada a partir de um retângulo áureo aproxima-se muito de uma espiral verdadeiramente áurea, como mostrado na fig. 24.1.

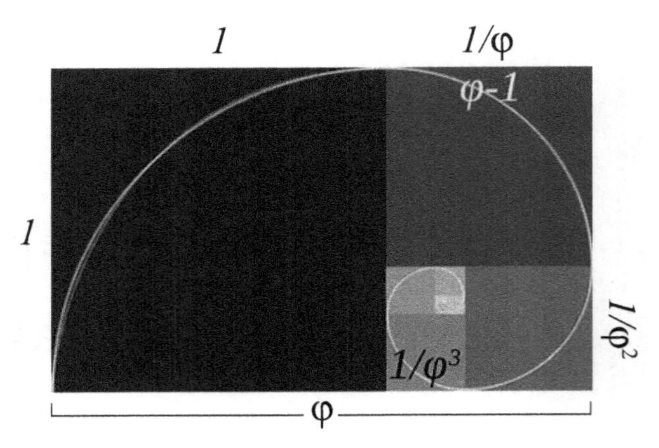


**Fig. 24.1** Comparação entre espirais áurea e quase áurea

O original da fig. 24.1 é colorido com 3 cores (v. ref.): uma para a espiral áurea, outra para a quase áurea e a terceira para os trechos em que as duas são coincidentes. Infelizmente, isso não aparece muito bem na figura convertida para tons de cinza na edição impressa deste livro. A linha mais clara mostra os trechos coincidentes, a segunda em clareza mostra a espiral áurea, e a menos visível, a espiral quase áurea, com arcos de circunferência.

Nessa figura, partiu-se de um retângulo de lados de tamanho $\varphi$ e 1 e foi-se subtraindo quadrados como na seção 18.4 ou, o que dá no mesmo, dividindo o lado menor de cada retângulo por $\varphi$. No segundo retângulo tem-se os lados 1, $1/\varphi$, que é áureo, pois $1/(1/\varphi) = \varphi$. O terceiro retângulo tem lados $1/\varphi$ e $1/\varphi^2$ e também é áureo, pois $(1/\varphi)/(1/\varphi^2) = 1/(1/\varphi) = \varphi$, e o mesmo para os retângulos seguintes. Na figura, $1/\varphi = \varphi\text{-}1$ (cf. [7.3:1]).

Os lados com tamanhos $\varphi$, 1, $1/\varphi$, $1/\varphi^2$, ... indicam que o ponto de partida foi o retângulo externo com lados $\varphi$ e 1. Daí para diante foram traçados os lados 1, $1/\varphi$, $1/\varphi^2$, ... e, finalmente, os arcos de circunferência cujos raios, por construção, seguem a razão áurea.

No entanto, uma espiral quase áurea é traçada com arcos de círculo, e na verdadeiramente áurea não ocorrem arcos de círculo, pois a espiral cresce continuamente. Como é possível compreender a proximidade apontada? Observando atentamente a fig. 18.1 ou a 24.1, observa-se que o centro de cada arco não é o foco da espiral; esse centro desloca-se progressivamente em torno do foco. Com isso, a partir do foco os arcos não são arcos de circunferência. No traçado no sentido anti-horário (espiral crescente), em seu ponto inicial cada arco está menos distante do foco do que no seu ponto final.

O mesmo ocorre com uma espiral quase áurea traçada a partir de triângulos áureos.

## 24.2 Espiral de Fibonacci vs. espiral quase áurea com retângulos

Observando a espiral de Fibonacci da fig. 2.9 nota-se que, em primeiro lugar, os arcos de circunferência foram traçados com tamanhos seguindo a sequência de Fibonacci. Esta última não é uma progressão geométrica com razão $\varphi \approx 1{,}6180$, como deveria ser nas espirais áureas. Isso ocorreu com os raios que formam a espiral quase áurea com retângulos áureos, desde o primeiro, como na fig. 18.1. No entanto, como foi visto nas seções 6.1 e 7.1, a sequência de Fibonacci tende a uma progressão geométrica áurea, isto é, com razão $\varphi$, mas obviamente não é essa última. Porém, as razões de termos consecutivos da sequência de Fibonacci aproximam-se muito rapidamente da razão áurea. De fato, os 6º e 5º termos, 8 e 5, têm razão de 1,6, já bem próximo da aproximação 1,6180 para $\varphi$. Assim, a espiral de Fibonacci é uma boa aproximação de uma espiral quase áurea.

Contrariamente a espirais de Fibonacci como a da fig. 2.9, que empregam desde o início os lados dos quadrados como ocorrem na sequência de Fibonacci, sendo a partir do 3º quadrado apenas uma aproximação dos retângulos áureos, a espiral quase áurea gerada a partir de um retângulo áureo emprega desde o início retângulos áureos, preservados pelas adições de quadrados como na fig. 18.1. Isto é, desde o início são preservadas as razões áureas dos lados dos quadrados consecutivos usados para os traçados dos raios. Considerando-se que $8/5 = 1{,}6$ é uma boa aproximação para o $\varphi$, somente após o 7º quadrado da espiral de Fibonacci há uma boa aproximação entre essa espiral e uma quase áurea construída com retângulos áureos.

Como a espiral de Fibonacci é uma boa aproximação de uma espiral quase áurea, e esta, como foi visto na seção anterior, é uma boa aproximação para uma espiral logarítmica de período 90° e razão $\varphi$, a primeira é uma boa aproximação para a última.

## 24.3 Referências


- Fig. 24.1 (em cores bem nítidas). Acesso em 7/1/19: https://en.wikipedia.org/wiki/Golden_spiral#/media/File:FakeRealLogSpiral.svg

# CAPÍTULO 25
# Espirais na natureza

## 25.1 Caramujos

No cap. 13 foram vistas várias ocorrências de números da sequência de Fibonacci na natureza. Espirais também ocorrem nela, em geral aproximadamente logarítmicas. Vejam-se, por exemplo, os dois caramujos da fig. 25.1, recolhidos por mim no rio Tapajós. Vistos como na figura, eles têm mais ou menos 7 e 8 cm de largura, o da esquerda e o da direita, respectivamente. Suas cores são bem diferentes, mostrando que a alimentação dos caramujos diferia. No entanto, percebe-se que eles têm uma forma muito parecida, de espirais em 3 dimensões, com crescimento semelhante. Aparentemente, parecem formar espirais logarítmicas. De fato, na figura da direita, em que a espiral é mais nítida, em uma foto ampliada de 17 cm de largura, traçando dois braços (cf. seção 2.1) até a borda a partir do que poderia ser o foco, medi as seguintes razões de raios consecutivos: no primeiro raio, horizontal para a esquerda, em cm, 3/1,35 = 2,22 e 7,35/3 = 2,45; num segundo raio, a 30° para cima partindo da horizontal para a direita, 9,1/4,05 = 2,25, 4/1,7 = 2,35 e 1,7/0,8 = 2,12. Nota-se que as proporções de raios consecutivos são mais ou menos preservadas.

**Fig. 25.1** Caramujos do rio Tapajós

As proporções nas duas figuras parecem ser bem semelhantes. Claramente, a forma é da espécie, não dependendo da alimentação. Parece-me que a chave para se compreender um pouco como a espécie impõe a forma é o crescimento proporcional, como visto nas seções 12.6.2, 19.2, propr. 1, e 19.3. Existe algo no ser, uma 'força', que impõe sempre a mesma forma, independentemente do tamanho, e isso leva àquele crescimento. Obviamente, o caramujo não tem consciência de estar seguindo aproximadamente uma regra matemática. Para isso, caramujos teriam que ter autoconsciência; uma observação cuidadosa pode mostrar que animais não a têm – por exemplo, se um cavalo preso em uma baia tivesse autoconsciência ficaria louco... Em outras palavras, os caramujos seguem uma 'lei' de crescimento, que varia de espécie para espécie, como se pode ver no caramujo da fig. 25.2. É como se existisse um modelo que impõe o crescimento, no caso a deposição de cálcio na casca do caramujo, controlada por este e, em última instância, pelo modelo. À medida que o caramujo cresce, ele necessita de uma casca maior, mas, na hipótese aqui formulada, só se ela seguir um certo modelo o crescimento será proporcional, gerando aproximadamente uma espiral logarítmica.

Na fig. 25.2 vê-se um pequeno caramujo que recolhi ao lado de Montségur, na região dos antigos Cátaros, perto dos Pirineus, no sudeste da França. Note-se o extraordinário desenho de 3 espirais. Na tela do monitor, em figura de tamanho maior, medi os seguintes raios na horizontal para a esquerda, a partir do foco até a espiral mais externa, correspondendo a um período de 360°, 0,8, 1,4 e 2,5 cm, dando razões 1,75 e 1,78, respectivamente, indicando uma espiral logarítmica, isto é, crescimento proporcional.

**Fig. 25.2** Caramujo dos Pirineus, França

O caramujo mais famoso é o *Nautilus* (filo *Mollusca*, classe *Cephalopodia*, subclasse *Nautilopoidea*, do grego ναυτίλος, 'marinheiro'), mostrado por fora na fig. 25.3 e em corte transversal na fig. 25.4. Note-se que ele não só forma uma espiral aproximadamente logarítmica como constrói câmaras, todas de mesma forma, salvo a escala. Usando a fig. 25.4 exibida numa tela de monitor, partindo do que seria o foco, medi na vertical, para cima, distâncias na espiral de 0,5, 1,5 e 4,5 cm, isto é, proporção de crescimento de 3 a cada período de 360°, indicando a espiral logarítmica. Nas fotos internas em geral aparece um trecho final sem as câmaras: é o lugar onde fica o corpo do animal.

**Fig. 25.3** *Nautilus*

**Fig. 25.4** Corte da concha de um *Nautilus*

O crescimento de cristais dá-se por deposição, e segue leis provenientes das forças atômicas ou moleculares. Claramente, o processo do crescimento da casca do caramujo ou de qualquer concha é outro, pois um cristal de carbonato de cálcio, a composição principal, não tem forma espiralada. A deposição do sal é produzida pelo próprio animal, de uma forma regular, controlada pelo modelo associado à espécie, e não tem forma de cristal. Se não houvesse esse controle, as formas seriam relativamente aleatórias, isto é, não seriam tão regulares e não caracterizariam cada espécie.

## 25.2 Ser humano

O ser humano também tem partes bem próximas a espirais. A fig. 25.5 mostra a orelha de uma pessoa e como se adapta mais ou menos a uma espiral.

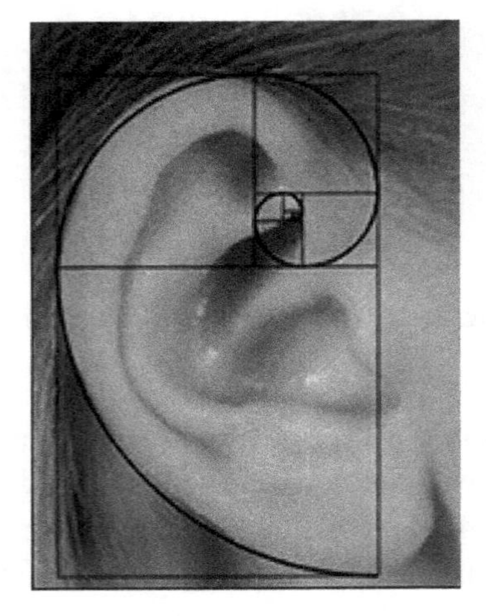

**Fig. 25.5** Espiral de Fibonacci numa orelha

### Exercícios

**Exr. 25.2:1** Observar as orelhas das pessoas e ver se é possível reconhecer a parte de uma espiral.

**Exr. 25.2:2** Na fig. 25.5 está desenhada uma espiral. Ela é uma espiral de Fibonacci, uma quase áurea a partir de um retângulo áureo ou uma espiral logarítmica?

A cóclea (*cochlea*), no ouvido interno, tem a forma de uma espiral com quase 3 voltas completas.

**Exr. 25.2:3** Fazer uma busca na internet com esses nomes para ver várias figuras dela.

Os dedos dobrados das mãos formam uma espiral meio retangular, como mostra a fig. 25.6, e os dedos seguem aproximadamente proporções áureas. Em minha mão esquerda medi, usando as extremidades, 2,5, 3,9 e 6,2 cm, resultando nas razões 1,56 e 1,59, respectivamente, bem próximas da razão áurea (1,6180...).

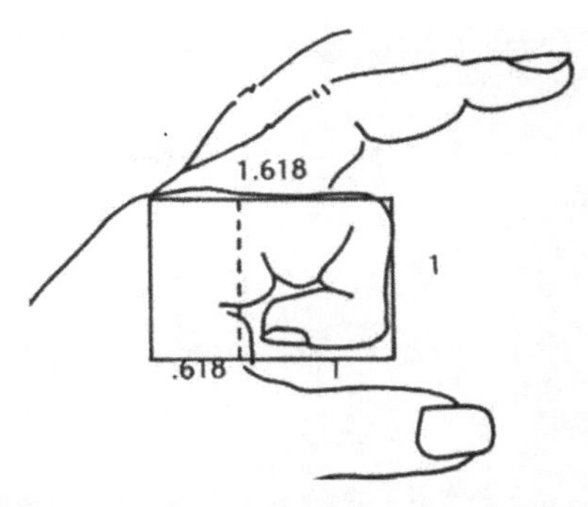


**Fig. 25.6** Espiral retangular com proporções áureas

## 25.3 Outras espirais na natureza

A fig. 25.7 mostra um cavalo-marinho, vendo-se como a cauda, que é usada para ele se agarrar a algum objeto, forma uma espiral. É interessante notar que o corpo e a cauda são feitos de placas ósseas; as da cauda são articuladas para poder se enrolar, podendo-se notar o crescimento proporcional. Ao contrário de muitos peixes, eles não têm escamas. Os olhos podem mover-se independentemente um do outro, como nos camaleões. O bico não abre; é usado para sugar os alimentos. A fêmea deposita seus ovos numa bolsa na barriga do macho, que os fertiliza e carrega os embriões até que estes possam nadar sozinhos.

**Fig. 25.7** Cavalo-marinho com cauda em espiral

A fig. 25.8 mostra a foto de um furacão com uma espiral desenhada sobre ele. Note-se como a espiral adapta-se bastante bem a certas partes externas do furacão. A propósito, furacões (*hurricanes*), ciclones (*cyclones*) e tufões (*typhoons*) são nomes para o mesmo fenômeno meteorológico de tempestades equatoriais e tropicais. O nome varia segundo a região onde eles ocorrem.

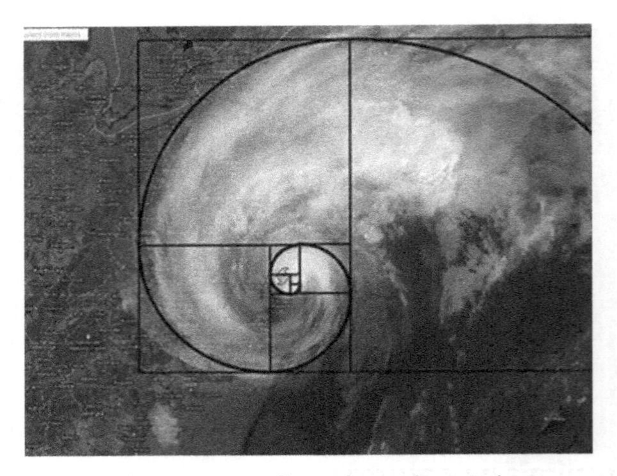

**Fig. 25.8** Furacão em forma de espiral

**Exr. 25.3:1** Que tipo de espiral foi desenhado na fig. 25.8, uma de Fibonacci, uma quase áurea ou uma logarítmica?

A fig. 25.9 mostra uma galáxia em espiral, com uma espiral desenhada sobre ela.

**Fig. 25.9** Galáxia espiral

**Exr. 25.3:2** Que tipo de espiral foi desenhado na fig. 25.9, uma de Fibonacci, uma quase áurea ou uma logarítmica?

## 25.5 Referências


- Cavalos-marinhos. Acesso em 7/1/19: https://en.wikipedia.org/wiki/Seahorse
- Furacões e ciclones em espiral: fazer busca na internet com spiral cyclones images
- Nautilus: foto por fora. Acesso em 8/7/18: https://universoracionalista.org/nautilus-um-fossil-vivo
  - Vídeo da alimentação. Idem: https://gfycat.com/gifs/detail/rewardingtamecutworm
  - Seção longitudinal da concha. Idem: https://ar.pinterest.com/pin/239676011392418143/
- Fig. 25.5 (Espiral de Fibonacci numa orelha.) Acesso em 6/7/20: https://br.pinterest.com/pin/297096906672397665/
- Fig. 25.9 (Galáxias em espiral: imagens, cuidado, pois várias imagens não são fotos de galáxias – fazer busca com *spiral galaxies.*) Idem: https://www.cnet.com/pictures/natures-patterns-golden-spirals-and-branching-fractals/


## 25.6 Resolução dos exercícios

**Exr. 25.2:2** Na fig. 25.5, como se vê pelos dois quadradinhos menores e os seguintes, trata-se de uma espiral de Fibonacci (cf. seções 2.3 e 24.2).

**Exr. 25.3:1** Na fig. 25.8, espiral de Fibonacci.

**Exr. 25.3:2** Na fig. 25.9, o desenho não está muito claro, mas aparentemente foi desenhada uma espiral quase áurea a partir de um retângulo áureo, pois não ocorrem os dois quadradinhos iniciais de uma espiral de Fibonacci.

# CAPÍTULO 26
# Simetrias nos seres vivos

## 26.1 Crescimento e regeneração de tecidos vivos

Conchas ou cascas de caramujo são invólucros externos minerais, depositados por ação do animal durante seu crescimento. O crescimento e a regeneração dos tecidos dos seres vivos, plantas, animais e seres humanos, dá-se por divisão celular, cada célula subdividindo-se em duas. Assim, é interessante notar que o crescimento dos minerais, como os cristais, se dá por deposição externa, e o dos seres vivos se dá por uma ação puramente interna. No ser humano, a cada 7 anos todas as células são repostas por novas células. No entanto, esse crescimento é claramente controlado, na minha hipótese por um modelo dinâmico (isto é, que muda com a evolução do ser), subjacente a cada ser vivo e que é o mesmo para toda a espécie. Esse modelo interage com o corpo, inclusive com os genes, de modo que, mudando os genes, essa interação muda e, portanto, a forma também muda.

É interessante comparar a forma dos cristais com a dos seres vivos. No primeiro caso, há certa regularidade, por exemplo, em ângulos entre faces de certos cristais. No entanto, de qualquer parte de certos cristais, como os de quartzo, pode surgir um novo cristal, o que é denominado de *macla*, por exemplo, na drusa de quartzo da fig. 26.1.

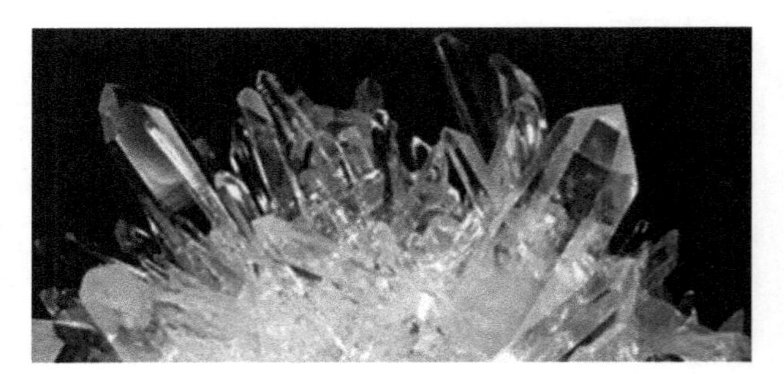

**Fig. 26.1** Maclas em um cristal de quartzo

Assim, cada cristal segue um padrão de formação, mas um conjunto de cristais de mesma substância formando uma unidade assume formas com enorme variação. Isso não se passa nos seres vivos, especialmente nos animais. Por exemplo, cachorros adultos de uma determinada raça têm todos tamanho semelhante e a mesma disposição, coloração e espessura do pelo. Tudo se passa como se um modelo impusesse o crescimento, impondo a forma geral. No caso dos cristais, forças atômicas e moleculares impõem algumas formas, mas apenas localmente. E os seres vivos?

Em cada momento, uma dada célula de um ser vivo, estando em um determinado estado geral, pode ter três transições: 1. passar a um estado em que ela começa a se dividir em duas (meiose ou mitose); 2. passar a um estado em que ela começa a morrer (apoptose); 3. permanecer como está, que pode ser considerada uma transição para o próprio estado anterior. Parece-me que existe indeterminismo ou não determinismo (*non-determinism*) físico nessas três transições, isto é, examinando-se fisicamente uma célula e seu ambiente, não é possível prever qual das três transições será tomada. Muito maior é o não determinismo de quais células farão alguma transição, em um tecido com milhões delas. Aqui vem uma de minhas hipóteses fundamentais: a divisão ou morte da célula pode requerer energia, mas a *escolha* de uma das 3 transições não requer energia. É aí que o modelo que impõe o crescimento e dá a forma orgânica dos seres vivos pode atuar na matéria. Reconhecemos a forma de um ser vivo, característica de sua espécie – a forma é uma das maneiras de classificar a espécie –, com nosso pensamento, pois qualquer forma é uma ideia, um conceito, o que é absolutamente claro nos casos de formas geométricas. Assim, empregando a citação de Spinoza no fim da seção 7.4.5, pode-se conjeturar que os modelos seguidos pelos seres vivos são da natureza de nosso pensamento. Algumas características desses modelos são dadas na próxima seção.

## 26.2 Formas simétricas

Simetria é um conceito matemático, por exemplo, a sequência 1, 2, 3 é simétrica a 3, 2, 1. Simbolicamente, *ab* é simétrico a *ba*. Do ponto de vista geométrico, há vários tipos de simetria; uma *simetria de reflexão* ocorre quando há uma linha que divide uma figura plana em duas partes em que uma é o reflexo da outra, como a imagem refletida num espelho.

Seria interessante o/a leitor/a juntar suas mãos. Elas são muito simétricas, parecidas, em uma simetria de reflexão. Como será que elas partiram de mãozinhas pequenas, com buraquinhos no dorso da mão, nas articulações de onde partem os dedos, se eram rechonchudas, e foram crescendo mantendo a simetria e perdendo os buraquinhos? Não se pode imaginar que uma célula (ou grupo de células) em certa mão, ao se subdividir, mande uma mensagem à outra (ou ao grupo) correspondente na outra mão dizendo "trate(m) de se subdividir também, senão vamos quebrar a simetria!" Não adianta dizer que são os genes, o DNA e o ambiente das células que impõem, no próximo instante, quais vão se subdividir, quais células vão começar a morrer ou quais delas permanecerão como estão, pois aqui há algo envolvendo as duas mãos, e não uma só, seguindo uma mesma forma bastante simétrica durante todo o processo de crescimento. Além disso, as células dos tecidos vivos são muito imprecisas; se o crescimento dependesse de um processo físico puramente interior, ele seria bastante aleatório e a simetria não seria preservada no grau em que isso acontece. Note-se que, em geral, uma mão é mais usada do que a outra, o que praticamente não influencia a simetria. Novamente, como no caramujo, numa concha, nas folhas de uma árvore ou em qualquer ser vivo, parece-me que há um modelo impondo o crescimento, comum à espécie. Esse modelo é mais atuante do que as influências externas e, no caso das mãos, até mesmo do que influências internas como as diferenças musculares e de uso. Obviamente, lesões graves podem quebrar a simetria. Só que, no caso de todos os seres vivos, o modelo deve ser dinâmico, variando conforme o crescimento, pois, no exemplo, a forma das mãozinhas de um bebê é bem diferente da do adulto correspondente. Outro exemplo é a simetria das orelhas, as quais, no caso de seres humanos, não param de crescer. Mas há muitas outras simetrias nos corpos de animais e seres humanos.

Lindos desenhos simétricos de reflexão aparecem nas asas de borboletas e mariposas. A fig. 26.2 mostra uma vista de baixo e outra de cima de uma borboleta da espécie *Adelpha capucinus velia*. Nas referências há o endereço de uma página na internet com o original dessa foto colorida; vale a pena ver as lindas cores, em um arranjo totalmente estético. Note-se a fantástica simetria das formas em seus mínimos detalhes, inclusive nos contornos das asas; nas fotos coloridas vê-se bem a simetria de cores.

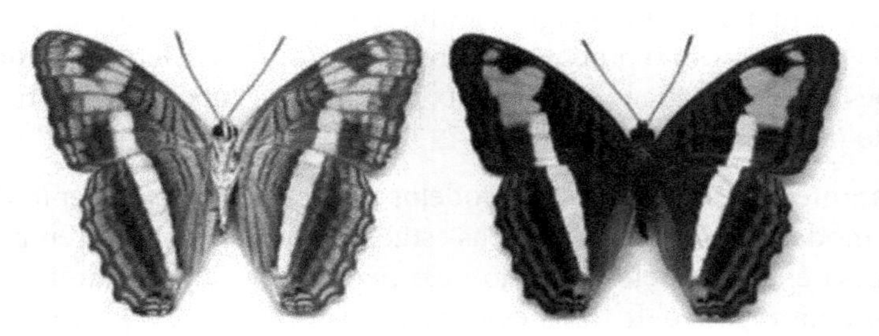

**Fig. 26.2** Vistas de uma borboleta

O incrível das fantásticas e lindíssimas formas das asas das borboletas é que elas se formam enroladas, dentro do casulo! Pelas fotos mostradas nos sites mencionados nas referências, tenho a impressão de que *todas* as borboletas e também as mariposas têm desenhos simétricos nas asas. Além disso, os indivíduos de uma determinada espécie de borboleta têm formas e cores bem parecidas, por isso a classificação nas diferentes espécies.

É importante notar que, se o DNA de qualquer planta ou animal for alterado de maneira adequada ainda no estágio de semente ou de ovo, as formas resultantes do crescimento podem mudar. Mas não se pode, cientificamente, dizer que essas formas estão gravadas no DNA ou resultam da interação dos genes dele com o ambiente das células (fatores epigenéticos, isto é, fora dos genes). O máximo que se poderia afirmar é que os genes *participam* da produção das formas. Do mesmo modo, como foi visto na seção 7.4.5, não se pode afirmar que nosso pensamento é gerado pelo cérebro, pois não se conhece o processo dessa geração; o máximo que se deveria dizer cientificamente é que o cérebro participa do processo. Parece-me que, se nosso pensamento fosse gerado pelo cérebro, não poderíamos concentrá-lo, isto é, decidir o que pensar em seguida, e os pensamentos pipocariam aleatoriamente - isso iria impedir que, por exemplo, se fizesse uma conta simples de soma armada (com parcelas de vários algarismos), ou mesmo se estudasse algo por meio de leitura. Completando esta digressão, é fundamental hoje em dia fazerem-se exercícios de concentração mental, pois o mundo está cada vez mais agitado, prejudicando essa concentração, para o que os meios digitais (TV, *video games*, computadores, celulares, *tablets* e internet) contribuem decisivamente, pois são altamente 'distrativos'. Por isso aqueles exercícios serão tratados no cap. 28.

Em termos desses modelos seguidos por seres vivos, um caso pessoal: uma vez fui lixar um pedaço de madeira de uns 15 cm de comprimento por uns 10 cm de largura e 2 cm de espessura. Em uma marcenaria, usei uma lixadeira grande de fita, em que esta se move com bastante velocidade. Como não sou marceneiro, fiz a bobagem de apoiar o pedaço de madeira com a mão direita. Só que, de repente, a madeira voou, e cerca de 2 cm da parte palmar da ponta do meu dedo indicador apoiaram-se na fita, que arrancou totalmente a pele, deixando o dedo em carne viva. Depois de algum tempo, a pele refez-se. Passando em meu banco, usei o indicador para o reconhecimento biométrico e, como acontecia antes do acidente, o sistema reconheceu a mesma digital, ou uma muito semelhante à que eu tinha gravado anteriormente. Como é possível que a minha impressão digital tenha se refeito com tanta precisão, ainda mais não tendo seguido o mesmo processo de crescimento? Novamente, minha teoria é que as impressões digitais seguem um modelo, que atua no crescimento e na regeneração do seu tecido (no caso, a pele).

É interessante salientar que esses modelos seguidos no crescimento de tecidos vivos não são modelos aos quais as pessoas estão acostumadas. Por exemplo, uma planta de uma casa é um modelo - criado pelo pensamento do arquiteto, isto é, existia originalmente na mente dele. Mas esse modelo é estático, colocado num papel e lá permanece, a não ser no caso de reformas em geral existentes antes mesmo de a construção terminar; a construção de uma casa não termina antes de acabarem as reformas... Como já citado, os modelos seguidos no crescimento dos tecidos de seres vivos são dinâmicos, mudam com o tempo. Por isso as formas das mãos de um adulto são tão diferentes em relação às de sua época de bebê, mas preservam a relativa simetria durante todo o crescimento.

## 26.3 Digressão filosófica

Permito-me uma pequena divagação. As/os leitoras/es atentas/os devem ter percebido que usei várias vezes a expressão 'animais e seres humanos'. Isso se deveu ao fato de que não considero o ser humano como sendo um animal. Jamais o chamo de 'animal racional', isto é, um animal com algumas características diferentes. Tradicionalmente, fala-se de 4 reinos na natureza: minerais, vegetais, animais e seres humanos. Somente depois de Charles Darwin (1809-1882) começou-se a classificar os seres humanos como animais com algumas características especiais, como se estas fossem da mesma qualidade que as diferenças, por exemplo, entre gatos, cachorros e vacas. Antes de Darwin, havia uma intuição de que o ser humano tinha algo essencialmente diferente dos animais. A propósito, temos realmente muito em comum com os animais, mas também enormes diferenças (posição ereta, coluna vertebral com duplo S, fala, pensamento, plena autoconsciência etc.). Mas, se por causa do que temos em comum, o ser humano for chamado de 'animal racional', dever-se-ia chamar os animais de 'plantas móveis'. Afinal, há muitas coisas em comum entre plantas e animais: crescimento interior, tecidos orgânicos, reprodução etc.

Qual o problema de se chamar o ser humano de 'animal racional'? Como somos diferentes dos animais e, nos aspectos mais importantes para a humanidade, somos 'superiores' a eles, chamar-nos de animais degrada a imagem que fazemos de nós mesmos. Por exemplo, animais não têm compaixão: uma atitude de um animal parecida com compaixão é devida a um instinto. Somente o ser humano pode ter compaixão como um ato de amor altruísta, por exemplo, por reconhecer que qualquer pessoa deve ser ajudada a se desenvolver. Outro exemplo: quem está mudando o mundo (dependendo do aspecto, para melhor ou para pior), os seres humanos ou os animais?

Darwin teve uma imensa importância para o desenvolvimento intelectual e científico da humanidade. Com sua teoria da evolução, especialmente a seleção natural (sobrevivência dos mais aptos e adaptados ao ambiente e transmissão de suas características genéticas aos descendentes), contribuiu decisivamente para que a humanidade começasse a pensar em causas naturais para vários fenômenos da natureza e abandonasse interpretações religiosas literais de muitas imagens e símbolos que ocorrem na Bíblia. Por exemplo, considerava-se (e certos círculos religiosos ainda consideram) os 7 dias da criação como dias normais de hoje. Obviamente, esses dias não são nossos dias físicos de 24 horas, pois, para começar, o Sol e a Lua foram criados no 4° dia (Gen. 1:14-19), significando literalmente que antes disso não havia dias no nosso sentido; obviamente, quem escreveu esses versos sabia que estava lidando com uma imagem, e não com uma realidade física. Outra óbvia imagem é a de Josué mandando o Sol e a Lua pararem (Josué 10:12-13), que foi a razão para os sacerdotes católicos manterem durante séculos a fé no sistema geocêntrico. Galileo Galilei (1564-1642) estava convencido de que o sistema correto era o heliocêntrico introduzido por Nicolaus Copernicus (v. seção 7.4.6), pois apontou sua luneta para Júpiter e viu suas 4 principais luas deslocando-se, girando aparentemente em torno dele, concluindo corretamente que nem tudo girava em torno da Terra. No entanto, ele não tinha uma teoria ou comprovação experimental satisfatória que embasasse a hipótese de o Sol ser fixo em relação ao movimento dos planetas e da Terra, bem como a rotação diuturna dessa última, de modo que os religiosos católicos decidiram continuar com sua tradição baseada no trecho de Josué. Por isso Galileo foi condenado a renegar sua teoria e ficou em prisão domiciliar; senão a Inquisição, essa antítese do cristianismo dos Evangelhos iria condená-lo, sujeitando-o eventualmente às práticas anticristãs típicas dela. Somente com a teoria da gravitação de Newton, de 1686, foi estabelecida uma teoria explicando satisfatoriamente o sistema heliocêntrico e as órbitas elípticas dos planetas; ela foi tão forte e consistente que imediatamente a humanidade quase inteira assumiu o sistema heliocêntrico. Para uma história fascinante da evolução do pensamento astronômico, veja-se o excelente livro *Os sonâmbulos* (v. ref.), de Arthur Koestler (1905-1983).

Duas observações: 1. Copérnico desenvolveu sua teoria heliocêntrica simplesmente para diminuir a complexidade dos cálculos das posições dos planetas e dos eclipses, isto é, uma razão puramente racional, indicando a evolução intelectual que a humanidade estava sofrendo desde o começo do séc. XV. Ele ainda utilizou órbitas circulares, usando epiciclos – empregados por Claudius Ptolomaeus, ou Ptolomeu (ca. 100-170 d.C.), autor do primeiro livro sobre astronomia (o *Almagest*, que restou em uma tradução para o árabe, daí esse nome), para explicar as órbitas elípticas. Os *epiciclos* eram circunferências em que os planetas giravam em torno de um centro que não continha nada, e esse centro girava em uma circunferência em torno da Terra, o que hoje parece uma ideia estapafúrdia, já que não há nada que atraia um planeta para o centro de seu epiciclo. Ptolomeu colocou na Terra o centro das circunferências nas quais os centros dos epiciclos dos planetas giravam. Colocando esse centro no Sol, Copérnico diminuiu o número de epiciclos, simplificando os cálculos. 2. Somente em 1851, quase duzentos anos depois da teoria de Newton, esta teve uma comprovação experimental simples que se tornou universal, por Jean Bernard Léon Foucault (1819-1868), com o famoso pêndulo de Foucault, introduzido por ele em 1851. Um deles em ação pode ser visitado no Pantheon, em Paris. Devido à inércia, o plano de oscilação do pêndulo permanece o mesmo em relação ao universo, mas muda aparentemente de direção conforme a rotação diuturna da Terra. Isso pode ser observado, mas a variação depende da latitude: nos polos a rotação daquele plano leva um dia para se completar e é a maior rotação possível; no Equador não há essa rotação. Em latitudes intermediárias o plano de oscilação do pêndulo varia entre esses dois extremos. No entanto, muito antes disso, simplesmente devido à teoria de Newton, a humanidade toda (com raras e esquisitas exceções) já tinha aceitado a teoria heliocêntrica. Isso mostra como uma teoria abrangente e consistente, e que esteja de acordo com observações como a de Newton, tem o poder de convencer as pessoas e mudar a mentalidade delas, mesmo sem comprovação experimental. A teoria da evolução de Darwin é uma dessas teorias muito simples e que aparentemente explicam muita coisa. Mas ela não deixa de ser uma teoria abstrata, e não um fato científico, pois ninguém observou a evolução de milhões de anos atrás. No máximo, a teoria de Darwin é uma especulação científica, com fortes evidências para fenômenos observados nos dias de hoje.

Quando se ensina a teoria da evolução neodarwinista, consistindo de mutações genéticas mais seleção natural (sobrevivência do mais apto), o que é necessário no ensino médio e absolutamente inapropriado no ensino fundamental (especialmente nos primeiros anos, em que as imagens bíblicas são as mais apropriadas), é importante salientar o fato de ela ser uma teoria, e não um fato científico. Além disso, deve-se mostrar que é uma teoria com muitos pontos não esclarecidos, como a existência de várias árvores de ascendência, os elos perdidos, a origem, no ser humano, da fala e do pensamento, por que ele não tem couro ou pelo etc. Deve-se evitar que os jovens criem uma mentalidade fundamentalista religiosa, mas também não se deve criar um fundamentalismo científico, o que deveria ser uma contradição para um verdadeiro espírito científico sem preconceitos, sempre pronto a examinar qualquer ideia. Nesse sentido, creio ser importante desmistificar um ideia muito comum: a de que Darwin foi o único introdutor da teoria da evolução natural. Ela foi apresentada por ele e, independentemente, pelo grande biólogo neozelandês Alfred Russel Wallace (1823-1913), na mesma sessão da Royal Society (v. seção 3.4.1) de Londres, em 1858. É interessante notar que Russell Wallace era espiritualista e afirmou que a seleção natural não devia ser aplicada a seres humanos. Ele dizia que justamente a teoria da evolução mostrava que o ser humano possuía algo de transcendente em relação ao mundo animal. Ele escreveu o seguinte, em seu livro sobre o darwinismo (em tradução livre):

> Assim concluímos que o darwinismo, mesmo quando é levado às suas últimas consequências lógicas, não contradiz a crença em um lado espiritual do ser humano, mas, muito mais, dá a ele um fundamento diferenciado. Ele mostra como o corpo humano pode ter se desenvolvido a partir de formas mais baixas segundo a lei da seleção natural; mas ele nos ensina que possuímos capacidades intelectuais e morais, que não podem ter se desenvolvido em um tal caminho, mas devem ter outra origem – e para essa origem só podemos encontrar uma causa no mundo espiritual invisível. (citado por Hemleben; v. ref. p. 102)

Muitas das imagens bíblicas são símbolos para eventos que não são físicos; hoje elas podem ser compreendidas conceitualmente, mas para isso é preciso expandir o raciocínio usual, baseado exclusivamente em vivências sensoriais do mundo físico de hoje, e na abstração matemática. Havia uma tradição de que essas compreensões não eram adequadas para o povo, o qual não estava preparado para recebê-las, por isso eram cultivadas secretamente nos antigos centros de mistérios iniciáticos – como, na antiga Grécia, os de Éfeso (queimado em 356 a.C., na mesma noite do nascimento de Alexandre, o Grande), Eleusis, Delfos etc. Naquela época a humanidade em geral ainda não conseguia usar pensamentos conceituais como hoje em dia (e como crianças pequenas de hoje também não conseguem), por isso eram usadas imagens, denominadas de parábolas no Novo Testamento. Os contos de fadas genuínos, como os dos irmãos Grimm, provindos do povo antigo, também são imagens para processos interiores profundos que ocorrem nos seres humanos. É por isso que são muito adequados a crianças, pois elas ainda não são capazes de compreender conceitos e vivem em imagens e fantasia. E é por isso que o criacionismo bíblico é adequado para crianças pequenas. É interessante notar que nenhum adolescente queixou-se de ter acreditado em Papai Noel, no Coelho da Páscoa ou no criacionismo bíblico como se tivessem sido mentiras inadequadas.

## 26.4 Referências


- Hemleben, J. *Charles Darwin in Selbstzeugnissen und Bilddokumenten* ('Charles Darwin em seus próprios testemunhos e documentos em imagens', em tradução livre). Reinbeck bei Hamburg: Rohwolt, 1968.
- Koestler, A. *Os sonâmbulos: história das concepções do homem sôbre o universo.* São Paulo: Ibrasa, 1961. (Original em inglês *The Sleepwalkers: a history of man's changing vision of the* universe.) Idem: https://web.pa.msu.edu/courses/2008summer/ISP213H/resources/downloads/files/koestler_greeks.pdf
- Teixeira, R. et al. Os números de Fibonacci e a razão áurea (apresentação com muitas ilustrações). Acesso em 22/10/19: http://sites.uac.pt/mea/files/2012/12/am1213-16C.pdf
- Epiciclos usados antigamente para as órbitas de planetas. Acesso em 5/1/19: https://en.wikipedia.org/wiki/Deferent_and_epicycle
- Fig. 26.2 (borboleta). Acesso em 3/4/20: https://borboletasbr.blogspot.com/2010/10/cores-ao-vento-fotos-frente-e-verso--de.html
- Orelhas: crescimento contínuo. Idem: www.ncbi.nlm.nih.gov/pubmed/18196763
- Pêndulo de Foucault. Acesso em 7/1/19: https://en.wikipedia.org/wiki/Foucault_pendulum
- Wallace, A.R. Acesso em 2/4/19: https://en.wikipedia.org/wiki/Alfred_Russel_Wallace

# CAPÍTULO 27

# Na natureza, não há só Fibonacci, espirais e simetrias

Em uma de minhas palestras para alunos de ensino médio, um(a) aluno(a) escreveu na avaliação (v. avaliações no cap. 29): "Fibonacci está presente em tudo. Onde não há a espiral de Fibonacci? Por que ela é tão presente na natureza?" Outras avaliações: "Podemos dizer que a matemática está em tudo?" "As proporções áureas se encaixam em tudo?" Tenho tomado o cuidado para não passar essas impressões, mas algumas imagens que projeto na palestra parecem ser mais fortes do que minhas palavras.

Há outras formas na natureza que não envolvem números de Fibonacci, espirais e simetria, que devem ser admiradas, e que mantêm uma grande regularidade de formas, várias com formas de figuras geométricas usuais.

## 27.1 Formas esféricas

Muitas flores seguem uma forma esférica. A fig. 27.1 mostra uma flor-de-cera (*Red Button*, *Hoya pubicalyx*, na qual se vê a forma esférica produzida por dezenas de flores independentes (para outras imagens, fazer uma busca na internet por "flor cera fotos"). A fig. 27.3 mostra uma dália que foi difícil classificar como uma das chamadas *Pompon Dahlia* (ou dália-pompom) ou do grupo das *Ball Dahlias* (de bola), talvez a mesma coisa, e ainda provavelmente uma *Dahlia balle Sylvia* (em francês). Uma busca na internet com esses nomes mostra muitas dessas dálias, todas formando uma estrutura mais ou menos esférica formada pelas pétalas; nos originais coloridos veem-se as lindas e estéticas cores que elas formam.

**Fig. 27.1** Flor-de-cera

**Fig. 27.2** Dália-pompom

Novamente, como é possível que, no crescimento, essas flores preservem uma forma tão perfeita, considerando-se que as condições físicas não eram uniformes, como insolação, ventos etc.? Ainda por cima, observem-se as pétalas da flor-de-cera, todas com 3 formas quinárias (dois números de Fibonacci!) encaixadas. E as pétalas na fig. 27.2 formam espirais. Em uma das muitas fotos de dálias esféricas na internet, tirada na vertical bem por cima da flor, contei 13 espirais no sentido horário e no anti-horário, um número de Fibonacci! Notem que a intenção deste capítulo foi de mostrar formas na natureza que não têm nada a ver com o Fibonacci, mas ele acabou aparecendo...

Aproveitando, as dálias, que existem em grandes variedades, são originárias do México, onde foram cultivadas pelos astecas, e seu nome é devido ao botânico sueco Anders Dahl (1751-1789).

Mas não são só flores que assumem formas esféricas. Muitas palmeiras assumem formas parecidas com esferas, formadas pelas pontas de galhos e folhas curvadas. Uma delas é a carnaúba (*Copernicia prunifera*, família das *Arecaceae*), a árvore-símbolo do Ceará e do Piauí. As figs. 27.3 e 27.4 mostram como ela tem a tendência de formar uma esfera com a ponta das folhas, sendo que na fig. 27.4 ainda se vê como os galhos vão crescendo em espiral ou helicoide e, quando são cortados, por exemplo, para se extrair das folhas a cera de carnaúba ou para fazer telhados em lugar do sapé, deixam os toquinhos vistos na figura. É uma pena que, visitando o Ceará e o Piauí e tendo visto centenas de carnaúbas, não tenha contado quantas espirais ou helicoides são formados, mas desconfio que sigam números de Fibonacci. De qualquer modo, a carnaúba é uma planta extraordinariamente útil: as raízes são usadas para fins medicinais (têm efeito diurético, por exemplo), o tronco é resistente e usado em construções, das folhas extrai-se a cera de carnaúba (com ponto de fusão muito maior do que outras ceras vegetais), usada em cosméticos, cápsulas de remédios, como material polidor, em finas camadas de proteção de frutas etc. As folhas também são usadas em coberturas, em lugar do sapé. A palha das folhas é usada para produzir peças de artesanato.

**Fig. 27.3** Carnaúba

**Fig. 27.4** Tronco de carnaúba

Outro tipo de palmeira é mostrado na fig. 27.5. Novamente, note-se como as folhas formam algo próximo a uma esfera. Isso é surpreendente, pois muitos galhos são curvos.

**Fig. 27.5** Palmeira

## 27.2 Formas cônicas

As coníferas, como os pinheiros, são as gimnospermas (plantas que dão sementes) de maior ocorrência. O próprio nome já indica sua forma de cone, também denominada de *piramidal*. A fig. 27.6 mostra um pinheiro, talvez um cipreste, em que se pode notar muito bem a forma cônica formada pela árvore toda. Note-se que essa forma é estabelecida principalmente pelos galhos, mas também pelas folhas. Como nos outros casos, é importante notar: como os galhos crescem mantendo essa forma tão perfeita se cada um cresce independente dos outros, imunes à diferença de insolação, direção dos ventos etc.? Mais uma vez me vem à mente a ideia de que há um modelo controlando o crescimento, isto é, determinando quais células vão permanecer, subdividir-se ou morrer. Um crescimento independente de cada parte da planta não iria produzir uma forma geométrica tão perfeita.

**Fig. 27.6** Pinheiro

Aproveitando, em geral classificam-se as formas das árvores em várias categorias, tais como: em forma de V, colunar (uma elipse bem alongada), piramidal, esférica, oval, chorona e irregular. Encontro muitas árvores que crescem isoladas assumindo a forma de um ovo, o que me levou a conjeturar que o ovo é uma forma primordial, da qual se podem derivar as outras, como a esfera, a cônica, a colunar etc. Poder-se-ia pensar, como os antigos, que a esfera é a forma primordial, mas ela tem uma regra rígida de formação, que é a equidistância dos pontos de sua superfície ao seu centro. A forma ovoide quebra essa rigidez, podendo ser achatada, estendida etc. A parte inferior da árvore da fig. 27.6 lembra a forma de um ovo.

## 27.3 Outras formas

Nem todas as plantas seguem figuras geométricas usuais. A fig. 27.7 mostra uma costela-de-adão, *Monstera deliciosa*; esse nome latino vem de um fato que nunca experimentei: o seu fruto maduro, visto na fig. 27.8, branco por dentro, em forma de bulbo, parece ser comestível e ter um gosto agradável; em inglês, ela é chamada de *cheese plant*, devido aos buracos existentes nas folhas. Mas o que chama a atenção na costela--de-adão é a forma de sua folha e como ela cresce. Inicialmente, ela é uma folha como outra qualquer. Aos poucos ela se divide em recortes e forma os buracos ao lado do cabinho, o pecíolo. O extraordinário é que a extremidade dos recortes da folha não é pontuda, mas uma pequena linha. O conjunto dessas linhas forma uma curva característica, que pode ser reconhecida em todas as folhas, independentemente do tamanho já assumido. Essa curva é um pouco assimétrica, em geral maior do lado esquerdo.

Tenho uma profunda admiração pelas costelas-de-adão, pois, para mim, elas são uma forte evidência de que o crescimento dos seres vivos é controlado por um modelo. As partes recortadas da folha são independentes; como elas crescem mantendo a curva característica da periferia? Novamente (v. seção 26.2), repito que as células são relativamente imprecisas; se cada recorte da folha crescesse sem algum controle externo, essa curva não seria mantida com tanta precisão. É importante perceber que a curva da periferia não está na folha, pelo fato de ser recortada; uma pessoa reconhece essa curva com seu pensamento.

**Fig. 27.7** Costela-de-adão

**Fig. 27.8** Frutos da costela-de-adão

Os frutos têm gomos hexagonais que formam espirais. Observando esses frutos, nota-se algo interessante: hexágonos regulares, desenhados no plano, não formam espirais, e sim linhas paralelas, dependendo de que parte dos hexágonos é unida pela linha. Se os hexágonos estiverem na superfície de um cilindro, também não formarão espirais, mas helicoides (como na fig. 2.1). Quando desenhados sobre uma superfície que cresce de tamanho, como numa esfera ou num cone, aparecem as espirais. Mas aí, para que os hexágonos se encaixem perfeitamente, é necessário que tenham tamanho variável, analogamente aos quadrados da fig. 13.7. No caso dos frutos da fig. 27.8, alguns gomos até deixam de ser hexágonos.

Sempre que vejo uma costela-de-adão, paro para admirá-la, sentindo um profundo respeito, uma veneração, pelas forças invisíveis, ou seja, os modelos que controlam o crescimento dos seres vivos e produzem as formas características de cada espécie, que eu consigo reconhecer com meu pensamento.

Simplesmente a repetição de uma forma-padrão, incluindo os contornos e as cores nas folhas de qualquer planta, despertando um profundo senso estético, já me suscita uma grande admiração pela natureza. Por exemplo, vejam-se as três marantas da fig. 27.9.

**Fig. 27.9** Marantas

As marantas (da família das *Marantaceae*) são verdadeiras artistas. Na da esquerda, em cada folha, de um fundo verde-claro e borda verde-escura, é 'pintada' uma planta verde mais escura, com um raminho e várias folhinhas; na parte de trás, a folha é de um verde mais claro, e a 'pintura' segue a da frente em vermelho! A segunda 'pinta' uma folha dentro da folha, e a terceira desenha linhas curvas paralelas cor-de-rosa. Tenho tanta admiração por essa arte da natureza que possuo, ao concluir a escrita deste livro, uma coleção de 10 espécies de marantas (3 das quais fotografei para a fig. 27.9) e estou sempre à procura de outras espécies.

Platão já apontou para a arte da natureza, que considerava divina, isto é, que dependia de algo transcendente à natureza física, e para a arte humana, a *tekhné* (τεχνη): "Vou supor, portanto, que as coisas que são ditas feitas pela natureza são obra da arte divina, e as coisas que são feitas pelo ser humano a partir delas são obras da arte humana. Assim, há dois tipos de fazer e de produzir, uma humana e outra divina" (em tradução livre; v. ref., p. 578). Platão tinha sido iniciado nos antigos centros de mistérios iniciáticos, por isso fala da divindade, algo não físico atuando nos seres vivos, isto é, ele não considerava que os seres vivos fossem puramente físicos. Conjecturo que fisicamente jamais vai se conseguir explicar todo o processo que leva a esses e outros desenhos produzidos pelas plantas. Não adianta pôr a culpa na seleção natural da evolução darwinista, pois não se a presenciou, portanto é mera teoria abstrata que não explica o processo interior da planta. Dizer que a evolução produziu as maravilhosas formas e cores do pavão também não explica como se deu todo o processo, por que ele produziu as formas e cores tão maravilhosas nos machos, e não parou muito antes, em formas e cores mais simples. Colocar a culpa nos genes também não esclarece nada, pois seria necessário explicar em detalhe como dos genes da planta ou animal chega-se às suas formas (v. seção 26.2). Foram feitas experiências em que uma modificação em certos genes levou a uma modificação na forma de uma planta; mas isso deveria levar exclusivamente à consideração de que os genes *participam* do processo, e não que o geram inteiramente.

Uma questão que considero muito interessante é a coexistência de seres de espécies muito semelhantes em uma mesma região. Se uma espécie tem uma determinada característica que lhe deu uma vantagem evolutiva, por que a outra não teve o mesmo desenvolvimento ou não desapareceu? Por exemplo, se a luz gerada pelos vaga-lumes é uma dessas vantagens, por que outros insetos não desenvolveram essa propriedade tão distinta? Uma vez perguntei a um biólogo americano sobre essa questão de coexistência de seres com diferenças evolutivas. Sua resposta foi algo como: "For a long time I have given up making 'why' questions", isto é, "Há muito tempo desisti de fazer perguntas do tipo 'por quê?'" Isso é ciência?

Finalmente, uma palavra sobre as nuvens. Claramente, elas não seguem padrões rígidos, sendo bastante amorfas. No entanto, nuvens isoladas são sempre muito estéticas, dando uma forte impressão de volume. Ocorre que elas estão sempre muito distantes, de modo que o volume não é dado pela diferença de distâncias, isto é, partes mais ou menos em foco, como objetos próximos, devido ao efeito de lente variável do cristalino, ou da convergência dos eixos dos olhos. A distância também elimina o efeito estereoscópico, produzido pela diferença de ângulo em cada olho. Então como se observam volumes nas nuvens? É devido ao efeito de luz e sombra. Vale a pena observar atentamente nuvens isoladas com atenção a esse efeito, aproveitando para admirar as lindas formas que elas apresentam.

## 27.4 Exercícios

**Exr. 27.4:1** Procurar reconhecer formas em árvores e suas folhas, e notar como as formas de uma mesma espécie repetem-se nos vários exemplares, em geral independentemente do ambiente local. Notar como há processos semelhantes muito próximos no tempo, por exemplo, a floração ou formação de frutos em árvores de mesma espécie bem distantes.

**Exr. 27.4:2** Tentar desenvolver uma admiração pela sabedoria e beleza das formas das plantas e, com isso, desenvolver um respeito e uma veneração para com a natureza.

## 27.5 Referências


- Platão. Sofista, in *The Dialogues of Plato*, trad. B. Jowett, *in Great Books of the Western World*, v. 7. Chicago: Encyclopaedia Britannica, Inc., 1952, p. 578. Ver também a seguinte tradução (fazer uma busca na página com 'arte humana'). Acesso em 19/10/19: http://institutoelo.org.br/site/files/publications/c3ce95f2ea7819533050e2effd5b652d.pdf

- Carnaúba. Acesso em 8/1/19: https://pt.wikipedia.org/wiki/Carna%C3%BAba
- Coníferas. Idem: https://en.wikipedia.org/wiki/Pinophyta
- Costela-de-adão. Idem: https://en.wikipedia.org/wiki/Monstera_deliciosa Dálias Idem: https://pt.wikipedia.org/wiki/Dahlia
- Fig. 27.2. iStockphoto.
- Fig. 27.3. Acesso em 21/4/20: www.jornaldailhagrande.com.br/2017/09/carnauba-arvore-simbolo-do-nosso--piaui.html
- Fig. 27.6. Idem: http://www.rotarybotanicalgardens.org/golden-conifers-in-winter/
- Fig. 27.7. iStockphoto.
- Fig. 27.8. Idem: https://mdemulher.abril.com.br/gastronomia/voce-ja-pensou-em-comer-a-fruta--da-costela-de-adao/
- Marantas. Idem: https://en.wikipedia.org/wiki/Marantaceae e www.gettyimages.com/photos/marantaceae

# CAPÍTULO 28
# Exercícios de concentração mental

## 28.1 A necessidade de se concentrar

A concentração mental que será aqui abordada é a atividade de focar o pensamento em um tema de escolha pessoal, mantendo por algum tempo o pensamento apenas nesse tema, não deixando que ele divague para outros assuntos.

No cap. 1 e na seção 26.2 foi citado que hoje em dia é fundamental fazerem-se exercícios de concentração mental a fim de desenvolver essa capacidade. De fato, a sociedade moderna é altamente 'distrativa'. O ser humano está sendo forçado continuamente a não concentrar seu pensamento, pois recebe milhões de impulsos sensoriais, como imagens e sons. Ao viajar em um veículo, se é exposto a milhões de imagens do ambiente. Especialmente os meios eletrônicos prejudicam enormemente a concentração mental. Contei em programas normais de TV 15 a 25 mudanças de imagem por minuto. Quando há mudanças rápidas nas imagens, não é possível concentrar-se e refletir sobre uma delas, pois logo surge outra na tela. O excelente livro de Nicholas Carr (1959-) citado nas referências trata extensivamente desse caráter 'distrativo' da internet.

O ser humano desacostumou-se a isolar-se por alguns momentos, ficar consigo próprio. Além do assalto de uma quantidade enorme de imagens e sons aos quais ele está sujeito, o ser humano está sendo forçado a se distrair. Por exemplo, criou-se uma ânsia de enviar e receber mensagens a qualquer momento pelo celular. Faço aqui uma recomendação de autoajuda: não leia mensagens recebidas logo que elas chegam, e não responda imediatamente a elas. Programe momentos durante o dia para fazer isso. Em vez de ser controlado pelo celular, *tablet* ou computador, controle-os!

Ora, sem concentração mental não é possível ler algo que exija compreensão, não é possível estudar ou resolver um problema. Portanto, urge equilibrar a avalanche de impulsos que faz com que a pessoa se distraia. Para isso e muito mais existem exercícios de concentração mental: com eles, recupera-se e desenvolve-se a capacidade de se concentrar. Empresas e universidades, especialmente nos Estados Unidos, estão cada vez mais reconhecendo a importância de seus funcionários fazerem esses exercícios para aumento da produtividade e do rendimento acadêmico.

Daniel Goleman (1946-) tornou-se famoso com o livro (todos deveriam lê-lo!) *Inteligência emocional*, em que ele salienta a inteligência social ou interpessoal (a habilidade de trabalhar em equipe, de liderar, resolver conflitos etc.) como uma habilidade muito mais importante do que a capacidade técnica. Pois ele escreveu o livro *Foco* justamente por reconhecer que as pessoas perderam em grande parte a capacidade de se concentrar e a necessidade de desenvolvê-la. Nicholas Carr, em seu excelente livro citado anteriormente, traz uma boa notícia: baseado em sua experiência pessoal, ele relata que é possível recuperar a capacidade de se concentrar, no caso dele perdida pelo uso intenso de meios eletrônicos, em especial da internet durante 10 anos, devido à sua profissão de jornalista. Mas ele não chama a atenção para um aspecto fundamental da questão: isso é possível com um adulto, como ele, que tinha essa capacidade anteriormente e a tinha perdido. O que acontecerá com os jovens que usam intensamente os *smartphones* e não chegam a desenvolver a concentração? Eles não terão nada a recuperar, e talvez tenham uma dificuldade muito grande para desenvolver essa habilidade.

Tenho dado várias oficinas de concentração mental e de meditação, sempre com muito boa aceitação por parte dos participantes; ver o resumo nas referências e, nele, as avaliações recebidas. (Faço uma distinção muito clara entre concentração mental e meditação; vou tratar aqui apenas da primeira atividade.) Nessas oficinas, os participantes experimentam cerca de 20 exercícios progressivos. Serão apresentados aqui apenas 4 exercícios simples para desenvolver a capacidade de se concentrar mentalmente, que usam o *pensamento ativo*, os 2 primeiros baseados em assuntos abordados neste livro.

## 28.2 Os exercícios

Para esses exercícios, é importante haver algumas condições: 1. Ambiente com pouco ou nenhum ruído. 2. Posição confortável, sentada. Não é aconselhável fazer esses exercícios em posição deitada, pois a tendência a divagar o pensamento ou a adormecer é muito grande. Ao se ficar sentado, o Eu interior fica ativo, mantendo a cabeça ereta, pois ao adormecer ela cai. 3. Fechar os olhos. 4. Produzir uma profunda calma interior; essa é uma sensação que cada um deve experimentar por si. Um dos meios de se conseguir isso é tentar ficar alguns instantes sem pensar em nada, isto é, sem produzir uma representação mental ou imaginar um som, e sem se recordar de alguma sensação ou algum sentimento. Mais fácil é não pensar em nada e apenas prestar atenção na inspiração e na expiração normais; talvez por isso muitos exercícios de concentração mental sugerem à pessoa focar na própria respiração. Produzida a calma interior, pode-se aplicar um ou mais dos exercícios seguintes. Durante eles, o exercício principal é concentrar o pensamento exclusivamente no que é sugerido, prestando atenção a ele; se ele criar outra imagem ou pensar em outro assunto, deve-se forçá-lo a retornar ao ponto em que se parou, e seguir adiante. Trata-se aqui de observar o próprio pensamento, o que é feito exclusivamente com ele mesmo, isto é, o pensamento é autossustentável.

**Exr. 28:2:1** Gerar interiormente a sequência de Fibonacci, imaginando que se está construindo a sequência, isto é, fazendo a representação mental dos números. O ideal é realmente fazer as somas usando a regra de Fibonacci (cf. seção 2.3), mesmo que já se conheça a sequência de cor até um determinado número. Deve-se imaginar os números da sequência como se fossem exibidos em um mostrador de senhas, por exemplo, com os algarismos em vermelho, e 'pronunciá-los' interiormente. Fazer um esforço para nenhuma outra imagem ou som penetrar a consciência. Se isso acontecer, deve-se retornar ao início do exercício ou continuar de onde se parou.

Antigamente era costume nas escolas fazer as crianças efetuarem cálculos simples mentais. Recomendo fortemente que pais e avôs façam isso com seus filhos e netos. Por exemplo, pode-se pedir para efetuar "dois mais três"; dar uma pausa até a criança pensar no resultado, sem ela dizer em voz alta qual seja e lembrar dele; partindo desse resultado, dizer em seguida "vezes três"; pausa; "mais cinco"; pausa; "dividido por quatro"; pausa; pedir que diga em voz alta o resultado final. Quando a criança ainda não aprendeu a multiplicar e dividir, pode-se empregar apenas somas e subtrações.

Eu e minha esposa deixamos vários vendedores espantados ao fazermos mentalmente o cálculo de um troco mais rápido do que o vendedor com uma máquina de calcular ou terminal de caixa que usam, por costume, para os cálculos mais simples.

## Exercícios

**Exr. 28.2:2** Imaginar duas espirais logarítmicas na horizontal, entrelaçando-se, como na fig. 28.1. Ao inspirar, seguir mentalmente a espiral da esquerda contraindo-a em direção ao foco. Em certo ponto, a inspiração para; é quando se deve ter atingido um ponto próximo ao foco da espiral; há um instante de pausa. Logo em seguida começa a expiração, devendo-se acompanhar em pensamentos a expansão da espiral da direita. À inspiração pode-se associar uma sensação de contração, e à expiração, uma de expansão.

**Fig. 28.1** Espirais entrelaçadas

**Exr. 28.2:3** Usando essas duas espirais, imaginar que se está acordando depois de dormir, seguindo a contração da espiral da esquerda. É uma imagem do processo do nosso Eu (que é muito mais do que o corpo, as memórias, os instintos, paixões etc.), voltando a penetrar e atuar em nossa corporalidade, nossos sentimentos, razão etc. e nos dando a autoconsciência. Em seguida, imaginar que se está adormecendo, seguindo a espiral da direita. Ao adormecer, aquilo que nos dá a consciência diurna, o Eu citado, nos abandona. Ao acordarmos, ele volta a se unir conosco, de modo que as espirais tornam-se imagens para esse nosso movimento diuturno de contração e de expansão.

**Exr. 28.3:4** Decorar uma poesia e pensar em suas palavras. Para isso, comece decorando a primeira linha. Quando conseguir repeti-la interiormente, ajunte a segunda linha, e tente decorá-la junto com a primeira. Em seguida, agregue a terceira e assim por diante. Uma poesia presta-se muito bem a se usar os sentimentos durante a concentração, de modo que ela não seja puramente racional, já que o ser humano não é um ser puramente objetivo e racional. Mas é fundamental, durante o exercício, concentrar o pensamento apenas nas poesias e nos sentimentos que elas geram.

Há muitos outros exercícios de concentração mental que usam a técnica que acho adequada: a do pensar ativo e criativo. Para indicações de vários outros exercícios, veja a apresentação de minha oficina a partir do resumo indicado nas referências.

Esses exercícios devem ser feitos em períodos de pelo menos 5 minutos, pelo menos uma vez por dia, podendo ser repetidos sempre que se dispuser de alguns minutos livres, numa sala de espera, ou mesmo produzindo um intervalo durante um trabalho. Já está provado que pequenos intervalos periódicos no trabalho aumentam a produtividade; o cérebro e a mente necessitam de momentos de calma e de recolhimento interior, uma recomendação muito importante para jovens estudantes. Inicialmente, será difícil produzir a concentração e pensar no que se decidiu; outras imagens, sons e sensação penetrarão a consciência. Com a repetição dos exercícios, vai se conseguir concentrar por mais e mais tempo.

Conforme forem repetidos, notar-se-á que os exercícios tornam-se mais fáceis de executar, conseguindo-se produzir a calma interior com mais facilidade. Em relação a ela, uma experiência pessoal, também relatada por várias pessoas de meu conhecimento: quando se faz alguma arte plástica, como desenho, pintura e modelagem, tem-se a vivência da calma interior. Normalmente concentra-se na atividade artística e o mundo quase deixa de existir. Já fiz pintura e há muitos anos tenho feito cerâmica, iniciando uma peça com torno, plaqueira ou extrusora. Especialmente durante a pintura de uma peça já queimada em baixa temperatura, em 'ponto de biscoito', tenho sempre a vivência da calma interior. O interessante da cerâmica é envolver um trabalho manual em que a estética é fundamental, produzindo-se algo útil para a vida diária ou decorativo.

## 28.3 Considerações sobre os exercícios

Note-se que durante esses e outros exercícios toma-se totalmente o controle da própria pessoa, pois se está fazendo algo que resultou de uma decisão livre – não há absolutamente nada exterior que imponha que se os execute, não há nenhuma necessidade interior que obrigue fazê-los. Compare-se com o tipo de pensamento que se usa normalmente: ele é causado pelas impressões sensoriais, especialmente as visuais e auditivas, pelos instintos (como fome, sede etc.), pelas sensações (prazer, alegria, paladar, medo etc.) e sentimentos (gostar ou não de algo, ter simpatia ou antipatia etc.) ou pelas lembranças. Muito comum é pensar-se em algum assunto por causa de uma associação com outro que tinha sido pensado antes.

Ao contrário, num exercício de concentração mental pensa-se naquilo que se decidiu livremente pensar. Portanto, não é um pensamento usual. Rudolf Steiner, em seu livro seminal *A filosofia da liberdade* (v. ref. na seção 7.5), chamou isso de "estado de exceção." Ele também chamou a atenção para o fato de que somente nesse estado excepcional se é realmente livre, fazendo-se exclusivamente o que se decidiu fazer, sem nenhuma influência externa ou interna alheia a essa decisão. Um contraexemplo seria o caso de se estar numa esquina e querer ir à esquina oposta na diagonal do quarteirão. Pode-se decidir ir pela direita ou pela esquerda, independentemente de gostos e vantagens. Porém, eventualmente não se chegou àquela primeira esquina por uma decisão livre. Por outro lado, num exercício de concentração mental, o seu início e toda sua execução devem-se a uma decisão independente do que ocorreu antes e independente de quaisquer outros impulsos ou decisões além de o de fazer o exercício.

Há pessoas que negam que se tenha livre-arbítrio. No entanto, justamente nesses exercícios tem-se a vivência de que se está pensando o que se decidiu, e não o que o cérebro decidiu. Se o cérebro tivesse tomado a decisão, não se poderia determinar o próximo pensamento, isto é, continuar o cálculo dos números de Fibonacci ou seguir as espirais; outros pensamentos iriam pipocar aleatoriamente. Não adianta dizer abstratamente que há um processo de realimentação no cérebro, pois não se consegue mostrar onde ele está e como ocorre. Não se sabe fisicamente como se processa o pensamento. O que importa aqui é a vivência pessoal. Como já mencionado no cap. 1 e na seção 26.2, até mesmo uma soma armada, com parcelas de vários algarismos, seria impossível de ser feita corretamente sem concentração mental.

Portanto, é interessante observar a si própria/o e, depois de um desses exercícios, dizer a si mesma/o: "Tive liberdade durante os exercícios; pensei aquilo que eu decidi pensar, e não o que o mundo, minha memória, meus sentimentos e sensações, meus impulsos inconscientes de vontade me forçaram a pensar." Hoje em dia, somos forçados continuamente a pensar aquilo que não decidimos, isto é, não somos livres no pensamento.

Note-se que o livre-arbítrio, como o próprio nome diz (livre vontade), não provém dos pensamentos. Estes são apenas um instrumento da vontade; ela manifesta-se na decisão de concentrar o pensamento no tema escolhido e de manter o pensamento nesse tema. Por isso, exercícios de concentração mental fortalecem a força de vontade, sendo, portanto, um excelente antídoto para a vida moderna, que, com sua vida agitadíssima, exacerbada recentemente pelos meios eletrônicos, tende a prejudicar essa força.

Um materialista ou fisicalista é uma pessoa que admite idealmente, como hipótese de trabalho e não como crença, que só existem matéria, energia e processos físicos no ser humano e no universo. Essa pessoa, se realmente for coerente em suas ideias, deve necessariamente negar o livre-arbítrio, pois a matéria e a energia físicas seguem inexoravelmente as 'leis' e condições físicas. Somente um espiritualista, isto é, uma pessoa que admite idealmente, por hipótese de trabalho e não por crença, a existência de algo transcendente ao mundo físico, e que não pode ser reduzido a fenômenos físicos. Para essa pessoa, o livre-arbítrio deveria poder ser admitido. A sua existência não pode ser provada, deve ser vivenciada; os exercícios de concentração mental propiciam justamente essa vivência. Se feitos de forma correta, não se tem a impressão de que os pensamentos são impostos; decide-se livremente o que se quer pensar em seguida.

Uma das consequências de se fazer exercícios de concentração mental é desenvolver o autocontrole, a força de vontade, a capacidade de tomar decisões. Em particular, todos os meios eletrônicos, TV, computador, *smartphone*, *tablet*, *video games* e internet têm um efeito absolutamente decisivo: diminuem a força de vontade. Por isso muitas pessoas tornaram-se dependentes seja da TV (quem a vê todos os dias é dependente dela; não adianta dizer que, se quiser, não a verá, pois normalmente ela será ligada), seja dos *video games* ou da internet. Exercícios de concentração mental ajudam a dominar esses e outros vícios.

Nesses exercícios, é importante ter consciência de estar ocorrendo uma observação de si próprio, ou melhor, do próprio pensamento. No livro citado, Steiner chama a atenção de que o pensamento é algo muito especial, único: num exercício de concentração mental, a ação é puramente do pensar, e o objeto da ação é o próprio pensamento. Isto é, a ação confunde-se com o objeto da ação. Não existe nenhuma outra atividade com essa natureza. Por exemplo, digere-se comida, e não a própria digestão, mas pode-se pensar sobre o pensar. Ele não depende de mais nada além de si próprio e, por isso, deve ser a base para exercícios de concentração mental.

Foi chamada a atenção para o fato de os exercícios sugeridos usarem o pensar ativo. Exercícios de esvaziar o pensamento não o elaboram, afastam-no. No entanto, é fundamental reconhecer que o ser humano, especialmente quem vive em cidades, está envolto no resultado de pensamentos humanos. Como citado na Introdução deste livro, o pensamento é a capacidade que a humanidade mais desenvolveu e que a distingue decisivamente dos animais. Não parece correto fazer exercícios de desligar, esvaziar o pensamento. O que deve ser feito é desenvolvê-lo por meio do pensar ativo, preferivelmente incluindo imagens e sentimentos, como nos três últimos exercícios. No entanto, o esvaziamento do pensamento por alguns momentos, isto é, não pensar em nenhuma imagem, som, sensação ou sentimento, pode ser um meio para se criar uma calma interior antes de começar exercícios de concentração mental. Como já citado, uma grande calma interior é absolutamente essencial para que esses exercícios sejam feitos corretamente.

Como em exercícios de concentração mental observa-se, com o pensamento, o próprio ato de pensar, eles ajudam a observar a si próprio e obter mais objetividade em relação à própria pessoa (há exercícios especiais que ajudam esse aspecto). A produção da calma interior ajuda a adquirir serenidade, isto é, não se deixar levar por sentimentos exaltados, como raiva, medo, ódio etc. Quando se percebe que se está, por exemplo, com muita raiva de uma pessoa e se sente vontade de agredi-la verbalmente, pode-se tentar criar a calma interior treinada durante os exercícios de concentração e, com isso, ter a presença de espírito para considerar a situação com mais objetividade e pensar nas consequências dos próprios atos. Note-se que animais jamais pensam sobre as consequências de seus atos: sempre agem por instinto ou condicionamento. Quanto mais uma pessoa pensar e sentir as consequências de seus atos antes de executá-los, mais ser humano e menos animal ela será. Parece-me que uma das grandes missões da humanidade é sublimar a animalidade que cada um tem dentro de si, por exemplo, o egoísmo. Todo animal é egoísta por natureza: age sempre para sua própria sobrevivência e a de sua espécie. Mesmo as simbioses entre animais ou plantas têm essa finalidade.

Para quem estiver interessado nos exercícios que uso na oficina mencionada, ver a referência correspondente. Recomendo fortemente o livro de Arthur Zajonc, um professor de física quântica nos Estados Unidos que tem feito uma grande campanha de divulgação de práticas meditativas.

## 28.4 Um teste de concentração mental

Finalmente, vou apresentar um exercício desenvolvido por mim que serve para testar a própria capacidade de concentração.

1. Sente-se relaxadamente. 2. Feche os olhos. 3. Produza uma calma interior, eventualmente esvaziando o pensamento ou concentrando-se na respiração, mas apenas por alguns instantes. 4. Imagine um mostrador de senhas numéricas, como os de bancos ou cartórios, eventualmente com algarismos em vermelho. (Algumas pessoas não conseguem formar representações mentais coloridas, mas isso não é essencial.) 5. Imagine o número 100 exibido no mostrador. 6. 'Fale' interiormente 'cem'. 7. Depois imagine e fale 99, 98 e assim por diante até o zero. 8. Observe seu pensamento, fazendo força para que nenhuma outra imagem ou 'som' penetre sua consciência. 9. Se isso acontecer, continue a contagem onde parou ou volte ao início com o número 100.

10. Observe até que número conseguiu chegar sem que o pensamento fosse desviado do objetivo. 11. Decidindo terminar o exercício, procure então esvaziar o pensamento por alguns instantes, sentindo a calma interior.

Esse exercício tem a característica de usar imagens e sons interiores, ficando claro quando alguma outra imagem fora aquela do mostrador ou algum outro som interior fora aquele dos números penetram a consciência, desviando a concentração. Ele pode ser feito em qualquer lugar, não como teste, mas como exercício simples para criar a calma interior e concentrar o pensamento.

## 28.5 Referências


- Carr, N. *A geração superficial: o que a Internet está fazendo com nossos cérebros.* Trad. M. G. F. Friaça. Rio de Janeiro: Agir, 2011.
- Setzer, V.W. O que a Internet está fazendo com nossas mentes? (resenha do livro de N. Carr). Acesso em 2/4/19: www.ime.usp.br/~vwsetzer/internet-mentes.html
  - Oficina de concentração mental e meditação (v. apresentação em Power Point e as avaliações de participantes). Acesso em 2/4/19: www.ime.usp.br/~vwsetzer/pals/concentr-medit-resumo.html
- Zajonc, A. *Meditação como indagação contemplativa: quando o conhecimento se torna amor.* Trad. J. Cardoso. São Paulo: Editora Antroposófica, 2010.

CAPÍTULO 29

# Considerações sobre a palestra

## 29.1 Algumas avaliações

No cap. 1 foi dito que este livro baseava-se em uma palestra que dei mais de 40 vezes. As avaliações têm sido muito boas, como se pode ver na internet, na página citada nas referências; as avaliações em geral estão em meu site. Aqui estão algumas delas, com correções ortográficas e de redação. Nas transcrições de avaliações de palestras dadas a alunos, elas estão exatamente como nos originais, com erros; esses originais estão à disposição para exame.

**1.** 10/5/18, para alunos dos 2º e 3º anos do ensino médio do Colégio Stella Maris, de Santos (SP):

- Muito interessante e cheio de conteúdos extraordinários.
- Parabéns pela aula.
- Teve grande interação com os alunos, bem legal ter essas coisas.

**2.** 20/4/18, para alunos das 1ª, 2ª e 3ª séries do ensino médio e professores do Colégio Visconde de Porto Seguro, do Vale do Itamaracá, Valinhos (SP) (nessa palestra ocorreu algo inesperado: depois dela, os alunos me aplaudiram de pé; nunca pensei que adolescentes pudessem hoje em dia expressar uma tal admiração por algo matemático...):

- Muito bom! Ajudou muito com algumas das minhas dúvidas sobre o tema, além de ver a natureza de outro jeito.

- Apresentação extremamente interessante, com uma fala e explicação de fácil entendimento! Meus parabéns!
- Obrigada pela palestra, foi muito agradável. Penso em fazer matemática na faculdade.
- Gostei muito da apresentação, tanto pela parte matemática e sua comprovação como nas aplicações na natureza.
- Amei a palestra, não tinha a ideia do que fazia parte da seq. de Fibonacci. Sendo a maioria objetos, animais, construções do dia a dia. Impressionante!

**3.** 13/4/18, para alunos de arquitetura do Campus Chácara Santo Antônio da Universidade Paulista (UNIP), de São Paulo (SP):

- Palestra bem esclarecida, dinâmica e objetiva. Adorei!
- Amei sua forma simples e compreensível de ensinar.
- Incrível como temos a ideia errada de que a natureza está distante da matemática, e essa pertence ao homem, enquanto o homem tem aprendido pouco com ela.
- Palestra maravilhosa, e sua realização terá muitos fins. Um belíssimo exemplo de educação e que mostra além do que se sabe e da expectativa.

**4.** 6/10/17, para professores e alunos de licenciatura em matemática no Centro de Aperfeiçoamento do Ensino da Matemática (CAEM) do IME-USP:

- O curso foi excelente não só nos aspectos teóricos, como também nos aspectos metodológicos. Toda formação contribuirá muito para minha prática docente.
- A palestra trouxe muita informação interessante e gostei muito da maneira como o palestrante provoca.
- Muito interessante a oficina, gostei do fato de você não colocar a matemática de "forma quadrada", como você mesmo citou, ligando com outras áreas (artes, história, filosofia etc.).

**5.** 9/5/17, para alunos do 3° ano A da Escola Estadual Prof. Expedito Camargo Freire (EEECF), de Campos do Jordão:

- Comecei a gostar de matemática.
- Que a matemática tem um lado que poucos conhecem mas que ela é linda.

Foi justamente essa última avaliação que inspirou a palavra 'linda' do título deste livro.

## 29.2 Como interessar os alunos

Pelas avaliações recebidas, pode-se notar que a palestra desperta o interesse dos alunos. Parece-me que os seguintes ingredientes produzem esse efeito.

**I1. Estética.** Ter algo estético, mexendo com os sentimentos: só a geometria faz isso. (No caso, desenhar as espirais.) A álgebra é puramente simbólica, puramente formal.

Exagerando a metáfora, poder-se-ia dizer que é 'morta', ao passo que a geometria pode ser 'viva'.

Se possível, começar qualquer tópico algébrico com geometria, por exemplo, a equação do 2º grau: basta iniciar com os alunos desenhando, por pontos, algumas parábolas (com régua, esquadro e compasso) como sendo o lugar geométrico dos pontos equidistantes de um ponto e de uma reta. Em seguida, mostrar que essas curvas podem ser traçadas analiticamente usando várias funções quadráticas; chamar a atenção para o fato de que as raízes das equações do 2º grau correspondem ao valor 0 dessas funções; mostrar que existe uma fórmula que dá o mesmo resultado das raízes no gráfico; exercitar a fórmula; só então deduzi-la. Assim, os alunos familiarizaram-se bastante com as funções e equações quadráticas antes de verem a parte algébrica das raízes – com isso, esta última adquire uma utilidade.

Atenção: *jamais* usar no ensino fundamental ou médio, no lugar de 'raízes' a denominação 'conjunto verdade que satisfaz uma equação'; isso é um resquício do desastre educacional que foi a matemática moderna (*Modern Math* ou *New Math*; v. ref. de Morris Kline), simplesmente mais um absurdo didático, pois usava formulações da lógica matemática para quem não tem maturidade para compreendê-las. Outro exemplo de absurdo didático para a idade em que era aplicado aquele método era dizer que um número é a cardinalidade (v. seção 7.4.5) de um conjunto de objetos. Ela tornou-se popular na década de 1960 e era denominada nos Estados Unidos de '*modern math*' (v. ref.). Kline mostra, em seu livro, que a '*modern math*' deveu-se ao fato de pesquisadores em matemática terem se metido em educação elementar, trazendo para ela uma tendência da pesquisa que começou no fim do séc. XIX, quando se passou a pesquisar a matemática tendo ela própria como objetivo. Antes, o desenvolvimento da matemática era sempre motivado por aplicações práticas. Um exemplo daquela tendência foi a axiomatização de muitas áreas da matemática, o que não tem nenhuma aplicação prática – é puro formalismo.

A educação básica deve ser estabelecida por professores dessa área; eles é que conhecem as características e necessidades dos alunos, por exemplo, apelar para seus sentimentos e ações, e não ficar exclusivamente no intelecto abstrato, formal.

**I2. Atividades.** A aula deve ter atividades dos alunos (no caso, desenhar, calcular as razões).

**I3. Ritmo.** Dar uma aula idealmente sempre com um ritmo em que os alunos absorvem, e, em seguida, fazem algo. Por exemplo, pode-se alternar uma parte teórica com resolução de exercícios ou debate sobre o assunto aprendido. Isso corresponde a um ritmo de inspiração e expiração, uma técnica muito usada na pedagogia Waldorf (atualmente com mais de 278 jardins de infância e escolas no Brasil, v. ref.). Se os alunos ficam só absorvendo a matéria, é como se inspirassem o ar sem parar – com a tendência a explodir...

**I4. Formular e estimular perguntas.** Perguntar aos alunos com frequência, usando o nome deles (v. item I12).

**I5. História de pessoas e universal.** A aula deve conter algo da história da matéria, inclusive biografias, pois isso traz realidade para uma matéria abstrata. (No caso da palestra, Fibonacci, Bernoulli, números arábicos etc.) Na idade do ensino médio, os jovens interessam-se especialmente por biografias, pois começam a perceber que estão se tornando independentes e terão que enfrentar o mundo; as biografias trazem exemplos desse enfrentamento.

**I6. Realidade.** A aula deve eventualmente relacionar o que é visto na realidade com a natureza. (No caso, plantas, galáxias, furacões, corpo humano.) Por exemplo, dar áreas de figuras geométricas planas com alguma aplicação, como quantas telhas são necessárias para fazer um telhado triangular ou trapezoidal, que são muito comuns.

**I7. Cometer erros.** Não dar aulas exclusivamente corretas (um orgulho de professores de matemática...). Avisar que se vão cometer alguns erros e pedir que vejam quem os descobre. Isso faz os alunos prestarem atenção para ver se acham os erros.

**I8. Tópicos.** Abordar vários tópicos da matemática, e não um só.

**I9. Entusiasmo.** Dar aulas com entusiasmo, admiração pela matéria. Isso é transmitido aos alunos.

**I10. Vivências.** Contar vivências próprias, como o caso da lápide do Bernoulli do cap. 21, a observação das espirais e simetrias nas plantas do cap. 27 e orelhas mencionadas na seção 25.2, o caso de eu ter esfolado o dedo da seção 26.2 etc. Perguntar por vivências dos alunos sobre os assuntos abordados.

**I11. Ilustrações.** Usar o projetor apenas para ilustrações. Fazer todo o desenvolvimento matemático no quadro-negro, pois aí a velocidade é a do raciocínio normal.

**I12. Nomes dos alunos.** Aprender o nome dos alunos; sempre que um faz uma pergunta, perguntar seu nome. Ao fazer uma pergunta dirigindo-se a algum aluno, idem. Isso dá um contato pessoal com pelo menos alguns alunos. Esforçar-se por aprender o nome de todos os alunos durante o semestre ou ano da matéria.

Com isso, espero estar contribuindo para que professores usem esses ingredientes e interessem seus alunos pela matemática, a matéria certamente mais problemática nas escolas. Vários deles podem ser empregados em aulas de outras matérias.

Esses foram ingredientes positivos. O próximo capítulo traz ingredientes negativos.

## 29.3 Referências


- Kline, M. *O fracasso da matemática moderna*. Trad. L. G. de Carvalho. São Paulo: Ibrasa, 1973 (Edição original em inglês: *Why Johnny Can't Add: The Failure of the New Math*. New York, St. James Press, 1973). Acesso em 28/7/18: www.marco-learningsystems.com/pages/kline/johnny.html

  www.rationalsys.com/mk_johnny.html

- Lanz, R. *A Pedagogia Waldorf: Caminho para um ensino mais humano.* 12. ed. (com um apêndice meu "Os meios eletronicos e a educação"). São Paulo: Ed. Antroposófica, 2016.
- Setzer, V.W. Avaliações da palestra sobre Fibonacci, espirais etc. Acesso em 17/2/19: www.ime.usp.br/~vwsetzer/pals/Fibonacci-avaliacoes.html

- Matemática Moderna. Acesso em 9/3/19: https://en.wikipedia.org/wiki/New_Math

CAPÍTULO 30

# Vinte e um pecados capitais em uma aula de matemática

## 30.1 Minha lista de 'pecados'

O texto a seguir, extraído de meu site e apenas revisto, foi inspirado na palestra "Ensino de matemática: quatro pecados capitais" que Nílson José Machado, da Faculdade de Educação da USP, deu em 2017 em evento promovido pelo Centro de Aperfeiçoamento do Ensino da Matemática (CAEM) do IME-USP (v. ref.). Os 'pecados' descritos por ele estão na próxima seção. Os itens a seguir não estão ordenados pela importância; alguns deles aplicam-se a qualquer matéria. Depois da menção de cada 'pecado' há uma explicação sobre ele e/ou como evitá-lo, e uma menção ao ingrediente positivo correspondente do capítulo anterior, na forma I*n*.

**1. Aula excessivamente abstrata.** Por exemplo, só com álgebra, pois ela é pura manipulação de símbolos, ela é 'morta'. Ou começar um tópico com definições, lemas e teoremas em lugar de começar com aplicações. Nesse segundo caso, as definições, lemas e teoremas farão sentido. (I1)

**2. Aula sem estética.** A estética da matemática está na geometria. O correto é, sempre que possível, começar qualquer tópico com geometria, e fazer os alunos desenharem à mão livre e com cores. Em bonitos desenhos a geometria é 'viva', pois envolve sentimentos estéticos. Os alunos terão prazer em guardar as anotações e os exercícios. (I1)

**3. Aula sem que os alunos façam algo com as mãos.** Por exemplo, desenhar. Mas fazer cálculos já é alguma coisa. (I2)

**4. Aula sem ritmo.** Os alunos devem absorver algo da matéria e logo depois fazer algo com o que aprenderam, alternando-se esse ritmo durante a aula. (I3)

**5. Aula sem aplicações práticas do que foi aprendido.** Até o fim do ensino médio, tudo deveria ter aplicações práticas. (I6)

**6. Aula sem relacionar o assunto com a natureza.** Fazer essa relação na medida do possível. (I6)

**7. Aula sem deixar dúvidas.** Ver o item 9 a seguir.

**8. Aula somente correta.** Os professores deveriam cometer erros propositais e avisar no começo da aula que isso iria ocorrer. Pode-se fazer um concurso de quem descobre os erros. Isso faz os alunos prestarem atenção e revela os que têm mais conhecimento e talento. (I7)

**9. Aula sem fazer avaliação final e um gancho com a aula anterior.** Para isso pode-se fazer uma avaliação *low tech*, aparentemente desenvolvida na universidade de Harvard, denominada *one-minute paper*, pedindo-se aos alunos que respondam no fim da aula, na parte da frente de metade de uma folha de papel: 1) O que aprendi de mais importante? 2) Qual a maior dúvida que ficou? 3) Comentários (esse item foi acrescentado por mim). Os alunos devem colocar seu nome e, nesse caso, especificar se o conteúdo deve ser confidencial ou não; se a indicação foi 'não', o professor pode citar quem escreveu a avaliação e sugerir que os alunos conversem entre si depois da aula sobre as avaliações lidas. Na aula seguinte, selecionar algumas avaliações para mencioná-las e comentá-las, ligando-se assim uma aula à outra partindo do que os próprios alunos manifestaram. Além disso, essas avaliações servem para orientar o professor quanto ao que os alunos acharam da matéria. É interessante notar que vários alunos escrevem o que não tiveram coragem de perguntar ou comentar durante a aula. Em disciplinas que eu dava, eu costumava acrescentar uma 4ª pergunta: "Com que colegas conversou sobre a aula anterior?" e depois conferia se as referências a colegas correspondiam ao que estes últimos tinham respondido. Como cada avaliação era identificada, eu costumava ajuntar todas de cada aluno em uma pastinha, que lhe entregava no fim do semestre letivo. Assim os alunos tinham uma memória de suas avaliações. Se forem muitos alunos em uma classe, pode-se pedir apenas àqueles sentados em uma ou duas determinadas fileiras, que devem ser diferentes a cada aula. Ver nas referências as avaliações que tenho recebido de várias palestras para ver como elas são úteis e interessantes.

**10. Aula sem mencionar algo da história da matemática.** Por exemplo, algo que atrai muito os alunos são biografias das pessoas que descobriram ou desenvolveram os assuntos tratados na aula. Isso traz realidade histórica para o que está sendo ensinado. (I5)

**11. Não usar a sequência do desenvolvimento histórico da matemática.** Os alunos estão refazendo o desenvolvimento do conhecimento e do pensamento; usar a sequência histórica é fazê-los repassar a evolução histórica, que foi uma realidade e tem uma lógica intrínseca. (I5)

**12. Não se esforçar para conhecer o nome dos alunos.** Chamar um aluno pelo nome produz um contato pessoal com ele. Aproveitar que um aluno faz uma pergunta para perguntar seu nome ou, ao fazer uma pergunta a um aluno específico, perguntar seu nome antes. (I12)

**13. Não fazer perguntas aos alunos.** Pelas respostas pode-se saber se eles estão acompanhando e fazê-los participar. Não perguntar aos alunos é, de certa maneira, ignorá-los, tratá-los como coisas, como meros receptáculos da matéria. (I4)

**14. Usar projeção com tela para algo que não seja uma ilustração.** Jamais usar uma projeção para deduções, pois, se estas são feitas no quadro-negro, seguem o ritmo humano do raciocínio. Os alunos adoram aulas de audiovisual, pois podem dormir à vontade, já que muitos podem ter passado boa parte da noite jogando *video game* ou usando a internet. (I11)

**15. Não observar se os alunos estão ficando sonolentos.** Nesse caso, passar tarefa para eles fazerem algo na hora ou iniciar um debate. (I2)

**16. Dar aulas sem transmitir entusiasmo pela matéria.** (I9)

**17. Dar aulas olhando somente para o quadro-negro.** Com isso, desprezam-se os alunos como pessoas.

**18. Dar aulas com uma ou as duas mãos no bolso.** Isso passa uma imagem inconsciente de que o professor está tentando esconder-se, está com medo e necessita de proteção.

**19. Dar aulas exclusivamente sobre a matéria.** Discutir brevemente assuntos filosóficos ou da atualidade traz realidade para a aula, principalmente em assuntos que tocam os alunos. Isto é, o professor deve aparecer como gente, e não como um livro didático ou um ensino a distância. Imagine-se a riqueza de conhecimentos e opiniões que os alunos poderiam absorver se todos os professores fizessem isso.

**20. Não respeitar a maturidade dos alunos.** A pedagogia Waldorf (v. ref.) é um exemplo de ensino de sucesso baseado na maturidade por idade, pois tem como fundamento principal uma conceituação profunda sobre o desenvolvimento da criança e do adolescente.

**21. Dar um mesmo assunto da mesma maneira em classes diferentes.** Isso seria ignorar a individualidade dos alunos e das classes e tratá-los como massa, como coisas. O professor transforma-se num robô; nesse caso, talvez uma máquina acabe ensinando melhor...

A respeito de aulas que não despertam o interesse dos alunos, talvez seja interessante citar uma de minhas 'leis' (v. endereço de todas nas refs., com justificativa dessa frase e comentários), publicada na seção Fórum dos Leitores do jornal *O Estado de S. Paulo*, na edição impressa de 20/4/11, sem a parte de EAD: "*O ensino está tão ruim, mas tão ruim, que até computador ou ensino a distância (EAD) ensinam melhor.*"

## 30.2 Os 'pecados' segundo Nílson José Machado

Os quatro pecados capitais segundo Nílson José Machado, conforme minhas anotações da palestra dada por ele e mencionada na seção 30.1, e o resumo citado nas referências:

1. **Desamparo:** preconcepções sobre tendências inatas (por exemplo, superestimar o conhecimento e capacidade dos alunos).
2. **Mateologia:** ensino de assuntos acima da capacidade de compreensão dos alunos.
3. **Fantasmas:** excesso de abstração, falta de realidade.
4. **Cocotologia:** abusos na linguagem (abuso de definições).

## 30.3 Referências

- Lanz, R. *A pedagogia Waldorf: caminho para um ensino mais humano.* 12. ed., com um apêndice meu sobre meios eletrônicos e educação. São Paulo: Editora Antroposófica, 2016

- Machado, N. Resumo da palestra "Ensino de matemática: quatro pecados capitais." Acessos em 9/3/19: https://maratona.ime.usp.br/caem/anais_mostra_2015/arquivos_auxiliares/palestras/Palestra1_Nilson.pdf

  ou: www.ime.usp.br/~vwsetzer/pals/Nilson-Mach-peca-aula-mat-resumo.pdf

- Setzer, V.W. Avaliações de várias palestras. Idem: www.ime.usp.br/~vwsetzer/#AVA

  – 'Leis' e aforismos de Setzer. Idem: www.ime.usp.br/~vwsetzer/jokes/leis.html

# Índice de símbolos, de abreviaturas e remissivo

**Símbolos**



**Abreviaturas**

**Verbetes**